石油化工设备技术问答丛书

炼化动设备基础知识与技术问答

钱广华　主编

柳　晗　安绍沛　刘世超　王　刚　编

U0264520

中国石化出版社

内 容 提 要

本书是在炼化企业设备管理技能竞赛培训要求基础上整理而成的。根据炼化企业设备管理的规定、要求和基础知识内容，参考国内外各种文献和技术标准，收集、编制在装置设备管理过程中需要经常查找和参考的各种知识点，通过整理、筛选，将压缩机组、汽轮机、泵、密封、状态监测和故障诊断、检维修等内容，以选择、判断、问答等形式展现在读者面前，使设备管理知识从贴近生产实际、日常运行管理入手，成为现场技术人员、操作工及设备管理人员的手册。

本书内容广泛，通俗易懂，实用性强，可供炼化企业工艺、设备管理人员阅读，也可供大专院校师生参考。

图书在版编目（CIP）数据

炼化动设备基础知识与技术问答/钱广华主编.—北京：
中国石化出版社,2003.6（2024.7重印）
（石油化工设备技术问答丛书）
ISBN 978-7-5114-2187-6

Ⅰ.①炼… Ⅱ.①钱… Ⅲ.①石油炼制–化工设备–问题解答
Ⅳ.TE96-44

中国版本图书馆 CIP 数据核字（2013）第 115712 号

中国石化出版社出版发行

地址：北京市东城区安定门外大街 58 号
邮编：100011　电话：(010) 57512500
发行部电话：(010) 57512575
http://www.sinopec-press.com
E-mail：press@sinopec.com
北京艾普海德印刷有限公司印刷
全国各地新华书店经销

*

787毫米×1092毫米 16 开本 13.75 印张 325 千字
2013 年 6 月第 1 版　2024 年 7 月第 3 次印刷
定价：39.00 元

序

　　设备是企业进行生产的物质技术基础。现代化的石油化工企业，生产连续性强、自动化水平高，且具有高温、高压、易燃、易爆、易腐蚀、易中毒的特点。设备一旦发生问题，会带来一系列严重的后果，往往会导致装置停产、环境污染、火灾爆炸、人身伤亡等重大事故的发生。因而石油化工厂的设备更体现了设备是企业进行生产、发展的重要物质基础。"基础不牢、地动山摇"。设备状况的好坏，直接影响着石油化工企业生产装置的安全、稳定、长周期运行，从而也影响着企业的经济效益。

　　确保石油化工厂设备经常处于良好的状况，就必须强化设备管理，广泛应用先进技术，不断提高检修质量，搞好设备的操作和维护，及时消除设备隐患，排除故障，提高设备的可靠度，从而确保生产装置的安全、稳定、长周期运行。

　　为了适应广大石油化工设备管理、操作及维护检修人员了解设备，熟悉设备，懂得设备的结构、性能、作用及可能发生的故障和预防措施，以提高消除隐患，排除故障，搞好操作和日常维护能力的需要，中国石化出版社针对石油化工厂常见的各类设备，诸如，各类泵、压缩机、风机及驱动机各类工业炉、塔、反应器、压力容器，各类储罐、换热设备，以及各类工业管线、阀门管件等等，组织长期工作在石油化工企业基层，有一定设备理论知识和实践经验的专家和专业技术人员，以设备技术问答的形式，编写了一系列"石油化工设备技术问答丛书"，供大家学习和阅读，希望对广大读者有所帮助。本书即为这套丛书之一。

中国石化设备管理协会副会长

胡安定

前　言

炼化企业能否产生良好的经济、社会效益，取决于装置"安稳长满优"运行的水平，所以，设备管理是基础。怎样才能够把设备管好、减少故障损失、创造出最大的经济效益，关键是掌握设备的管理知识、维护技术。专业人才掌握一定的设备结构、维护检修和管理知识，才能避免各种设备事故的发生，进而创造好的效益。

设备管理是一门综合学科，炼化企业几乎涉及所有的设备类型。首先，要求各级管理人员特别是设备管理人员要懂得设备的结构、特性和运行要求。不同类型的设备结构不同，运行条件不同，管理要求也不同，所以就应该掌握了解其特点、安装、运行、维护和检修的基本要求。该书提供了泵、压缩机、汽轮机等基础知识，从中可以尽快查到或学到所要求的知识点。其次，设备安装投入运行后，能否平稳高效运行关键在管理；设备的许多故障是管理不到位而产生的，许多故障是可以在初期通过维护管理消除的。本书提供了许多转动设备管理的知识，比如高温泵密封失效的原因分析、如何避免高温泵密封失效发生火灾事故等问答题就很有针对性，为进一步强化高温泵的管理提供了参考。最后，炼化企业目前都形成了管理体系，各有特色，但还需要进一步补充完善，特别是要不断地吸取先进企业的管理经验，发挥设备的最大效能，以最少的维护费用投入，达到最大的效益产出。设备管理是从设备的结构形式确立、技术先进性、维护要求、采购等前期管理开始的，如何把好设备的"准入关"，同样需要设备技术管理人员的智慧和技术积累，本书同样提出了解决的参考办法。

本书是基于炼化企业不断细化的设备管理之需，笔者系统整理了设备管理的经验，参考国内外有关设备管理的文献和资料汇集而成。从设备管理的角度出发，书中突出设备基础知识、检维修知识和管理知识三方面，力争每一道题都具有代表性，明确告诉技术人员所要表达的知识点。

为了兼顾不同层次的设备管理人员、工艺技术人员、操作工和保全人员的需求，本书内容广泛，通俗易懂，实用性较强，把相关的知识点以完整的章节展示出来，同时有所兼顾。

钱广华负责选择题的编写；王刚负责汽轮机基础知识的编写；刘世超负责泵、密封和监测的基础知识的编写；安绍沛负责压缩机组基础知识的编写；柳晗负责设备管理、检维修等基础知识的编写；全书由钱广华审定。本书编写过程中，得到了天津石化公司相关领导的关心，得到了刘春旺、肖毅的指导和支持，在此表示衷心的感谢！

由于编者水平有限，加之时间仓促，书中难免有错误和不当之处，望读者给予指正。

目　　录

一、单 选 题

（一）管 理 部 分

1. 不属于设备现场管理"一平二净三见四无五不缺"的内容的是(C)。
A. 沟见底，轴见光
B. 不缺手轮，不缺灯罩
C. 不缺火灾报警按钮，不缺防冻连通阀
D. 无闲置器材，无废品

2. 与设备检修质量无关的选项是(D)
A. 检修计划，施工技术方案
B. 施工人员，备品备件
C. 材料，验收
D. 产品质量认证，按规定添加润滑油

3. 大型机组关键设备特级维护"五位一体"特护小组不包括(D)。
A. 电气、仪表专业人员
B. 工艺技术员、操作工
C. 设备技术员、机械维修人员
D. 车间主任、加油工

4.《炼化企业机泵管理规定》中企业生产、技术管理部门的职责不包括(D)。
A. 参与机泵的选型、改造、设计审查工作
B. 组织或参与机泵事故调查分析和处理
C. 负责机泵的运行管理
D. 负责选择具备相应资质和能力的供应商

5.《炼化企业机泵管理规定》中不是机泵选型应遵循的原则的是(D)。
A. 标准化、系列化、通用化
B. 新设备、新材料、新结构
C. 安全、环保、健康
D. 机泵附属配套的容器参考 GB 150

6. 由层流转变成紊流时的流速称为(B)流速。
A. 临界
B. 上临界
C. 下临界
D. 超临界

7. 微机监控系统中，当输入发生变化时，(A)会发生变化。
A. 输出
B. 频率
C. 显示
D. 数据

8. 检维修项目不符合"三不交工"内容的是(B)。
A. 不符合质量标准
B. 没有制定开车方案
C. 没有检修记录
D. 卫生不合格

9. ISO 14001 环境管理体系共由(B)个要素组成。
A. 18
B. 17
C. 16
D. 15

10. 在 HSE 管理体系中，(C)是管理手册的支持文件，上接管理手册，是管理手册规定的具体展开。
A. 作业文件
B. 作业指导书
C. 程序文件
D. 管理规定

11. 不合格品控制的目的是(C)。
A. 让顾客满意
B. 减少质量损失
C. 防止不合格品的非预期使用
D. 提高产品质量

12.《炼化企业机泵管理规定》中装置改造、机泵检修或安装必须委托(C)的单位。

A. 技术质量监督认可　　　　　　B. 第三方监造资质

C. 有相应资质　　　　　　　　　D. 有设计能力

13.《炼化企业机泵管理规定》的企业设备管理部门职责中规定负责机泵新技术、新材料、新工艺和(C)的推广应用。

A. 新结构　　　　B. 新标准　　　　C. 新设备　　　　C. 新密封

14. 根据《安全生产监督管理规定》事故分级，(B)属于较大事故。

A. 死亡 3 人以下，或 10 人以下重伤，10 万元以上 1000 万元以下损失

B. 死亡 3～10 人以下，或 10～30 人以下重伤，1000 万～5000 万元以下损失

C. 10～30 人死亡，50 人以上重伤

D. 100 人以下重伤，损失 5000 万元以上，1 亿元以下

15. 清洁生产的内容包括清洁的能源、(B)、清洁的产品、清洁的服务。

A. 清洁的原材料　　　　　　　　B. 清洁的生产过程

C. 清洁的资源　　　　　　　　　D. 清洁的工艺

16. 当电气设备发生接地故障时，接地电流通过接地体向大地流散，人行走在短路点周围，其两脚之间所承受的电位差，称为(B)。

A. 电压　　　　B. 跨步电压　　　　C. 直流电压　　　　D. 交流电压

17. 同步电动机的转速不随负载大小而转变，它的这一重要特性叫做(B)。

A. 同步性　　　　　　　　　　　B. 恒速性

C. 同步补偿性　　　　　　　　　D. 功率因数可调性

18. 机组检修后，经过(B)满负荷运行，振动、轴承温度、流量、压力等均符合技术要求，可交付生产使用，验收合格并签字确认。

A. 72h　　　　B. 24h　　　　C. 8h　　　　D. 48h

19. 新机组安装后，经过(A)满负荷运行，振动、轴承温度、流量、压力等均符合技术要求，可交付生产使用，验收合格并签字确认。

A. 72h　　　　B. 24h　　　　C. 8h　　　　D. 48h

20. 大型机组经过试车后，在额定工况下进行不少于(C)的连续运转，技术性能达到设计要求，能充分满足生产需求方可验收。

A. 48h　　　　B. 36h　　　　C. 72h　　　　D. 24h

21. 新建或改扩建工程项目的"三查四定"中"四定"指的是对检查出来的问题，(A)。

A. 定任务、定人员、定时间、定措施　　B. 定任务、定质量、定时间、定措施

C. 定量、定质、定人、定期　　　　　　D. 定时间、定措施、定人员、定方案

22. 对于机泵巡检管理要求，强化做好"三检"工作，"三检"指的是(A)。

A. 操作人员的巡检、维护人员的点检、设备管理人员的专检

B. 操作人员的巡检、工艺人员的点检、车间主任的专检

C. 检修人员的巡检、设备管理人员的点检、电仪人员的专检

D. 工艺人员的巡检、维护人员的点检、设备管理人员的专检

23. 在《炼化装置设备检修管理规定》中，不属于各企业设备使用单位职责的是(C)。

A. 贯彻执行中国石化和本单位设备检修管理的制度和规定

B. 编制设备检修计划和备品配件需求计划并上报设备管理部门

C. 支付消防人员现场维护的费用

D. 负责或参与设备检修的质量验收和工作量的确认

24. 中石化集团公司规定高温油泵是指(A)。

A. 输送介质最高运行温度大于或等于自燃点的离心油泵

B. 输送介质最高运行温度大于或等于150℃

C. 输送介质最高运行温度大于或等于170℃

D. 输送介质最高运行温度大于或等于闪点的离心油泵

25. 检修的种类有(C)三类。

A. 大修、中修、小修　　　　　　　　B. 一般、标准、特殊

C. 计划检修、事故检修、维护检修　　D. 常规、非标准、特殊

26. 如果三相负载的视在功率为8.053kV·A，功率因数为0.683，其有功功率为(A)。

A. 5.5kW　　　　　B. 0.72kW　　　　　C. 4.5kW　　　　　D. 0

27. 各类游标卡尺精度不同，一般常用的有0.02mm、0.05mm、0.10mm，其中精度最低的是(C)mm。

A. 0.05　　　　　B. 0.01　　　　　C. 0.10　　　　　D. 0.02

28. 下面对动设备中"RCM"表述正确的是(C)。

A. 基于风险的检验　　　　　　　　　B. 基于可靠性的管理

C. 以可靠性为中心的维修　　　　　　D. 设备寿命预测

29. 一般情况下成年人体的电阻是(B)。

A. 100~200Ω　　　　B. 1000~2000Ω　　　　C. 1~2Ω　　　　D. 2Ω以上

30. 在低压三相五线制供电系统中，电气设备外壳接"地"，主要目的是(C)。

A. 促使漏电设备尽快与电源断开

B. 防止零线断线造成人身触电

C. 使带电外壳与零点(也即大地)等电位

D. 防止零线断线造成人身触电及使带电外壳与零点等电位

31. 易燃易爆的场所应选择(C)灯具。

A. 保护型　　　　　B. 密闭型　　　　　C. 防爆型　　　　　D. 防水型

32. 在电动机控制保护回路，热继电器作(B)保护。

A. 短路　　　　　B. 过载　　　　　C. 低电压　　　　　D. 低电流

33. 变压器可以把(B)电压升高或者降低。

A. 直流　　　　　B. 交流　　　　　C. 直流和交流　　　　　D. 平均

(二)压缩机部分

1. 压缩机组按工作原理可分为(B)。

A. 离心型、往复型　　　　　　　　　B. 容积型、速度型

C. 离心型、回转型　　　　　　　　　D. 往复型、速度型

2. 速度型压缩机按结构形式可分(C)。

A. 叶片式、透平式　　　　　　　　　B. 离心式、轴流式

C. 离心式、轴流式、混流式　　　　　D. 叶片式、回转式、轴流式

3. 活塞式压缩机往复循环一次，就可以完成(A)循环过程。

A. 吸气、压缩、排气、膨胀　　　　　　　　B. 吸气、压缩、排气、冷却

C. 吸气、压缩、升温、排气　　　　　　　　D. 压缩、升温、冷却、排气

4. 压缩机按排气压力分类，压缩后的压力达到(D)属于通风机。

A. >0.015MPa　　　　　　　　　　　　　B. >0.015MPa，≤0.2MPa

C. >0.2MPa　　　　　　　　　　　　　　D. ≤0.015MPa

5. 在一般选用压缩机类形时，当(C)时应选用往复活塞式压缩机。

A. 气量在100m³/min，压力达到1MPa

B. 气量在1000m³/min，压力达到1MPa

C. 气量在100m³/min，压力达到2MPa

D. 气量在800m³/min，压力达到1MPa

6. 热力学中常用(B)等物理量来描述和确定气体工质状态，这些物理量是可以通过测量得到的，通常叫做基本状态参数。

A. 内能、焓、熵　　　　　　　　　　　　　B. 温度、压力、比容

C. 气体分子质量、气体常数、绝对温度　　　D. 绝对压力、气体常数、绝对温度

7. 焓是气体的能量，它等于工质流出或流入热力设备时带进或带出的(A)，是随着工质转移的一种能量。

A. 内能与流动能之和　　　　　　　　　　　B. 1kg气体所吸收的内能

C. 流动能　　　　　　　　　　　　　　　　D. 能量

8. 实际气体状态方程$pV/T=ZR$，其中Z代表(C)。

A. 组合气体相对分子量　　　　　　　　　　B. 气体的特性常数

C. 实际气体的压缩性系数　　　　　　　　　D. 气体的体积百分数

9. 从流体流动的连续性方程可以看出，(A)。

A. 单位时间内流入流出控制体的质量相等

B. 单位时间内流入流出控制体不同截面的质量不相等

C. 单位时间内流入流出质量相等

D. 单位时间内流入流出控制体的体积相等

10. 气体常数Z表示实际气体偏离理想气体的程度，(B)表明该气体可以当作理想气体处理。

A. $Z>1$　　　　　B. $Z=1$　　　　　C. $Z<1$　　　　　D. $Z=0$

11. 动量定律表达为：某一瞬时，系统的动量对时间的变化率等于该瞬时作用在该系统上的所有外力的合力，而且(A)。

A. 动量对时间变化率的方向与合力的方向相同

B. 动量对时间变化率的方向与合力的方向相反

C. 动量对时间变化率的影响很小

D. 动量对时间变化率的影响很大

12. 在蒸汽轮机、气体压缩机等机械中，(B)表示工质并非总是封闭在汽缸内，而是连续的或者周期性的流入流出，而其单位时间内流过每个截面积的流量可以看作是不变的。

A. 闭口系统　　　　　B. 开口系统　　　　　C. 工作系统　　　　　D. 能量转换系统

13. 气体在压缩过程中，实际循环过程中汽缸的温度(A)。

A. 高于吸入温度，低于排气温度　　　　B. 高于吸入温度，等于排气温度

C. 为恒温　　　　　　　　　　　　　　D. 与排气温度相等

14. 一般往复压缩机的等温效率(B)，绝热效率0.65~0.85。

A. 0.65~0.75　　　B. 0.60~0.73　　　C. 0.60~0.85　　　D. 0.65~0.73

15. 活塞式压缩机 4M40-135/2-6-55/6-20-BX 型号中的 M 表示(A)。

A. 对称平衡型、卧式、电机位于曲轴一端

B. 对称平衡型、卧式、电机位于汽缸之间

C. 4 列平衡型

D. 4 列平衡型、卧式、电机位于曲轴一端

16. 往复压缩机的活塞杆材质为 42CrMo，十字头销的材质为(A)。

A. 42CrMo　　　B. 35CrMo　　　C. 35#　　　D. 25#

17. 目前在炼化企业活塞式压缩机气阀中，(A)得到了广泛应用。

A. 环状阀和网状阀　　　　　　　　　B. 网状阀和蝶形阀

C. 环状阀和杯形阀　　　　　　　　　D. 支流阀和舌簧阀

18. 在低于 10MPa 气体活塞式压缩机中活塞杆与缸体密封一般采用(B)。

A. 锥面密封圈　　　　　　　　　　　B. 三六瓣密封圈

C. 三瓣直口密封圈　　　　　　　　　D. 六瓣斜口密封圈

19. 活塞式压缩机周期性的(A)，导致管路内气流压力脉动。

A. 吸气、排气　　　　　　　　　　　B. 起机、停机

C. 气流激振力　　　　　　　　　　　D. 固有频率激振

20. 活塞式压缩机在组装曲轴和轴承时，轴瓦背面与轴承座应紧密贴合，接触面积不小于(C)。

A. 75%　　　B. 80%　　　C. 70%　　　D. 85%

21. 连杆小头瓦与十字头销轴应均匀接触，接触面积不应小于(C)。

A. 75%　　　B. 80%　　　C. 70%　　　D. 85%

22. 活塞式压缩机在检查连接法兰时，防止对机体产生应力损害，平行度偏差一般不大于(B)。

A. 0.5mm　　　B. 0.3mm　　　C. 0.4mm　　　D. 0.2mm

23. 活塞环的密封作用主要还是靠(A)，后面增加的环数所起作用逐渐减小。

A. 前三道环　　　B. 前二道环　　　C. 前四道环　　　D. 前五道环

24. 活塞式压缩机的吸排气阀广泛应用(A)。

A. 柱形弹簧　　　　　　　　　　　　B. 椎形弹簧、塔形弹簧

C. 板形弹簧　　　　　　　　　　　　D. 环形弹簧

25. 灰口铸铁材质活塞环的切口形式一般不选(D)。

A. 直口　　　B. 斜口　　　C. "V"口　　　D. 搭口

26. 在大中型活塞式压缩机的运行过程中，(D)经济性较好，应用较多，自动调节也比较方便。

A. 定期停转调节　　　　　　　　　　B. 改变转数调节

C. 控制吸入调节　　　　　　　　　　D. 压开吸气阀调节

27. 排气管、储气罐、分支管路和系统管路等因素都有可能成为影响活塞式压缩机组管

道系统内(B)的原因。

A. 共振　　　　　B. 气流脉动　　　　C. 基础松动　　　　D. 悍道裂纹

28. 离心式压缩机主轴带动叶轮旋转时，(B)，并以很高的速度沿着垂直于压缩机轴的径向被离心力甩出，进入扩压器后，气流速度降低，压力升高。

A. 气体被吸入　　　　　　　　　　　B. 气体沿轴向吸入

C. 气体自动进入叶轮　　　　　　　　D. 气(液)沿轴向吸入

29. 离心式压缩机(B)。

A. 气流流动摩擦较小，功率消耗　　　B. 排气量均匀，无脉动

C. 气流速度低，效率较高　　　　　　D. 结构紧凑，使用周期长

30. 气体的压缩性系数表示(A)。

A. 实际气体偏离理想气体的程度　　　B. 气体的特性常数

C. 可以通过图表查到　　　　　　　　D. 对理想气体的状态方程修正

31. 压缩机在实际使用过程中，压缩过程大多介于(A)，但并未达到等温过程。

A. 绝热和等温过程之间　　　　　　　B. 多变和等温过程之间

C. 绝热和多变过程之间　　　　　　　D. 进气和压缩过程之间

32. 活塞行程是指(B)。

A. 气体在汽缸内压缩的过程　　　　　B. 内外止点间的间距

C. 曲拐轴到主轴中心距的尺寸　　　　D. 缸体内长度减去活塞所占空间

33. 往复压缩机传动机构由(B)等部件组成。

A. 曲轴、滑动轴承、连杆　　　　　　B. 曲轴、连杆、十字头

C. 曲轴箱、曲轴、连杆　　　　　　　D. 连杆、十字头、活塞杆

34. 往复压缩机负荷试车过程中基础在工作时的振幅允许值：转数为 $200 \sim 400 \text{r/min}$ 时，振幅应(A)。

A. <0.20mm　　　B. <0.25mm　　　C. <0.15mm　　　D. <0.30mm

35. 往复式压缩机活塞杆的表面热处理方法有(C)处理、渗碳、氮化、镀铬。

A. 正火　　　　　B. 回火　　　　　C. 高频淬火　　　　D. 退火

36. 滑动轴承工作时，转速愈高，偏心距愈(B)，则有可能造成油膜振荡。

A. 大　　　　　　B. 小　　　　　　C. 变为零　　　　　D. 变为负值

37. 油膜振荡故障一般发生在(C)。

A. 高速滚动轴承　　　　　　　　　　B. 低速滚动轴承

C. 高速滑动轴承　　　　　　　　　　D. 低速滑动轴承

38. 若往复式压缩机气阀阀片升程选得过小，则气阀的(D)。

A. 寿命短，气流阻力小　　　　　　　B. 寿命长，气流阻力小

C. 寿命短，气流阻力大　　　　　　　D. 寿命长，气流阻力大

39. 当往复式压缩机连杆小头瓦与连杆大头瓦之间因(C)而接触不好，将造成烧瓦。

A. 互不同心　　　B. 互不垂直　　　C. 互不平行　　　D. 互不相交

40. 离心式压缩机组高位油箱的顶部要设(B)，以免油箱形成负压。

A. 人孔　　　　　B. 呼吸孔　　　　C. 滤网　　　　　D. 进油阀

41. 润滑可分为流体润滑、(D)、混合润滑三种类型。

A. 飞溅润滑　　　B. 滴油润滑　　　C. 强制润滑　　　D. 边界润滑

42. 压缩机的叶轮分为开式叶轮、半开式叶轮、闭式叶轮，其中闭式叶轮应用最广泛的型式为(C)。

 A. 径向叶片　　　　　B. 前弯叶片　　　　　C. 后弯叶片　　　　　D. 复合叶片

43. 润滑油日常管理一般检测的内容是(A)。

 A. 黏度、闪点、机杂、水分

 B. 灰分、抗泡性、水分、倾点

 C. 抗锈蚀性、残炭、抗腐蚀性、氧化安定性

 D. 黏度、灰分、抗乳化性、凝点和倾点

44. 联轴器是用来连接驱动设备转子与工作机械(压缩机、泵、风机等)转子部件的。一般可分为(B)。

 A. 刚性联轴器、挠性联轴器

 B. 刚性联轴器、半挠性联轴器、挠性联轴器

 C. 刚性联轴器、半挠性联轴器

 D. 半挠性联轴器、挠性联轴器

45. 轴承衬背与轴承座孔应为过盈配合，除机器说明另有规定外过盈量一般为(C)μm。

 A. 0 ~ 0.03　　　　B. 0 ~ 0.08　　　　C. 0 ~ 0.05　　　　D. 0 ~ 0.06

46. 转子式压缩机的主要部件，由主轴以及套在轴上的叶轮、平衡盘、推力盘、(A)、轴套、锁母等组成。

 A. 联轴器　　　　　B. 密封　　　　　C. 轴瓦　　　　　D. 测速齿(孔)

47. 可倾瓦轴承主要由轴承壳、两侧油封和自由摆动的瓦块组成。瓦块有(B)不等，一般为 5 块瓦。

 A. 4、5、6　　　　B. 3、4、5　　　　C. 3、5、7　　　　D. 5、6、7

48. 优质碳素结构钢 45# 钢中的 45 表示钢中平均含碳量为(B)%。

 A. 45　　　　　B. 0.45　　　　　C. 4.5　　　　　D. 0.045

49. 对游隙不可调整的滚动轴承以其(A)为装配依据。

 A. 原始径向游隙　　　　　　　　　B. 安装游隙

 C. 工作游隙　　　　　　　　　　　D. 轴向游隙

50. 油膜涡动属于(D)。

 A. 共振　　　　　B. 受迫振动　　　　　C. 电磁振动　　　　　D. 自激振动

51. 离心式压缩机是压缩和输送气体的机器，通过高速旋转的叶轮把(A)传送给气体，使气体的压力和速度升高。

 A. 原动机的能量　　　B. 动能　　　　　C. 压力能　　　　　D. 静压能

52. 离心式压缩机为平衡轴向力，(B)，残余轴向力由推力轴承平衡。

 A. 设有平衡惯性轮　　B. 设有平衡盘　　C. 设有平衡管　　D. 设有平衡毂

53. 通过离心式压缩机的性能曲线可以看出不同流量、压缩比和效率间的关系，指导压缩机运行时避开(B)。

 A. 低速和低温　　　B. 喘振及阻塞工况　C. 超压和超负荷　　D. 高温和高速

54. 从离心式压缩机的性能曲线上可以看出，压比 ε 随着进口流量增加而降低，流动损失也会随着流量的增加而(C)。

 A. 相应变化　　　　B. 相对减少　　　　C. 加大　　　　　D. 稳定

55. 离心式压缩机随着进气量的减少，气流正冲角增大，会发生旋转脱离，气流 将产生 (B)，出口压力、进口流量及振值会发生明显的波动。

　　A. 脱离团　　　　　　　B. 脉动　　　　　　C. 阻力　　　　　　D. 共振

56. 离心式压缩机喘振是固有特性，防喘振措施一般采用固定极限流量法、(B)、出口放空法。

　　A. 级间回流法　　　　　B. 可变极限流量法　C. 调速法　　　　　D. 固定压力法

57. 在离心式压缩机转子上叶轮的几种形式当中，(C)级效率高，压比小，应用最广泛。

　　A. 开式叶轮　　　　　　B. 半开式叶轮　　　C. 闭式叶轮　　　　D. 铸造叶轮

58. 对于合理布置在轴上的叶轮，(B)叶轮产生较大的轴向力。

　　A. 多个　　　　　　　　B. 单个　　　　　　C. 分段　　　　　　D. 多级

59. 轴流式压缩机叶形损失不包括(B)。

　　A. 摩擦损失　　　　　　　　　　　　　B. 径向间隙端流动损失

　　C. 分离损失　　　　　　　　　　　　　D. 尾迹损失

60. 轴流式压缩机运转时，由于转子的弯曲、热胀、离心力的作用下，有可能运动元件和固定元件发生相互接触碰撞，产生事故。为了防止动静元件接触，动叶和静叶与汽缸和轮毂留有间隙，一般为(A)。

　　A. 0.5 ~ 1.5mm　　　　B. 0.5 ~ 1.0mm　　　C. 0.8 ~ 1.5mm　　　D. 1.0 ~ 1.5mm

61. 轴流式压缩机从性能曲线上可以看出，在给定转速下，进口流量和压力不变的情况下，进口温度增加时，进口密度变小，质量流量 $m = \rho V$ 减小，功率将(B)。

　　A. 增大　　　　　　　　B. 减小　　　　　　C. 不变　　　　　　D. 产生变化

62. 轴流式压缩机从性能曲线上可以看出，压缩机级数越多，性能曲线愈陡，(C)。

　　A. 压力越高　　　　　　B. 流量越大　　　　C. 稳定工作区愈窄　D. 温度愈高

63. 轴流式压缩机的一般管网的阻力与气体流量或速度的平方(B)。

　　A. 成反比　　　　　　　B. 成正比　　　　　C. 相等　　　　　　D. 不成比例

64. 轴流式压缩机旋转失速时，叶片受到一种周期的激振力，会使叶片发生(B)。

　　A. 失稳　　　　　　　　B. 疲劳破坏　　　　C. 变形　　　　　　D. 裂纹

65. 对于多级轴流式压缩机来说，喘振首先产生的位置与(C)。

　　A. 进气流量有关　　　　B. 出口压力有关　　C. 转速有关　　　　D. 进气温度有关

66. 压缩机组更换联轴节、转子变形修复、更换转子零部件后，对转子必须进行(B)。

　　A. 静平衡校正　　　　　B. 动平衡校正　　　C. 专业测量　　　　D. 专家评定

67. 对于在轴承之间的转子不平衡质量，应加上或去掉的部位在(A)。

　　A. 叶轮和大转子部件上　　　　　　　　B. 叶轮侧盖板上

　　C. 联轴器上　　　　　　　　　　　　　D. 平衡盘上

68. 022Cr19Ni10 牌号的材料为(A)不锈钢。

　　A. 超低碳　　　　　　　B. 0.22% 碳含量　　C. 极低碳　　　　　D. 铬镍

69. 活塞式压缩机活塞杆硬填料存在泄漏，气体的泄漏量与(C)无关。

　　A. 填料与活塞杆之间的径向间隙　　　　B. 活塞杆直径

　　C. 气体密度　　　　　　　　　　　　　D. 填料密封面轴向长度

70. 活塞式压缩机活塞环是(B)工作的自紧式接触型动密封。

　　A. 利用耐磨耐温特性　　　　　　　　　B. 利用阻塞和节流作用

C. 利用材料弹力特性　　　　　　　　　　　D. 利用多环减压特性

71. 润滑油的黏度表现为(B)，润滑油受到作用力的影响而发生相对位移，油分子间产生阻力使润滑油无法顺畅流动，阻力大小即黏度。

A. 外摩擦　　　　　　B. 内摩擦　　　　　　C. 相对摩擦　　　　　　D. 非接触摩擦

72. 同样黏度的压缩机润滑油和汽轮机润滑油的区别是(B)。

A. 抗腐蚀性强　　　　B. 抗乳化性好　　　　C. 残炭值低　　　　　　D. 闪点高

73. 离心式压缩机转子不对中时，轴心轨迹的图形为(B)。

A. 围绕轴心的椭圆形　　　　　　　　　　　B. 香蕉形或"8"形

C. 偏离轴心的椭圆形　　　　　　　　　　　D. 不规则形

74. 下面不是离心压缩机转子不对中的振动特征(D)。

A. 轴向振动大

B. 轴心轨迹为双椭圆(内8字)复合轨迹

C. 靠近联轴节侧的压缩机轴承径向振动高，2倍频具有较大峰值

D. 振动大小随转速变化，轴心轨迹为椭圆

75. 下面不是转子弯曲的振动特征(D)。

A. 时域波形为正弦波　　　　　　　　　　　B. 轴心轨迹为椭圆形

C. 进动方向为正进动　　　　　　　　　　　D. 当超过额定工作转速时，相对稳定

76. 一般要求在主汽阀全关以后，弹簧对气阀的压紧力应留有(B)的裕量。

A. 2000 ~ 4000N　　B. 5000 ~ 8000N　　C. 6000 ~ 8000N　　D. 7000 ~ 8000N

77. 从保护装置动作到主汽阀全关闭的时间应小于(C)。

A. 2s　　　　　　　　B. 0.8s　　　　　　　C. 0.5 ~ 0.8s　　　　D. 0.6 ~ 0.9s

78. 向蓄能器充氮气时，其氮气压力应等于或大于最高工作压力的(A)。

A. 1/4　　　　　　　　B. 1/5　　　　　　　C. 1/6　　　　　　　　D. 1/8

79. 压缩机按工作原理和结构形式分为(B)。

A. 离心式、轴流式、往复式　　　　　　　　B. 容积型、速度型

C. 叶片型、活塞型　　　　　　　　　　　　D. 往复型、回转型

80. 按功率分类，大型压缩机轴功率(D)。

A. ≥10kW，≤50kW　　　　　　　　　　　B. ≥50kW，≤250kW

C. ≥200kW，≤500kW　　　　　　　　　　D. > 250kW

81. 十字头体由25#铸钢制成，工作面有一层轴承合金，十字头销材料为(A)，工作表面淬火处理。

A. 42CrMo　　　　　　B. 15CrMo　　　　　C. 5CrMo　　　　　　　D. 50CrVA

82. 齿形联轴器轴与孔的接触面积应不小于(C)为合格。

A. 70%　　　　　　　　B. 75%　　　　　　　C. 80%　　　　　　　　D. 85%

83. 无键齿式半联轴器内孔与轴的接触面积不低于整个接触表面(C)。

A. 60%　　　　　　　　B. 70%　　　　　　　C. 80%　　　　　　　　D. 90%

84. 压缩机的喘振裕度(B)，表明压缩机可避免进入喘振区。

A. $K_Y = 1$　　　　　　B. $K_Y > 1$　　　　　C. $K_Y < 1$　　　　　D. $K_Y = 0$

85. 多列活塞式压缩机的各列机身轴线的平行度偏差不大于(B)。

A. 0.05mm/m　　　　B. 0.10mm/m　　　　C. 0.15mm/m　　　　D. 0.20mm/m

86. 轴流式压缩机旋转失速一般发生在(B)过程中。

A. 停车　　　　　B. 启动　　　　　C. 运行调整　　　　　D. 提负荷

87. (C)是判断气体压缩性对流动影响及划分气体流动类型的自然标准。

A. 温度　　　　　B. 压力　　　　　C. 音速　　　　　D. 密度

88. 热处理是将金属或者合金在固态范围内，通过(C)有机的配合，使金属或者合金改变内部组织而不能得到所需性能的操作工艺。

A. 加热　　　　　B. 保温　　　　　C. 熔化　　　　　D. 冷却

89. 轴承油膜振荡属于强烈的(A)现象。

A. 自激振动　　　　　B. 强迫振动　　　　　C. 共振　　　　　D. 随机振动

90. 活塞式压缩机热力循环至少由(C)过程组成。

A. 一个膨胀　　　　　B. 一个压缩　　　　　C. 一个膨胀和压缩　　　　　D. 一个可逆

91. 活塞式压缩机活塞杆与汽缸的填料泄漏量与介质动力黏度成(B)。

A. 正比　　　　　B. 反比　　　　　C. 一定比例　　　　　D. 增量关系

92. 活塞式压缩机活塞环的开口热间隙与装入汽缸后停车状态温度和活塞环工作温度差(B)。

A. 成反比　　　　　B. 成正比　　　　　C. 不成比例　　　　　D. 成平方关系

93. 在有条件的情况下，对转子永久性弯曲变形的矫直方法中(D)会使转子残留应力最小。

A. 局部加热直轴法　　　　　　　　　　B. 机械直轴法

C. 局部加热机械直轴法　　　　　　　　D. 热状态直轴法

94. 不属于离心式压缩机调节的方法是(C)。

A. 压缩机出口节流调节　　　　　　　　B. 压缩机进口节流调节

C. 等温调节　　　　　　　　　　　　　D. 扩压器叶片安装角调节

95. 活塞式压缩机再负荷试车过程中，转速在 200～400r/min 范围内，基础振幅允许值应(B)。

A. <0.25mm　　　　B. <0.20mm　　　　C. <0.15mm　　　　D. <0.28mm

96. 在多级轴流式压缩机中，气体在各级中依次压缩，由于级与级间连接比较简单，流道短而平直，没有像离心式压缩机那样急转弯的地方，其工作叶栅又是经过气体动力学方面多年的研究损失较低的旋转扩压叶栅，其效率与离心式压缩机比较：(B)。

A. 低　　　　　B. 高　　　　　C. 一样　　　　　D. 不具可比性

97. 根据欧拉方程，压缩机的能量头与(A)有直接关系。

A. 叶轮入口的绝对速度　　B. 进气压力　　　　C. 出口压力　　　　D. 流量

98. 螺杆式压缩机使用变频调速或永磁调速时，改变转数调节流量，其经济调速范围是(B)。

A. 0.6～0.8 倍额定转速　　　　　　　　B. 0.5～0.6 倍额定转速

C. 0.5～0.8 倍额定转速　　　　　　　　D. 0.8～0.9 倍额定转速

99. 属于金属材料物理性能的是(D)。

A. 抗疲劳性　　　　　B. 硬度　　　　　C. 切削性　　　　　D. 热膨胀性

100. 下面(C)不符合离心式压缩机完好的标准。

A. 设备出力能满足正常生产需要或达到额定能力的90%以上

B. 监测数值轴位移符合设计规定，振动符合标准要求

C. 高位油箱油位正常，无排气阀

D. 轴承温度偏高，接近报警值

101. 对活塞式压缩机排气量影响最大的因素是(B)。

A. 压力　　　　　B. 容积　　　　　C. 温度　　　　　D. 泄漏

102. 合金结构钢的牌号由含碳量、合金元素符号、(B)三部分组成。

A. 质量等级　　　B. 合金含量　　　C. 抗拉强度　　　D. 屈服强度

103. 从离心式压缩机的性能曲线上可以发现，当进口容积流量 Q_{in} 增大较多时，理论功会下降，压比将明显下降，功率也(B)。

A. 可能增加　　　B. 可能下降　　　C. 不变　　　　　D. 呈曲线上升

104. 油膜涡动是一种转子失稳故障，其频率成分一般(C)。

A. 等于转频的 1/2 倍　　　　　　　B. 大于转频的 1/2 倍

C. 小于转频的 1/2 倍　　　　　　　D. 转频的 3/2 倍

105. (A)是组成离心压缩机的基本单元。

A. 级　　　　　　B. 段　　　　　　C. 缸　　　　　　D. 列

106. 压缩机轴承，处于(C)状态时，润滑效果最好。

A. 干摩擦　　　　B. 边界摩擦　　　C. 液体摩擦　　　D. 半液体摩擦

107. 离心压缩机轴瓦与轴径研磨接触点不少于(C)点/cm²。

A. 1~2　　　　　B. 3~4　　　　　C. 2~3　　　　　D. 1~3

108. 油膜振荡与轴承结构、(A)、轴承比压及润滑油温度有关。

A. 轴瓦间隙　　　B. 轴径尺寸　　　C. 共振　　　　　D. 转子平衡精度

109. 往复压缩机型号 4M50-40/160 中 M 的含义是(A)。

A. 对称平衡型(电机在曲轴一端)

B. 对称平衡型(电机位于汽缸之间)

C. 两列对称平衡型

D. 对置型

110. 往复压缩机通常都用(C)方法对中找正。

A. 单表法　　　　B. 双表法　　　　C. 三表法　　　　D. 四表法

111. 轴承巴氏合金是由(C)合金元素组成的。

A. 铁、锰、铜、铅　　　　　　　　B. 铅、锡、铜、铝

C. 铅、锡、铜、锑　　　　　　　　D. 铅、锡、铁、锰

112. 采用(D)的方法对发生油膜振荡防治无效。

A. 增加轴承比压　　　　　　　　　B. 调整油温

C. 控制适当的轴瓦预负荷　　　　　D. 增大轴承间隙

113. (C)是影响螺杆式压缩机性能的重要参数，它的改变对压力比、机器的泄漏损失和流动损失产生影响。

A. 长径比　　　　B. 级数　　　　　C. 齿顶圆周速度　D. 导程

114. 压缩机喘振的频率、强度与管网容量有关，若管网容量大，则频率(A)，强度(A)。

A. 低、大　　　　B. 高、大　　　　C. 低、小　　　　D. 高、小

115. 多列压缩机的各列机身轴线的平行度偏差不得大于(B)mm/m。

A. 0. 01　　　　　　B. 0. 10　　　　　　C. 0. 3　　　　　　D. 0. 5

116. API 617 规定，当轴振动探头测得的峰值响应敏感系数 Q 大于或等于 2.5 时，该频率称为临界频率，相应的轴转速称为临界转速，峰值响应敏感系数 Q 的表达式为(B)。

A. $Q = \dfrac{n_1}{n_2 - n}$　　B. $Q = \dfrac{n}{n_2 - n_1}$　　C. $Q = \dfrac{n}{n_2 - n}$　　D. $Q = \dfrac{n}{n_1 - n}$

式中：n——阻尼临界转速，峰值为 1.0

n_1——对应响应峰值为 0. 707 的较高转速

n_2——对应响应峰值为 0. 707 的较低转速

（三）汽轮机部分

1. 新安装的汽轮机试运行时或运行规定时间后，危急保安器应进行超速脱扣试验，脱扣转速为额定转速的(C)。

A. 120%　　　　　　B. 115%　　　　　　C. 110%　　　　　　D. 105%

2. 通常汽轮机转子、离心压缩机转子、电机转子动平衡精度等级为(B)。

A. G1. 0　　　　　　B. G2. 5　　　　　　C. G6. 3　　　　　　D. G16

3. 汽轮机滑动轴承润滑油是根据转速选用不同(B)等级的汽轮机油。

A. 抗乳化　　　　　B. 黏度　　　　　　C. 抗锈蚀　　　　　D. 载荷

4. 烟机要求烟气内含尘浓度一般不大于 $150mg/Nm^3$，大于 $10\mu m$ 的粒子不超过(A)。

A. 3%　　　　　　　B. 5%　　　　　　　C. 2%　　　　　　　D. 4%

5. 单机烟机结构简单，维修方便，成本低，应用最广泛，最大焓降已达到(B)。

A. 250kJ/kg　　　　B. 260kJ/kg　　　　C. 280kJ/kg　　　　D. 200kJ/kg

6. 对烟气轮机特性说法不正确的是(D)。

A. 同一轴功率下，温度、压力增加，则流量减少

B. 同一温度、压力下，流量增加，轴功率增加

C. 同一流量下，温度、压力增加，轴功率增加

D. 同一压力下，温度增加，进气量增加

7. 汽轮机运行过程中，发现 32 号汽轮机油闪点低于(B)，40℃时运动黏度指标超过原值 ±10%，必须更换润滑油。

A. 200℃　　　　　　B. 170℃　　　　　　C. 150℃　　　　　　D. 230℃

8. 烟气轮机转子在检修后一般应达到一定的技术要求，与检修内容无关的是(D)。

A. 转子动平衡试验，符合规定

B. 转子各部的径向和轴向跳动应在允许偏差内

C. 转子轴颈圆柱度符合要求

D. 动叶片应紧固，不能有松动

9. 汽轮机一旦超速运行，其飞锤飞出最大行程 Δ_{max} 值一般为(C)。

A. 2mm　　　　　　B. 3mm　　　　　　C. 4 ~ 6mm　　　　　D. 8mm

10. 当汽轮机转子受热膨胀时，则以推力轴承为死点，沿轴向向(B)伸长。

A. 前　　　　　　　B. 低压端　　　　　C. 高压端　　　　　D. 调节端

11. 一般规定上、下汽缸温差不得大于(B)。

A. 20 ~ 30℃   B. 35 ~ 50℃   C. 50 ~ 60℃   D. 60 ~ 70℃

12. 一般规定汽轮机转子的晃动度不允许超过(B)
  A. 0.02 ~ 0.025   B. 0.03 ~ 0.04
  C. 0.05 ~ 0.055   D. 0.06 ~ 0.065

13. 一般当汽轮机所带的负荷达到正常负荷的(B)左右时，才可以将疏水阀全关，这时可通过疏水器疏水。
  A. 10% ~ 15%   B. 15% ~ 20%   C. 20% ~ 25%   D. 25% ~ 30%

14. 一般汽轮机额定转速为 3000 ~ 6000r/min，低速暖机时间为(B)。
  A. 25 ~ 30min   B. 30 ~ 45min   C. 50 ~ 90min   D. 60 ~ 90min

15. 目前，工业汽轮机暖机过程多采用分段升速暖机，一般分为低速暖机中速暖机和高速暖机，中速暖机时的转速为额定转速的(B)。
  A. 10% ~ 15%   B. 30% ~ 40%   C. 80% 左右   D. 60% ~ 70%

16. 目前，大型工业汽轮机组均采用柔性转子，即转子的工作转速 n 大于第一临界转速 n_{c1}，低于第二临界转速 n_{c2}，且应满足(C)。
  A. $n < 1.4n_{c1}$ B. $n > 1.4n_{c2}$
  C. $1.4n_{c1} < n < 0.7n_{c2}$ D. $1.5n_{c1} < n < 0.8n_{c2}$

17. 调速器投入工组，在达额定转速下稳定运行(C)min 后，对机组进行全面检查，确认一切正常后，则可进行手击危急遮断器装置试验和超速试验。
  A. 3 ~ 40   B. 45 ~ 60   C. 10 ~ 15   D. 20 ~ 30

18. 惰走时间急剧减少时，说明(C)。
  A. 油压下降   B. 速关阀不严
  C. 轴承式动静部分发生摩擦   D. 流量减少

19. 转子的转动惯量因机组的不同而不同，摩擦、鼓风损失与真空度(B)。
  A. 成正比   B. 成反比   C. 常数   D. 减少

20. API 611 石油精炼通用汽轮机振动标准，当转子转速在 4000r/min 以下，轴承振动双振幅为(B)。
  A. 0.02mm   B. 0.025mm   C. 0.03mm   D. 0.035mm

21. 凝气式汽轮机要求冲动转子时的真空度一般为(B)
  A. 300 ~ 400mmHg   B. 450 ~ 500 mmHg
  C. 500 ~ 650 mmHg   D. 650 ~ 700 mmHg

22. 汽轮机转子静止状态下，一般要求(A)向轴封供气。
  A. 严禁   B. 可以   C. 少量   D. 低压

23. 一般认为宏观裂纹等级直径达到(C)时，汽轮机寿命达到终点。
  A. 0.1 ~ 0.2mm   B. 0.2 ~ 0.3mm   C. 0.2 ~ 0.5mm   D. 0.25 ~ 0.6mm

24. 轴承比压较高的中性汽轮机油楔椭圆形轴承距顶向隙为 $a = (1.5\% ~ 2\%)d$，侧间隙为(C)。
  A. $(1.5 ~ 2)a$ B. $(1.2 ~ 1.5)a$ C. $(1 ~ 1.5)a$ D. $(1.5 ~ 1.75)a$

25. 多用于高速，轻载工业汽轮机多油楔可倾瓦轴承，转速 n 不大于 3000r/min 时，间隙为(B)。
  A. $(1.5\% ~ 2\%)d$ B. $(1.2\% ~ 1.5\%)d$

C. (1.75% ~ 2.25%)d　　　　　　　　　　D. (2.0% ~2.5%)d

26. 一般气封间隙为 0.2 ~ 0.25mm，两侧间隙为 0.1 ~ 0.15mm，下部间隙为(C)。

A. 0.2 ~ 0.25 mm　　　　　　　　　　B. 0.1 ~ 0.15mm

C. 0.05 ~ 0.1mm　　　　　　　　　　D. 0.1 ~ 0.2mm

27. 凝汽式汽轮机的凝汽设备真空下降为绝对压力到(A)就必须紧急停机。

A. 0.041 MPa　　　　B. 0.05 MPa　　　　C. 0.06MPa　　　　D. 0.07MPa

28. 真空度逐渐下降时，凝汽器端差值增大，应检查(A)。

A. 抽气器工作状态　　B. 检查气源　　　　C. 温度和压力　　　　D. 蒸汽流量

29. 在冷态机组对中找正，就是把两根或两根以上的转子中心线近似地成为(B)。

A. 一条光滑的直线　　　　　　　　　　B. 一条光滑的弹性曲线

C. 刚性直线　　　　　　　　　　　　　D. 挠性直线

30. 轮毂和轴颈锥度安装过盈量来传递扭矩的，在接触面积不变时，接触压紧力与过盈量(C)。

A. 成反比　　　　　B. 强度增大　　　　C. 成正比　　　　D. 刚度增大

31. 断流式错油门滑阀的重叠度一般应为(C)。

A. 常数　　　　　　B. 负数　　　　　　C. 正数　　　　　　D. 为零

32. 危急遮断器脱扣杠杆与飞锤头的径向间隙为(C)。

A. 1 ~ 1.5mm　　　　　　　　　　　　B. 0.7 ~ 0.9mm

C. 0.8 ~ 1.0mm　　　　　　　　　　　D. 1.0 ~ 1.2mm

33. 酸洗后的油管内壁表面质量以蓝点检验法，将验液一点滴在纯化表面，(C)min 内出现蓝点少于 8 点为合格。

A. 2　　　　　　　　B. 5　　　　　　　　C. 15　　　　　　　D. 20

34. 刚性转子动平衡一般称为低速平衡，根据理论计算和试验结果证明，只有当转子转速低于(B)倍转子临界转速时，转子挠曲变形对其平衡影响可以忽略。

A. 0.2 ~ 0.3　　　　B. 0.4 ~ 0.5　　　　C. 0.6 ~ 1.0　　　　D. 0.5 ~ 0.6

35. 气流在流动过程中如果流速增加，则压力(B)时熔值降低。

A. 升高　　　　　　B. 必然降低　　　　C. 不变　　　　　　D. 常数

36. 气流速度变化时，由于参数的改变，导致气流流通截面积(B)。

A. 不变　　　　　　B. 发生变化　　　　C. 常数　　　　　　D. 等值

37. 气流为亚声速流动时的喷嘴形式为(B)。

A. 渐扩型喷嘴　　　B. 渐缩型喷嘴　　　C. 等颈式　　　　　D. 射流式

38. 缩放喷嘴的最小截面处称为喉部，喉部处气流速度为(C)。

A. 低速　　　　　　B. 高速　　　　　　C. 临界流速　　　　D. 亚声速

39. 通常说的反动级是指(B)的级，其特点是蒸汽在动叶栅中的膨胀程度与喷嘴相同。

A. $\rho = 0.2$　　　　B. $\rho = 0.5$　　　　C. $\rho = 1$　　　　D. $\rho = 0.8$

40. 蒸汽在喷嘴中膨胀，压力降低，速度增加，热能转变为动能的汽轮机为(B)。

A. 反动式　　　　　B. 冲动式　　　　　C. 混合式　　　　　D. 多级式

41. 随着喷嘴出口压力逐渐降低，(A)逐渐增加。

A. 比体积和速度　　B. 音速　　　　　　C. 温度　　　　　　D. 超音速

42. 若喷嘴压力 ε_n 大于或等于临界压力比 ε_c 时，即 $p_1/p_0 \geqslant p_c/p_0$ 时，应选用(A)型

喷嘴。

    A. 渐缩型   B. 缩放型   C. 等径型   D. 扩放型

43. 当 $\varepsilon_n < \varepsilon_c$ 即 $p_1/p_0 < p_c/p_0$ 时，最小截面 ab 便是临界截面，获得临界压力、临界速度，气流在斜切口内继续膨胀，二流速（C），由音速变为超音速。

    A. 减小   B. 降低   C. 增大   D. 常数

44. 喷嘴的作用是将蒸汽的热能转变为（C）。

    A. 势能   B. 机械能   C. 动能   D. 速度能

45. 动叶的作用是将喷嘴射出来高速气流的动能转化为（B）。

    A. 功能   B. 旋转的机械能   C. 动能   D. 势能

46. 为了使蒸汽无撞击地平滑进入动叶片，动叶片的进气角应（C）蒸汽的相对进气角。

    A. 大于   B. 小于   C. 等于   D. 正常

47. 对于冲动级和反动级（$\rho \neq 0$）蒸汽在动叶中要（A）。

    A. 发生膨胀   B. 不膨胀   C. 常数   D. 为零

48. 对圆周效率影响最大的因素是（D）。

    A. 压力   B. 温度   C. 速度   D. 速比

49. 圆周效率 η 与 u/c_1 有关，但由于动叶的圆周速度受到叶片及叶轮所用材料强度的限制，级的圆周速度 u 最大允许值不得超过（C）。

    A. $200 \sim 250 \ \text{m/s}$ B. $300 \sim 350 \text{m/s}$ C. $400 \sim 500 \text{m/s}$ D. $500 \sim 550 \text{m/s}$

50. 减少喷嘴损失的主要途径是改进喷嘴型线，应广泛用（B）。

    A. 缩放型叶片   B. 渐缩型叶片   C. 等径型叶片   D. 圆滑叶片

51. 减少动叶损失的主要途径是改进叶型线，采用适当的（D）。

    A. 压力   B. 速比   C. 刚度   D. 反动度

52. 当动叶在（B）内转动，就像鼓风机一样将该段内停滞的蒸汽从叶轮前侧鼓向叶轮后侧，这部分能量损失为鼓风损失。

    A. 工作面区域   B. 非工作面区域   C. 中间区   D. 偏离区

53. 由于反动式汽轮机的反动度较大，所以轴向力比冲动式汽轮机轴向推力（D）。

    A. 相等   B. 大于   C. 较大   D. 大很多

54. 汽缸与前轴承座通过两拉杆螺栓进行连接，当汽缸受热膨胀时，前轴承座依靠（A）轴向平行的向前延伸。

    A. 导向键   B. 两拉杆   C. 平行盘   D. 推力盘

55. 无论是背压式或凝汽式汽轮机，汽缸的死点都在（C）。

    A. 前段   B. 中端   C. 后端   D. 高压端

56. 汽缸受热膨胀时沿轴向向前伸长，并将前轴承座推向前方，汽轮机的推力轴承也随之（C）。

    A. 伸长   B. 后移   C. 前移   D. 不变

57. 当转子受热膨胀时，则以推力轴承为相对死点，沿轴向（C）。

    A. 向前伸长   B. 向后位移   C. 向后伸长   D. 向高压端伸长

58. 相对于汽缸的死点，汽轮机后端联轴节便有可能存在较小的（C）。

    A. 相对位移   B. 不对中   C. 轴向位移   D. 径向位移

59. 若发现汽缸保温层局部潮湿、渗水、漏气和真空下降等现象，说明汽缸出现（C）。

A. 中剖面漏气　　　　B. 紧固螺栓松动　　　C. 缸裂纹　　　　　　D. 干度下降

60. 螺帽的材料应比螺栓低一级，防止长期工作后螺栓发生（C）。

A. 断裂　　　　　　　B. 松弛　　　　　　　C. 咬合　　　　　　　D. 失效

61. 铸造隔板，为了防止隔板在热状态下蠕变时与隔板槽卡住，隔板外缘轴向和径向均用几个销钉在汽缸槽内固定位置，隔板装入时应调整销钉使之留有（C）。

A. 0.05 ~ 0.08mm　　　　　　　　　　　B. 0.10 ~ 0.15mm

C. 0.10 ~ 0.20mm　　　　　　　　　　　D. 0.20 ~ 0.25mm

62. 隔板与汽缸上的隔板槽之间应留有一定的轴向和径向间隙，一般轴向间隙为（B）。

A. $(0.003 ~ 0.004)D$　　　　　　　　　B. 0.1 ~ 0.3mm

C. 0.15 ~ 0.4mm　　　　　　　　　　　D. 0.4mm

63. 凝气式汽轮机低压段端部轴封（B）。

A. 防止泄漏　　　　　　　　　　　　　B. 防止空气进入而破坏真空

C. 保持平衡　　　　　　　　　　　　　D. 防止位移

64. 汽轮机一般低压段气封的轴向间隙大于高压段的气封间隙，一般径向间隙为0.2 ~ 0.4mm 轴向间隙为（B）。

A. 0.20 ~ 0.40mm　　B. 0.25 ~ 0.45mm　　C. 0.30 ~ 0.40mm　　D. 0.50mm

65. 轴承运行中，处于稳定状态，此时是（C）。

A. 干摩擦　　　　　　B. 干液摩擦　　　　　C. 液体摩擦　　　　　D. 边界摩擦

66. 影响油膜厚度的最主要原因是（B）。

A. 温度　　　　　　　B. 配合间隙　　　　　C. 流速　　　　　　　D. 压力

67. 当轴瓦配合间隙为最佳间隙时，则最佳油膜为（C）。

A. △ 间隙/2　　　　　B. △ 间隙/3　　　　　C. △ 间隙/4　　　　　D. △ 间隙/5

68. 轴颈和轴承最适合的配合间隙和润滑黏度之间的相互关系，即最佳的间隙随着（D）的增加而增大。

A. 轴颈　　　　　　　B. 速度　　　　　　　C. 压力　　　　　　　D. 黏度

69. 当轴颈 $d = 100 ~ 500mm$ 的范围内，对重要的滑动轴承的配合间隙为（C）。

A. $(0.001 ~ 0.015)d$　　　　　　　　　B. $(0.001 ~ 0.002)d$

C. $(0.0005 ~ 0.0006)d$　　　　　　　　D. $0.0007d$

70. 轴颈与轴瓦润滑油膜之间发生的振动称为（A）。

A. 自激振动　　　　　B. 涡流振动　　　　　C. 半涡振动　　　　　D. 油膜振荡

71. 当轴的转速低于临界转速时，轴的挠度随转速增加而（C）。

A. 减小　　　　　　　B. 不变　　　　　　　C. 增加　　　　　　　D. 正常

72. 改变工作转速，刚性轴可以变为（A）。

A. 挠性轴　　　　　　B. 不变　　　　　　　C. 细长轴　　　　　　D. 短粗轴

73. 止推盘与止推块间要有一定的间隙，一般为（B），以便油膜的形成，但此间隙最大值应小于转子与固定元件之间的最小间隙。

A. 0.30 ~ 0.40mm　　　　　　　　　　　B. 0.25 ~ 0.30mm

C. 0.20 ~ 0.25mm　　　　　　　　　　　D. 0.15 ~ 0.20mm

74. 止推轴承用来承受轴向力，汽轮机的止推轴承一般装在转子的（B）。

A. 后端　　　　　　　B. 前端　　　　　　　C. 中端　　　　　　　D. 低压端

75. 当转子第一临界转速高于工作转速 1/2 时发生轴瓦自激振动，其振动频率等于工作转速相应频率的一半，故称为（B）。

　　A. 油膜振荡　　　　B. 半速涡动　　　　C. 涡动　　　　D. 一倍频

76. 米切尔推力轴承的最大比压 p_{min} 为（C），允许最高线速度为 130m/s。

　　A. 2 ~ 3MPa　　　　　　　　　　B. 2. 5 ~ 4MPa

　　C. 2. 5 ~ 5. 6MPa　　　　　　　　D. 5. 6 ~ 6. 5MPa

77. 在装配或安装检修时应防止将正副两组推力瓦块（C）。

　　A. 对中　　　　　　B. 装偏　　　　　　C. 装反　　　　　　D. 不正

78. 采用人字齿轮，其两边轮齿的螺旋角（A）可将轴向力抵消。

　　A. 大小相等，方向相反　　　　　　B. 大小不等，方向相同

　　C. 啮合圆滑　　　　　　　　　　　D. 啮合面较好

79. 汽轮机运行时，不断地受到脉冲气流的作用，使叶片产生（C），叶片损坏事故约占汽轮机事故的 40%。

　　A. 冲击　　　　　　B. 压差　　　　　　C. 振动　　　　　　D. 流速

80. 由于喷嘴隔板或静叶片个别气流方向或大小出现异常，叶片每转到此处，其受力就变化一次，这样形成的激振力称为（B）。

　　A. 高频激振　　　　B. 低频激振　　　　C. 周期激振　　　　D. 共振

81. 国标规定，低于第一临界转速的转子为刚性转子，其转速（C）。

　　A. $n = (60\% ~ 65\%)n_c$　　　　　　B. $n > 70\% n_c$

　　C. $n < 75\% n_c$　　　　　　　　　　D. $n < 85\% n_c$

82. 美国石油协会 API 617 中规定，刚性转子第一临界转速至少应超过最大持续转速的（B）。

　　A. 15%　　　　B. 20%　　　　C. 25%　　　　D. 30%

83. 美国石油协会 API 617 中规定，挠性转子，任何操作转速不在与临界转速接近（A）的情况下工作。

　　A. 10%　　　　B. 15%　　　　C. 20%　　　　D. 25%

84. 进入凝结器冷却水量 D_w 与进入凝汽器的汽轮机的排气量 D_c 的比值 D_w/D_c 称为（B）。

　　A. 比压　　　　　　B. 冷却倍率　　　　C. 流量比　　　　D. 温度比

85. 冷却水温升，主要取决于冷却倍率 m，由于进出冷却水温差与 m 成反比，当 m 一般为 50 ~ 100 时，冷却水一般进出温差为（A）。

　　A. 5 ~ 10℃　　　　B. 7. 5 ~ 11℃　　　　C. 5℃　　　　D. 小于 5℃

86. 汽轮机真空度下降时的转速与漏入的空气量成线性关系，对于大容量的汽轮机，每分钟真空度下降 1 ~ 2mmHg（0. 13 ~ 0. 26kPa）为严密性良好，（B）为严密性合格。

　　A. 2 ~ 3 mmHg　　　B. 3 ~ 4 mmHg　　　C. 4 ~ 5 mmHg　　　D. 5 ~ 6 mmHg

87. 凝气设备在运行中应采取措施以获得良好的真空度，但真空的提高是（C）。

　　A. 越高越好　　　　B. 越低越好　　　　C. 一个极限值　　　　D. 效益提高

88. 凝结水泵安装在凝汽器最低水位以下，使水泵入口最低水位维持（A）的高度差。

　　A. 0. 5 ~ 1. 0m　　　B. 0. 2 ~ 0. 4m　　　C. 平齐　　　　D. 微高

89. 由于凝结水具有一定温度，（B）凝结水泵入口绝对压力可以防止凝结水泵入口处的

汽化。

　　A. 减小　　　　　　　B. 增加　　　　　　　C. 常态化　　　　　　D. 压力不变

90. 汽轮机按工作原理分类可分为(B)。

　　A. 单级汽轮机、多级汽轮机　　　　　　　B. 冲动式汽轮机、反动式汽轮机

　　C. 轴流式汽轮机、辐流式汽轮机　　　　　D. 工业驱动汽轮机、工业电站汽轮机

91. 按级通流面积是否随负荷大小而变化,汽轮机的级可以分为(A)。

　　A. 调节级、非调节级　　　　　　　　　　B. 压力级、速度级

　　C. 冲动级、反动级　　　　　　　　　　　D. 速度级、纯冲动级

92. 汽轮机喷嘴速度系数的大小反映了蒸汽在喷嘴中(B)。

　　A. 能量损失的大小　　　　　　　　　　　B. 流动损失的大小

　　C. 焓降的多少　　　　　　　　　　　　　D. 膨胀的速度

93. 在叶轮出口速度三角形中,代表绝对速度的是(B)。

　　A. C_{2U}　　　　　　　B. C_2　　　　　　　C. W_2　　　　　　　D. C_{2r}

94. 汽轮机组的各联锁信号动作是通过电磁阀将(A)泄压,使汽轮机停止运转。

　　A. 速关油　　　　　　B. 机械油　　　　　　C. 润滑油　　　　　　D. 液压油

95. 汽轮机发生水击事故时,主要造成汽轮机的(D)。

　　A. 密封泄漏　　　　　B. 转速增大　　　　　C. 喷嘴损坏　　　　　D. 叶片损坏

96. 汽轮机机组正常运行时,一般要求进油温度为40℃±5℃,温升一般不允许超过(C)。

　　A. 5~10℃　　　　　B. 5~15℃　　　　　C. 28℃　　　　　　　D. 10~20℃

97. 汽轮机冷态启动时,蒸汽与汽缸内壁的换热形式主要是(D)。

　　A. 对流换热　　　　　B. 辐射换热　　　　　C. 传导换热　　　　　D. 凝结换热

98. 烟气轮机与蒸汽轮机的主要区别是(B)。

　　A. 高压和低压　　　　　　　　　　　　　B. 单相流体和双相流体

　　C. 高温和低温　　　　　　　　　　　　　D. 三旋和危机保安器

99. 判断汽轮机转子弯曲是弹性变形还是塑性变形,在直轴前要进行(B)。

　　A. 冷压　　　　　　　B. 回火处理　　　　　C. 高速动平衡　　　　D. 检查弯曲数值

100. 采用定压运行方式调整负荷时,汽轮机内部温度的变化(C)。

　　A. 不变　　　　　　　B. 较小　　　　　　　C. 较大　　　　　　　D. 不确定

101. 热力逆向循环又称(B)循环。

　　A. 朗肯　　　　　　　B. 制冷机　　　　　　C. 卡诺　　　　　　　D. 热机

102. 工质的内能决定于它的(D),即决定于所处的状态。

　　A. 温度　　　　　　　B. 压力　　　　　　　C. 比体积　　　　　　D. 温度和比体积

103. 所谓汽轮机的支承负荷分配,主要是指如何把(B)的质量按设计要求分配在支座上。

　　A. 转子　　　　　　　B. 汽缸　　　　　　　C. 轴承　　　　　　　D. 叶片

104. 调节级在变化工况时的重要特性是焓降随(C)的变化而变化。

　　A. 蒸汽温度　　　　　B. 蒸汽压力　　　　　C. 蒸汽流量　　　　　D. 真空

105. 工质的内能与流动势能之和称为(C)。

　　A. 熵　　　　　　　　B. 热能　　　　　　　C. 焓　　　　　　　　D. 动能

106. 在汽轮机中,蒸汽在喷嘴通道中(D),蒸汽的速度增加,在喷嘴的出处得到速度很高的汽流。

A. 压力升高　　　　B. 熵增加　　　　C. 压力位能增加　　　　D. 压力降低

107. 物体由于运动而具有的能为(B)。

A. 热能　　　　B. 动能　　　　C. 内能　　　　D. 机械能

108. 汽轮机中常用的和重要的热力计算公式是(C)。

A. 理想气体的过程方程式　　　　　　B. 连续方程式

C. 能量方程式　　　　　　　　　　　D. 动量方程式

109. 蒸汽在喷嘴中膨胀，叙述错误的是(A)。

A. 压力逐渐升高　　B. 速度增加　　C. 比体积增加　　D. 焓值降低

110. 液体和气体的共同点是(B)。

A. 易燃　　　　B. 流动性好　　　　C. 易压缩　　　　D. 黏度低

111. 在烟气轮机转子检查中，对动叶片主要检查(C)。

A. 尺寸　　　　B. 硬度　　　　C. 耐磨涂层损伤　　　　D. 排列顺序

112. 电液调节系统主要由传感部分，控制部分和(D)部分组成。

A. 反馈　　　　B. 调节　　　　C. 感受　　　　D. 执行

113. 汽轮机负荷过低时会引起排汽温度过高的原因是(D)。

A. 真空过高　　B. 进气温度过高　　C. 进气压力过高

D. 进入汽轮机的蒸汽流量过低，不足以带走鼓风摩擦损失产生的热量

114. (B)使叶片所受的离心力增大，同时因叶栅的流通面积减少，其反动度增加，从而增大了叶片前后压差所附加的作用力，使叶片承受较大的应力。

A. 叶片变形　　B. 叶片结垢严重　　C. 胀差增大　　D. 叶根冲蚀

115. 随着压力的升高，水的汽化热(D)。

A. 与压力变化无关　　B. 不变　　　　C. 增大　　　　D. 减小

116. 叶轮工作时，受到的主要作用力为(C)。

A. 气体通过叶片时传递的轴向力和径向力

B. 叶轮前后的压力差所引起的轴向力

C. 叶片及叶轮自身的离心力

D. 叶轮因温度不均引起的热应力

117. 凝结器真空度越高，汽轮机末级湿度越大，轴向力推力(B)。

A. 越低　　　　B. 越大　　　　C. 不变　　　　D. 呈周期性变化

118. 根据汽轮机的转速选择汽轮机油的黏度等级，通常在保证润滑的前提下，应尽量选用(B)的油品，其散热性和抗乳化性均较好。

A. 黏度较高　　　　　　　　　　　B. 黏度较低

C. 倾点较高　　　　　　　　　　　D. 闪点高于工作温度50℃

119. 在汽轮机中，高速流动的蒸汽在喷嘴中膨胀加速，压力降低速度增加，热能转变为动能。高速汽流进入动叶片后，其速度方向发生改变(其动能发生改变)，对动叶片产生了冲动力，(B)，将蒸汽的动能转变为机械能，称为冲动作用原理。

A. 改变了叶片的频率　　　　　　　B. 推动叶轮旋转做功

C. 减少了胀差的影响　　　　　　　D. 加大了蒸汽的有效焓降

120. 烟气轮机在检修时与动叶片检查无关的内容是(C)。

A. 叶片根部严重冲蚀　　　　　　　B. 叶片表面喷涂层无剥落

C. 轮盘紧固螺栓松动　　　　　　　　D. 叶片锁紧片弯折处无裂纹

121. 汽轮机油动机通过错油门将由调速器输出的(B)信号转换为油动机活塞行程。

A. 控制油压　　　　B. 二次油压　　　　C. 调节油压　　　　D. 速关油压

122. 在轴功率一定的前提下，烟机效率与烟气入口温度(B)关系。

A. 成正比　　　　　B. 成反比　　　　　C. 不相关　　　　　D. 呈线性

123. 烟气轮机的三旋内膨胀节一般选用高档材质，如 FN2 钢，提高抗晶间腐蚀 的能力，避免用(A)清洗积垢。

A. 新鲜水　　　　　B. 轻轻敲击　　　　C. 空气　　　　　　D. 氮气

124. 烟机的入口至蝶阀间有(B)倍入口管径的直管长度，使烟气流入烟机时不产生偏流。

A. 5 ~ 6　　　　　　B. 6 ~ 10　　　　　　C. 8 ~ 12　　　　　　D. 12 ~ 15

125. 背压式汽轮机汽缸后下端与后座架之间有一只偏心调整螺栓，来调节汽缸在(D)的位置，并作为汽缸膨胀的"死点"。

A. 垂直　　　　　　B. 周向　　　　　　C. 径向　　　　　　D. 水平方向

126. 在蒸汽室(喷嘴室)中的静叶称为(C)，在转鼓段和低压段内的静叶称为导向叶片。

A. 可调叶片　　　　B. 弧嘴　　　　　　C. 喷嘴　　　　　　D. 导叶

127. 工业汽轮机的静子主要由(B)构成。

A. 汽缸、喷嘴、隔板、支撑、轴承、紧固件

B. 汽缸、喷嘴、隔板、汽封、轴承、紧固件

C. 汽缸、喷嘴、隔板、汽封、轴承、螺栓

D. 汽缸、喷嘴、隔板、汽封、轴承、滑销

128. 螺栓是汽轮机上的重要的连接件，当温度大于400℃时选用(C)。

A. 35CrMo　　　　B. 45$^{\#}$　　　　C. 21CrMoVTiB　　　　D. 25CrMo1V

129. 纵销中心线与横销中心线的交点称为(B)始终保持不动。

A. 静止点　　　　　B. 死点　　　　　　C. 座标点　　　　　D. 滑动点

130. 全开主汽阀，调节阀，在手按停机按钮，脱扣油压立即泄油压，一般中压机组主汽阀在(B)时间内关闭为合格。

A. 1. 2s　　　　　　B. 1s　　　　　　　C. 0. 5s　　　　　　D. 0. 4s

131. 挠性转子的动平衡，不仅要求减少轴或轴承座的(C)，而且同时要求较少转子的挠度变形，即对转子进行动挠度校直。

A. 多面不平衡　　　B. 多阶振动　　　　C. 振动或动负荷　　D. 振动频率

132. 挠性转子一般用高速动平衡技术完成校正(B)。

A. 残余不平衡量　　　　　　　　　　　B. 振动不平衡量

C. 力偶不平衡量　　　　　　　　　　　D. 变形不平衡量

（四）泵、密封、监测部分

1. 水泵的吸水高度是指通过泵轴线的水平面与(C)的高差，当水平下降致超过最大吸水高度时，水泵将不能吸水。

A. 水泵排口　　　　B. 水泵泵体出口　　C. 吸水平面

2. 当水泵叶片入口附近压强降至该处水开始(A)，水泵将产生汽蚀现象，使水泵不能

正常工作。

　　A. 汽化成汽泡　　　　B. 凝结成冰

　　3. 水泵运转中，由于叶轮前、后底盘外表面不平衡压力和叶轮内表面水动压力的轴向分力，会造成指向(B)方向的轴向力。

　　A. 电机方向　　　　B. 吸水口方向　　　C. 出水口方向　　　D. 基础

　　4. 油泵的吸油高度比水泵小得多的原因主要是(C)。

　　A. 油泵的结构使其吸力比水泵小　　　　B. 油液密度比水大得多

　　C. 油液比水更易于汽化而产生汽蚀

　　5. 离心泵在额定转速下运行时，为了避免启动电流过大，通常在(C)。

　　A. 阀门稍稍开启的情况下启动　　　　B. 阀门半开的情况下启动

　　C. 阀门全关的情况下启动　　　　D. 阀门全开的情况下启动

　　6. 两台同性能泵并联运行，并联工作点的参数为 $q_{v并}$、$H_并$。若管路特性曲线不变，改为其中一台泵单独运行，其工作点参数为 $q_{v单}$、$H_单$。则并联工作点参数与单台泵运行工作点参数关系为(B)。

　　A. $q_{v并}=2q_{v单}$，$H_并=H_单$　　　　B. $q_{v并}<2q_{v单}$，$H_并>H_单$

　　C. $q_{v并}<2q_{v单}$，$H_并=H_单$　　　　D. $q_{v并}=2q_{v单}$，$H_并>H_单$

　　7. 对一台 q_v–H 曲线无不稳区的离心泵，通过在泵的出口端安装阀门进行节流调节，当将阀门的开度关小时，泵的流量 q_v 和扬程 H 的变化为(C)。

　　A. q_v 与 H 均减小　　　　B. q_v 与 H 均增大

　　C. q_v 减小，H 升高　　　　D. q_v 增大，H 降低

　　8. 当叶轮旋转时，流体质点在离心力的作用下，流体从叶轮中心被甩向叶轮外缘，于是叶轮中心形成(B)。

　　A. 压力最大　　　　B. 真空　　　C. 容积损失最大　　　D. 流动损失最大

　　9. 具有平衡轴向推力和改善汽蚀性能的叶轮是(C)。

　　A. 半开式　　　　B. 开式　　　C. 双吸式　　　D. 闭式

　　10. 一般轴的径向跳动是：中间不超过(A)，两端不超过(A)。

　　A. 0.05mm，0.02mm　　　　B. 0.1mm，0.07mm

　　C. 0.05mm，0.03mm

　　11. 水泵各级叶轮密封环的径向跳动不许超过(A)。

　　A. 0.08mm　　　　B. 0.06mm　　　C. 0.04mm

　　12. 离心泵的效率等于(B)。

　　A. 机械效率+容积效率+水力效率　　　　B. 机械效率×容积效率×水力效率

　　C. 机械效率+容积效率

　　13. 水泵发生汽蚀最严重的地方是(A)。

　　A. 叶轮进口处　　　　B. 叶轮出口处　　　C. 叶轮轮毂

　　14. 输送水温高的水泵启动时，应注意(B)。

　　A. 开入口即可启动　　　　B. 暖泵　　　C. 启动后慢开出口门

　　15. 工作良好的水泵，运行时平衡盘与平衡环的轴向间隙为(A)。

　　A. 0.1~0.2mm　　　　B. 0.2~0.3mm　　　C. 0.05~0.1mm

　　16. 运行中滑动轴承允许的最高温度为(B)。

A. 60℃　　　　　　　　　　B. 80℃　　　　　　　　C. 95℃

17. 现场中的离心泵叶片大都采用(A)。

A. 后弯式　　　　　　　　　B. 前弯式　　　　　　　C. 垂直式

18. 压力高于 6.37×10^6 Pa 的水泵称为(C)。

A. 低压泵　　　　　　　　　B. 中压泵　　　　　　　C. 高压泵

19. 给水泵发生(C)情况时应紧急停泵。

A. 给水泵入口法兰漏水　　　　　　　　　B. 给水泵和电机振动幅度达 0.06mm

C. 给水泵内部有清晰的摩擦声或冲击声

20. 对转速高、精度高的联轴器找中心广泛采用(B)的方法。

A. 单桥架塞尺　　　　　　B. 双桥架百分表　　C. 塞尺　　　　　　　D. 简易

21. 离心泵与电动机的连接方式多数为(B)联轴器连接。

A. 刚性　　　　　　　　　　B. 挠性　　　　　　　C. 半挠性　　　　　D. 液力

22. 角接触球轴承的代号 7312AC 中，AC 是表示该轴承的公称接触角为(B)。

A. 15°　　　　　　　　　　　B. 25°　　　　　　　　C. 30°　　　　　　　D. 40°

23. 电机在额定电压时，启动电流与额定电流之比一般为 5~7，因启动电流大，引起电机发热，多次连续启动要烧坏电机，一般长期运转后停机不久(即热态时)连续启动不得超过(B)次。

A. 1　　　　　　　　　　　B. 2　　　　　　　　　C. 3　　　　　　　　D. 4

24. 水泵密封环处的轴向间隙应(A)泵的轴向窜动量。

A. 大于　　　　　　　　　　B. 等于　　　　　　　C. 小于　　　　　D. 小于等于

25. 多级离心泵抬轴试验时，放入下瓦后，转子两端的上抬值应根据转子静挠度大小决定，当转子静挠度在 0.20mm 以上时，上抬值为总抬数量的(B)，调整时应兼顾转子水平方向的位置，保证动静几何中心位置正确。

A. 40%　　　　　　　　　　B. 45%　　　　　　　　C. 50%　　　　　　D. 55%

26. 为了提高密封环(45#钢)的硬度和耐磨性，可采用(A)。

A. 淬火处理　　　　　　　　B. 回火处理　　　　　C. 调质处理　　　　D. 化学热处理

27. 离心泵的叶轮一般采用(B)叶片。

A. 径向　　　　　　　　　　B. 后弯　　　　　　　C. 前弯　　　　　　D. 任何形式

28. 松离心泵叶轮螺帽时，以(B)来判定螺帽的旋向。

A. 泵壳　　　　　　　　　　B. 叶轮旋向　　　　　C. 正反都试一试　　D. 叶片形式

29. 用百分表测量平衡盘平面跳动时，测头应与平面(B)。

A. 倾斜　　　　　　　　　　B. 垂直　　　　　　　C. 平行　　　　　　D. 呈任何方向

30. 影响流体密度的因素有 (A)。

A. 温度　　　　　　　　　　B. 黏度　　　　　　　C. 压力　　　　　　D. 流体的速度

31. 泵轴的弯曲度是用(C)进行测量的。

A. 水平仪　　　　　　　　　B. 游标卡尺　　　　　C. 百分表　　　　　D. 外径千分表

32. 离心泵是用来把电机的机械能转变为液体的(A)的一种设备。

A. 动能和压力能　　　　　　　　　　　　B. 压力能和化学能

C. 动能和热能　　　　　　　　　　　　　D. 热能和压力能

33. 鼠笼式电动机应避免频繁启动。在正常情况下，电动机空载连续启动次数不得超过

（A）。

    A. 2 次   B. 3 次   C. 4 次   D. 5 次

34. 止回阀的作用是（D）

    A. 调节管道中的流量   B. 调节管道中的压力

    C. 调节管道中的温度   D. 防止管道中的液体倒流

35. 单级单吸悬臂式离心泵一般采用（A）吸入室。

    A. 锥管形   B. 圆环形   C. 半螺旋形   D. 螺旋形

36. 单级单吸悬臂式离心泵一般采用（D）吐出室。

    A. 锥管形   B. 圆环形   C. 半螺旋形   D. 螺旋形

37. 一般的多级离心泵的转子预组装从（A）开始。

    A. 低压侧   B. 高压侧   C. 中间   D. 任何位置均可

38. 检查离心泵轴颈部分的磨损情况是通过测量它的（C）来确定的。

    A. 同心度   B. 轴承两侧间隙   C. 圆柱度   D. 粗糙度

39. 离心泵转子安装后，必须测量各部件的（C），检查及防止装配误差的积累。

    A. 垂直度   B. 平行度   C. 径向跳动值   D. 粗糙度

40. 滑动轴承检查时，发现（C），通常是由于轴瓦下部磨损造成的。

    A. 两侧间隙变大   B. 顶部间隙变小

    C. 顶部间隙变大   D. 两侧间隙变小

41. 离心泵叶轮入口处是泵内压力（C）的地方。

    A. 不变   B. 最大   C. 最小

42. 离心泵由于液体的汽化和凝结而产生的冲击现象称为（A）。

    A. 汽蚀现象   B. 气缚现象   C. 液击现象

43. 离心泵发生汽蚀现象后的性能曲线（C）。

    A. 保持不变   B. 突然上升   C. 突然下降

44. 要想保证离心泵不发生汽蚀现象，泵应当在（B）允许吸入液面高度下操作。

    A. 低于   B. 高于   C. 等于

45. 多级离心泵发生汽蚀现象的部位是（A）。

    A. 第一级叶轮   B. 中间一级叶轮   C. 最后一级叶轮

46. （B）叶片进口的厚度，可以提高离心泵本身的抗汽蚀能力。

    A. 适当增加   B. 适当减少   C. 适当增加或减小

47. 能提高离心泵抗汽蚀能力的措施是（B）。

    A. 减少排出管路的流动损失   B. 减少吸入管路的流动损失

    C. 增加吸入管路的流动损失

48. 两台同型号的离心泵串联使用后，扬程（A）。

    A. 增加两倍   B. 增加不到两倍   C. 不变

49. 两台同型号的离心泵并联使用后，流量（B）。

    A. 加两倍   B. 增加不到两倍   C. 不变。

50. 两台同型号的离心泵串联使用的目的是（A）。

    A. 增加扬程   B. 增加流量   C. 增加扬程与流量

51. 两台同型号的离心泵并联使用的目的是（B）。

A. 增加扬程   B. 增加流量   C. 增加扬程与流量

52. 径向力和叶轮的直径、宽度和输送液体的密度(A)。

A. 成正比   B. 成反比   C. 无关

53. 当离心泵运转时总受一个轴向力的作用,该力的方向一般是指向(C)。

A. 泵的出口   B. 泵的叶轮径向   C. 泵吸入口

54. 离心泵的轴向力使泵的整个转子向(A)窜动。

A. 吸入口   B. 吸入口的反方向 C. 出口

55. 开平衡孔,可以(B)离心泵的轴向力。

A. 完全平衡   B. 部分平衡   C. 基本不平衡

56. 下列措施不能平衡轴向力的是(C)。

A. 安装平衡叶片   B. 采用双吸叶轮   C. 增加叶轮的直径

57. 多级泵平衡轴向力的方法通常是(C)。

A. 开平衡孔   B. 安装平衡叶片   C. 叶轮对称布置和平衡盘

58. 采用平衡盘平衡轴向力时,离心泵转子(C)。

A. 没有轴向窜动   B. 有很大的轴向窜动

C. 有极小的轴向窜动

59. 叶轮的尺寸、形状和制造精度对离心泵的性能(A)。

A. 有很大影响   B. 没有影响   C. 影响很小

60. 叶轮的两侧分别有前、后盖板,两盖板间有数片后弯式叶片,此叶轮是(B)。

A. 开式叶轮   B. 闭式叶轮   C. 半开式叶轮

61. 输送澄清的液体时,应选用具有(B)的离心泵。

A. 开式叶轮   B. 闭式叶轮   C. 半开式叶轮

62. 输送污水,含泥砂及含纤维的液体时,应选用(A)叶轮。

A. 开式叶轮   B. 闭式叶轮   C. 半开式叶轮

63. 输送黏稠及含有固体颗粒的液体,应选用(C)叶轮。

A. 开式叶轮   B. 闭式叶轮   C. 半开式叶轮

64. 按叶轮叶片的形状及液体在叶轮内流动方向的不同,可分为(A)。

A. 开式、闭式、半开式叶轮   B. 单吸和双吸叶轮

C. 径流式、轴流式和混流式叶轮

65. 混流式泵依靠(C)的混合作用输送液体。

A. 离心力   B. 轴向推力   C. 离心力和轴向推力

66. 轴流泵中,液体获得的能量主要来源于叶轮旋转产生的(B)。

A. 离心力   B. 升力(或推力)   C. 离心力和升力(或推力)

67. 蜗壳与导轮的主要作用是提高液体的(A)。

A. 动压能   B. 静压能   C. 动压能和静压能

68. 蜗壳的优点是制定比较方便,缺点是使单蜗壳时,易使轴(A)。

A. 受径向力   B. 受轴向力   C. 寿命加长

69. 为了提高泵的(B),减少叶轮与泵壳之间的液体漏损和磨损,在泵壳分叶轮入口外缘装有可拆换的密封环。

A. 机械效率   B. 容积效率   C. 水力效率

70. 直角式密封环的轴向间隙比径向间隙(A)。

A. 大得多 B. 小得多 C. 稍小些

71. 离心泵的流量均匀，运转平稳(C)。

A. 振动小，需要特别减振的基础 B. 振动大，需要特别减振的基础

C. 振动小，不需要特别减振的基础

72. 离心泵装置中常用的流量调节方法是(C)。

A. 改变转速 B. 增加叶轮直径 C. 调节阀调节

73. 离心泵(B)，操作时要防止气体漏入泵内。

A. 具有干吸能力 B. 无干吸能力 C. 无法确定有无干吸能力

74. 离心泵输送黏度大的液体时效率(A)。

A. 降低得很明显 B. 升高得很明显 C. 基本不变

75. 离心泵吸入管路应尽可能短布置，管子直径(A)吸入口的直径。

A. 不得小于 B. 不得大于 C. 无法确定

76. 对于输送温度较高液体的离心泵(B)。

A. 可以直接启动

B. 启动前必须均匀预热到接近介质温度

C. 启动前少做预热，启动后靠介质升温

77. 离心泵调试时(B)。

A. 必须长时间空转跑合 B. 禁止长时间空转

C. 空转与否无关紧要

78. 对输送温度高于(B)液体的离心泵，要注意轴承部位的冷却。

A. 60℃ B. 80℃ C. 120℃

79. 紧固离心泵的地脚螺栓时(B)。

A. 无需重新对中找正 B. 要重新对中打正

C. 为了节省时间，可以不找正

80. 离心泵启动时(B)。

A. 先打开排出阀，再启动电机 B. 先启动电机，再打开排出阀

C. 不必须注意开启顺序

81. 离心泵停车时(A)。

A. 先关排出阀，再停电机 B. 先停电机，再关排出阀

C. 先关吸入阀，再停电机

82. 制作泵轴的材料要求有足够的强度、(A)和耐磨性等良好的综合机械性能。

A. 刚度 B. 塑性

C. 耐磁性 D. 较好的伸长率

83. 管螺纹的牙形角是(B)。

A. 60℃ B. 55℃ C. 50℃ D. 65℃

84. 泵是一种将原动机的(C)转化为液体的压力能和动能的通用机械。

A. 化学能 B. 电能 C. 机械能 D. 动能

85. 轴功率是指(D)传给泵的功率。

A. 液体 B. 叶轮 C. 电源 D. 原动机

86. 流量就是泵的出水量，它表示泵在单位时间内排出液体的(C)。
    A. 密度　　　　　　B. 容积　　　　　　C. 数量　　　　　　D. 能量

87. 泵的扬程是指单位重量的液体通过泵后(A)的增加值，也就是泵能指把液体提升的高度或增加压力的多少。
    A. 能量　　　　　　B. 质量　　　　　　C. 数量　　　　　　D. 体积

88. 叶片泵是通过泵轴旋转时带动各种叶轮叶片给液体以离心力或轴向压力压送液体到管道或容器的泵，(B)不属于叶片泵。
    A. 混流泵　　　　　B. 往复泵　　　　　C. 离心泵　　　　　D. 轴流泵

89. 在多级离心泵中，(B)装入带有隔板的中段中。
    A. 叶轮　　　　　　B. 导叶　　　　　　C. 平衡盘　　　　　D. 导叶套

90. 离心泵密封环是安装在(A)之间的密封装置。
    A. 叶轮和静止的泵壳　　　　　　　　　　B. 中段和导叶
    C. 中段和隔板　　　　　　　　　　　　　D. 叶轮和出水段

91. 离心泵主要由泵壳和封闭在泵壳内的一个或多个(A)组成。
    A. 叶轮　　　　　　B. 平衡盘　　　　　C. 轴套　　　　　　D. 轴承

92. 多级离心泵的(A)密封环装配在中段隔板内孔中。
    A. 壳体　　　　　　B. 吸入端盖　　　　C. 吸入座　　　　　D. 填料函座

93. 离心泵的平衡装置是为了抵消泵运行时泵转子的(B)而设置的。
    A. 径向力　　　　　B. 轴向力　　　　　C. 液体压力　　　　D. 叶轮振动

94. 离心泵是依靠高速旋转的(D)而使液体获得压头的。
    A. 齿轮　　　　　　B. 液体　　　　　　C. 飞轮　　　　　　D. 叶轮

95. 将泵选用或设计成(A)，无法减少径向力。
    A. 单蜗壳形式　　　B. 导叶泵体　　　　C. 双蜗壳形式　　　D. 双导流壳形式

96. 离心泵启动时，达到(C)并确认压力已经上升时，再把出口阀慢慢打开。
    A. 额定压力　　　　B. 额定功率　　　　C. 额定转速　　　　D. 额定流量

97. 依靠高速旋转的叶轮而使液体获得压头的是(B)。
    A. 隔膜泵　　　　　B. 离心泵　　　　　C. 柱塞泵　　　　　D. 齿轮泵

98. 单级单吸离心泵安装后，泵轴中心线与电动机轴的中心线应(B)。
    A. 平行　　　　　　B. 同轴　　　　　　C. 等高　　　　　　D. 水平

99. 单级单吸离心泵转子不平衡、振动过大会造成(B)。
    A. 泵不出水　　　　B. 轴承过热　　　　C. 流量不足　　　　D. 压头下降

100. 动、静环腐蚀变形会造成单级单吸离心泵(C)。
    A. 消耗功率明显增大　B. 流量不足　　　C. 密封处泄漏加大　D. 压头下降

101. 离心泵转向错误的典型现象是(B)。
    A. 泵不出水　　　　　　　　　　　　　　B. 泵流量和压头明显下降
    C. 功率显著增大　　　　　　　　　　　　D. 叶轮寿命缩短

102. 与单级单吸离心泵不出水无关的是(D)。
    A. 进水管有空气或漏气　　　　　　　　　B. 吸水高度过大
    C. 叶轮进口及管道堵塞　　　　　　　　　D. 电压太高

103. 离心泵启动时出口阀长时间未打开容易造成(A)

A. 泵体发热 B. 轴承发热 C. 填料发热 D. 消耗功率过大

104. 离心泵长期在(A)工况下运行，容易造成泵体发热。

A. 泵的设计流量远大于实际流量 B. 泵的设计流量远小于实际流量

C. 泵的设计流量与实际流量差不多 D. 泵的设计扬程远高于需要扬程

105. 离心泵轴承缺油或油不干净会造成(B)。

A. 填料发热 B. 轴承发热 C. 泵体发热 D. 密封泄漏

106. 单级双吸离心泵叶轮两侧如果不对称，会引起(C)。

A. 轴向力平衡 B. 径向力平衡 C. 轴向力不平衡 D. 径向力不平衡

107. 单级单吸离心泵的叶轮平衡孔如果堵塞容易引起(A)。

A. 轴承发热 B. 轴承变形 C. 轴承缺油 D. 轴承跑圈

108. 离心泵填料压得太紧会造成(D)。

A. 泵不出水 B. 流量不足

C. 压头不够 D. 填料函发热、消耗功率增大

109. 离心泵叶轮腐蚀、磨损容易破坏(A)，使泵产生振动。

A. 转子 B. 轴承 C. 联轴器 D. 机械密封

110. 离心泵出口压力下降是由于叶轮密封环与壳体密封环之间的(B)间隙增大引起的。

A. 端面 B. 径向 C. 轴向 D. 配合

111. 离心泵和驱动机不对中，会引起泵(B)。

A. 不出水 B. 振动 C. 转子不动 D. 汽蚀

112. 离心泵流量不够，达不到额定排量可能是由于(B)引起的。

A. 轴承磨损 B. 过滤器堵塞 C. 电机转速高 D. 填料压得太紧

113. 离心泵流量不够，达不到额定排量可能原因是(A)。

A. 背压过高 B. 单向阀不严

C. 出口阀门开得太大 D. 出口管线直径太大

114. 多级离心泵装配完毕后，转子应该(B)窜动量。

A. 没有 B. 有轴向 C. 有径向 D. 有较大轴向

115. 多级离心泵装配时，(A)中心与导叶进口流道中心要对准。

A. 叶轮出口 B. 轴承 C. 轴套 D. 转子

116. 振动烈度标准中的品质段C表示机械运行已有(C)。

A. 良好水平 B. 满意水平 C. 一般水平 D. 一定故障

117. 接触式密封分为填料密封和(B)密封。

A. 往复杆 B. 水环 C. 端面 D. 阻力

118. 高压离心泵在启动时，法兰附近和易泄漏的密封点附近(D)。

A. 派专人看护 B. 详细检查 C. 近距离观察 D. 不要站人

119. 离心泵在轴承壳体上最高温度为80℃，一般轴承温度在(C)℃以下。

A. 40 B. 50 C. 60 D. 70

120. 桑达因泵加入的润滑油是(C)。

A. N46防锈汽轮机油 B. 100# C. 高速泵油 D. 25#冷冻机油

121. 一般在装置开车阶段解决离心泵汽蚀最常用的手段是(C)。

A. 提高泵流量 B. 关小入口阀门开度

C. 清理滤网检查　　　　　　　　　　　D. 提高液体温度

122. 油泵流量不稳出口压力下降、泵运行噪音较大，最常用的检查手段是(C)。

A. 提高泵流量　　　　　　　　　　　　B. 关小入口阀门开度

C. 清理滤网检查　　　　　　　　　　　D. 降低液压油温度

123. 不是影响物体间摩擦因素的是(C)。

A. 静摩擦系数　　　　B. 滑动速度　　　　C. 流体压力　　　　D. 表面粗糙度

124. 摩擦表面上不可能出现的磨损形式是(D)。

A. 黏着磨损　　　　　B. 疲劳磨损　　　　C. 腐蚀磨损　　　　D. 滑动磨损

125. 当液体端面密封中密封面间发生沸腾或相变时，会出现密封(B)。

A. 失效　　　　　　　B. 不稳定　　　　　C. 动环碎裂　　　　D. 振动

126. 机械密封静环单位面积上的比压与(C)无关。

A. 动静环接触端面面积　　　　　　　　B. 介质出口压力

C. 介质入口压力　　　　　　　　　　　D. 轴径

127. (D)不是旋转设备诊断中的手段。

A. 润滑油分析法　　　　　　　　　　　B. 振动分析法

C. 时域分析法　　　　　　　　　　　　D. 激光熔敷法

128. 为了保证叶轮泵不发生汽蚀，(A)。

A. $\Delta h_a > \Delta h_r$　　B. $\Delta h_a = \Delta h_r$　　C. $\Delta h_a \leq \Delta h_r$　　D. $\Delta h_a \neq \Delta h_r$

129. 齿轮泵运行不正确的说法是(C)。

A. 存在齿轮端面侧板间的轴向间隙泄漏

B. 齿顶与泵体内孔之间的径向间隙泄漏

C. 转速越高流量越大

D. 转速越低流量越低

130. (D)不是导致滑动轴承温度高的原因。

A. 轴承与轴颈接触不均匀或间隙过小

B. 轴颈圆柱度和轴直线度偏差过大

C. 润滑油质量差

D. 润滑油流量过大

131. (C)不是引起单级离心泵振动过大的原因。

A. 地脚螺栓松动　　　　　　　　　　　B. 汽蚀

C. 泵体口环间隙偏大　　　　　　　　　D. 泵与电机的同心度偏差大

132. 一般使用滑动轴承的齿轮泵的齿宽和齿轮外径比值为(B)。

A. 0.4 ~ 1　　　　　B. 0.4 ~ 0.5　　　　C. 0.5 ~ 0.8　　　　D. 0.6 ~ 0.9

133. 油过滤器的滤芯应符合设计文件压差的要求，一般油过滤器的过滤精度为(C)。

A. 50μm　　　　　　B. 60μm　　　　　　C. 20 ~ 40μm　　　　D. 50 ~ 70μm

134. 当滤油器的前后压差超过(B)时，说明滤芯上的杂质增多，应进行清洗或更换。

A. 0.8kPa　　　　　B. 10 ~ 15kPa　　　　C. 15 ~ 20kPa　　　　D. 16 ~ 20kPa

135. 密封材料导致密封能力下降的主要原因是(C)。

A. 压力　　　　　　　B. 介质　　　　　　C. 蠕变　　　　　　D. 磨损

136. 机械密封在大多数情况下正常的密封径磨损后处于(B)磨损工况。

A. 干摩擦　　　　　　B. 混合摩擦　　　　C. 液体摩擦　　　　D. 边界摩擦

137. 一般在机械密封的实践中，工作压力(C)时视为高压机械密封，并需要采用平衡型密封，超过15MPa时可用多级密封。

A. 1~2 MPa　　　　　B. 大于2MPa　　　　C. 大于3 MPa　　　D. 大于4MPa

138. 对易燃、易爆和有毒性的产品，必须考虑(B)密封，以保证绝对密封。

A. 高压密封　　　　　　　　　　　　B. 双端面或串级密封

C. 浮环密封　　　　　　　　　　　　D. 平衡密封

139. 对于机械密封来说，据统计其泄露大约有80%~90%是由密封端面摩擦所造成的，主要问题是(C)。

A. 密封面不平衡　　　B. 粗糙度过大　　　C. 摩擦副材料　　　D. 比压过大

140. 采用冲洗措施来改善工作环境，可以延长密封的使用寿命，一般来说，当 pvv(B) MPa·m/s 时，必须采用冲洗措施。

A. >5.0　　　　　　　B. >7.0　　　　　　C. >8.0　　　　　　D. 10

141. 我国机械密封技术条件(JB 4127)规定，密封端面平面度不大于(D)为合格。

A. 0.01 mm　　　　　B. 0.001mm　　　　C. 0.0001mm　　　D. 0.0009mm

142. 机械密封在过载荷、高速或操作不当的情况下形成干摩擦而导致(B)，造成严重泄露。

A. 拉裂　　　　　　　B. 热裂　　　　　　C. 咬合　　　　　　D. 严重磨损

143. 在炼油和化工厂的机泵故障中，轴封的故障率较多，据统计，离心泵轴承故障率约占50%，轴封约占30%，以下机械密封故障原因分析中最重要的是(D)。

A. 机械密封本身质量不好

B. 机械密封选用不当

C. 辅助装置欠佳，缓冲不好，温差太大

D. 运转的操作管理，保证机制不严密，不到位

144. 机械密封端面宽度大，不可能引起(D)。

A. 消耗功率上升　　　　　　　　　　B. 摩擦副加快磨损

C. 不正常泄漏　　　　　　　　　　　D. 密封面比压减小

145. 润滑油的黏度越大，油分子间的凝聚力越大，其稳定性(D)。

A. 越大　　　　　　　B. 越小　　　　　　C. 不变　　　　　　D. 越差

146. 离心泵不发生气蚀的先决条件是在泵叶轮吸入口处(A)。

A. 单位质量液体所必须具有的超过汽化压力后还有富余能量

B. 增加诱导轮，提高单位液体的流动能量

C. 合理的设计管路，减少管路的损失

D. 采用双吸叶轮

147. 一台电机驱动的多级离心泵，其驱动功率为700kW，转速为2980r/min，对其轴承座进行振动监测，测量方式最合适的是(B)。

A. 振动位移　　　　　B. 振动速度　　　　C. 振动加速度　　　D. 相位

148. 离心泵机械密封若采用V形密封圈，其张口方向应对着(A)。

A. 密封介质　　　　　B. 轴承箱　　　　　C. 联轴器　　　　　D. 电机

149. 多级离心泵推力盘与和它相接触的止推瓦块表面要求相互(B)。

A. 垂直 　　　　　　B. 平行 　　　　　　C. 压紧 　　　　　　D. 平衡

150. 轴向推力平衡不良会引起屏蔽泵(D)。

A. 扬程不足 　　　　　　B. 流量过小 　　　　　　C. 机封泄露 　　　　　　D. 电流过载

151. 螺杆泵的螺杆与衬套间隙应符合标准,如果间隙过大,则会引起(B)。

A. 振动 　　　　　　B. 流量不足 　　　　　　C. 流量波动 　　　　　　D. 压力波动

152. 采用平衡鼓平衡多级离心泵轴向力,为了平衡工况变化产生变动的残余轴向力,必须设置(A)。

A. 一个双向推力轴承 　　　　　　　　　　B. 一个推力轴承

C. 一个平衡管 　　　　　　　　　　　　　D. 一个平衡孔

153. 汽缸内表面沟槽深度大于 0.4mm,宽度大于 3mm,应进行(D)。

A. 研磨 　　　　　　B. 镗缸处理 　　　　　　C. 更换缸套 　　　　　　D. 镗缸处理或更换缸套

154. 蒸汽往复泵运行中,(C),会产生异响。

A. 汽门阀板、阀座接触不良 　　　　　　　B. 阀关得不严

C. 缸套松动 　　　　　　　　　　　　　　D. 填料压盖没上紧

155. 在涉及剧毒、放射性物质和稀有贵重物质的生产时(小流量),应选用。(C)

A. 屏蔽泵 　　　　　　B. 柱塞泵 　　　　　　C. 隔膜泵 　　　　　　D. 螺杆泵

156. 当转子的激振频率与(A)重合时,转子的振动会明显加剧,这种现象称为转子的共振。

A. 自振频率 　　　　　　B. 临界转速 　　　　　　C. 高频激振 　　　　　　D. 低频激振

157. 从设备监测截取的曲线图上可以看出机器振动幅值、相位随转速变化的关系,应为(C)。

A. 极联图 　　　　　　B. 轴心轨迹图 　　　　　　C. 波德图 　　　　　　D. 振动趋势图

158. 在虹吸管的工作过程中,若由于某种原因导致管内的(B)受到破坏,虹吸管的工作立即就会中断。

A. 密度 　　　　　　B. 真空 　　　　　　C. 压力 　　　　　　D. 流速

159. 高温泵配管的支撑问题应该在设计阶段充分考虑,而且要从(B)角度来考虑支撑,同时从泵排出的液流振动有可能使配管发生振动。

A. 温度 　　　　　　B. 热应力 　　　　　　C. 膨胀 　　　　　　D. 振动

160. 储能器的(A)借助气体膨胀被活塞压入高压油集管,以保证调速机构需要油量及所需的动作油压。

A. 储油 　　　　　　B. 油塞环 　　　　　　C. 充气阀 　　　　　　D. 熔断器

161. 滚动轴承的摩擦系数比滑动轴承的摩擦系数小(C)。

A. 20% ~ 30% 　　　　B. 25% ~ 40% 　　　　C. 25% ~ 50% 　　　　D. 20% ~ 40%

162. 当水泵输出水的压力一定时,输出水的温度越高,对应的汽化压力(C)。

A. 越高,水就越不容易汽化 　　　　　　　B. 越低,水就越不容易汽化

C. 越高,水就越容易汽化 　　　　　　　　D. 越低,水就越容易汽化

163. 当被测压波动较大时,应使压力变化范围处在压力表标尺上限的(A)处。

A. 2/3 ~ 1/2 　　　　　　　　　　　　　　B. 3/4 ~ 1/4

C. 3/4 ~ 1/3 　　　　　　　　　　　　　　D. 2/3 ~ 1/3

164. 石油化工用泵的现状和差距可以从适用、先进和(C)三个方面来评价。

    A. 流量   B. 扬程   C. 可靠   D. 结构

165. 由于节流减压会引起(C)，而且不易再恢复液态，导致气体吸入泵内，因此必须尽力避免在管路中有节流阻力。

    A. 吸热   B. 放热   C. 汽化   D. 液化

166. 高温泵对待配管的支承问题应该加以充分讨论，而且要从(B)角度来考虑支承方法，同时从泵排出的液流振动有可能使配管发生振动，这也和支撑方法有关。

    A. 温度   B. 热应力   C. 膨胀   D. 振动

167. 离心泵汽蚀发展严重时气泡大量发生，使泵内(B)连续性遭到破坏，最后导致泵抽空断流。

    A. 汽化   B. 液流流动   C. 温度   D. 压力

168. 旋转着的轴，径向力是交变载荷，较大的径向力会使轴(B)而损坏。

    A. 热应力增大   B. 疲劳   C. 蠕变   D. 强度下降

169. 介质作用于单位密封面上的轴向压紧力小于密封室内介质压力时的密封为(B)。

    A. 非平衡型密封   B. 部分平衡型密封

    C. 平衡型密封   D. 静压密封

170. 密封静压试验，用常温清水进行，内装非平衡型机械密封试验压力为(B)试验持续 5min 以上，平均泄漏量不超过 10mL/h。

    A. 0.5 MPa   B. 0.8 MPa   C. 0.5 ~ 0.3 MPa   D. 小于 0.3MPa

171. 振动不稳定，同时还伴有较高的噪音，其振动与噪音的频率两者相符，且为转速的高倍频，其振动原因是(A)引起的。

    A. 轴承在轴承座孔内松动   B. 轴瓦温度高

    C. 油压低   D. 油的黏度

172. 离心密封，是借离心力作用，将液体介质沿(D)甩出，阻止液体进入泄露缝隙，从而达到密封的目的。

    A. 轴向   B. 径向   C. 回流   D. 径向，回流

173. 找静平衡时，将待平衡的旋转件装上(B)后放在平衡支架上即可开始找静平衡。

    A. 轴   B. 专用心轴   C. 螺母   D. 轴承

174. 轴向定位采用双向固定的方式，如右端轴承双向定位，左端轴承可(C)以适应轴的自由伸长。

    A. 轴向窜动   B. 径向圆周跳动   C. 随轴游动   D. 轴向跳动

175. 磨损物体的磨损量与摩擦滑动行程成(B)；与外载荷的大小成正比；与摩擦副中软材料的屈服极限(或硬度)成正比。

    A. 反比   B. 正比   C. 正弦关系   D. 递减关系

176. 离心泵运行时，最小稳定连续流量的关键影响因素是(B)。

    A. 出口压力   B. 液体温度   C. 入口压力   D. 转速

177. 不用填料即能保证紧密性，且可迅速旋紧或松开，适用于密封要求较高的管路联接是(C)。

    A. 普通螺纹   B. 梯形螺纹   C. 管螺纹   D. 威氏螺纹

178. 轴承间隙越大，则(B)。

A. 油膜承载能力越大　　　　　　　　　　B. 油膜承载能力越小

C. 阻尼越大　　　　　　　　　　　　　　D. 阻尼越小

179. 机械密封的冲洗量与(D)无关。

A. 端面比压　　　　　B. 周速　　　　　C. 密封面面积　　　　D. 流量系数

180. 通常润滑油基础油的机械杂质控制在(B)以下。

A. 0.05%　　　　　B. 0.005%　　　　C. 0.08%　　　　D. 0.008%

181. 关于 50AYⅢ60 3A 型离心油泵表达正确是(B)。

A. 50 表示泵出口直径 50mm　　　　　　B. AY 表示经过改造后的 Y 型离心泵

C. 60 表示三级扬程　　　　　　　　　　D. 3 表示 3 类材质

182. 工作压力高于(C)MPa 视为高压机械密封，周速高于(C)m/s 的密封视为高速密封，密封介质温度高于(C)℃的密封为高温密封。

A. 4、28、280　　　B. 2、30、300　　　C. 3、25、150　　　D. 5、20、200

183. 水泵的标定扬程为 150m，当实际扬程达到 160m 时该水泵将(B)。

A. 不能把水扬送到位

B. 能把水扬送到位，但流量、效率将会发生变化

C. 能把水扬送到位，流量发生变化、效率不变

D. 能把水扬送到位，流量、效率不变

184. 实现动压润滑的条件：一是摩擦表面必须随运动的方向(A)间隙；二是摩擦表面间要有相对运动；三是润滑油要有适当的黏度。

A. 呈收敛形(楔形)　　B. 呈开放形　　　C. 保持微小　　　D. 保持一定

185. 浸油润滑的滚动轴承，当转速 $n > 3000r/min$ 时，油位在(C)。

A. 轴承最下部滚动体上缘或浸没滚动体

B. 轴承最下部滚动体中心线以上，但不得浸没滚动体上缘

C. 轴承最下部滚动体中心线以下，但需浸没滚动体下缘

D. 轴承内圈与最下部滚动体接触线以上

186. 热油泵启动前要预热，预热速度为(D)℃/h。

A. 20　　　　　　　B. 65　　　　　　C. 40　　　　　　D. 50

187. 机泵出口压力、流量等主要参数不允许有负偏差，额定流量点应当位于所提供最佳效率点流量的(B)之内。

A. 85% ~ 105%　　　B. 80% ~ 110%　　C. 75% ~ 115%　　D. 80% ~ 115%

188. 泵切割叶轮后直径比与下列各性能参数比分别成一次方、二次方、三次方的组合是(C)。

A. 扬程比、流量比、效率比　　　　　　B. 流量比、效率比、扬程比

C. 流量比、扬程比、效率比　　　　　　D. 效率比、流量比、扬程比

189. 高温热油泵机械密封背冷要采用(B)或压力不大于 0.3MPa 的蒸汽。

A. 新鲜水　　　　　B. 除盐水　　　　C. 循环水　　　　D. 除氧水

190. 选择一台异步电动机连续工作时的保险丝的额定电流为(C)。

A. 该电机的额定电流　　　　　　　　　B. 启动电流

C. 额定电流的 2.3 ~ 3.2 倍　　　　　　D. 最大电流

191. 离心泵的流量与(A)成正比关系。

A. 叶轮出口宽度　　　　　　B. 扬程　　　　　　C. 效率　　　　　　D. 液体密度

192. 泄漏量是机械密封的主要性能参数，在正常工况下，（A）。

A. 主要是通过端面摩擦副构成的径向间隙泄漏　　B. 静密封环泄漏

C. 波纹管破裂泄漏　　　　　　　　　　　　D. 摩擦副热变型泄漏

193. 与离心泵所消耗功率计算相同的泵是(C)。

A. 螺杆泵　　　　　　B. 齿轮泵　　　　　　C. 往复泵　　　　　　D. 屏蔽泵

194. 对于输送油品或液态烃介质的往复泵容积效率一般取(B)。

A. 0.5~0.7　　　　　　B. 0.6~0.8　　　　　　C. 0.7~0.9　　　　　　D. 0.8~0.9

195. 往复泵要消除流量脉动比较困难，一般采用双作用和多缸较好，但现场一般采用(C)来减弱流量脉动。

A. 对称布置缸体　　　　　　　　　　　　B. 增加缓冲容器

C. 空气室　　　　　　　　　　　　　　　D. 降低压力

196. 下列往复泵阀说法不正确的是(B)。

A. 密封可靠，减小或避免关闭后的漏损

B. 关闭速度作为参考值

C. 结构简单，拆装方便，有良好的互换性

D. 工作平稳，噪音小，寿命长

197. 蒸汽泵的性能试验时，额定流量偏差应在(C)范围内。

A. 0~8%　　　　　　B. 0~5%　　　　　　C. 0~3%　　　　　　D. 0~10%

198. 高温油泵轴端密封应采用符合 SH/T 3156—2009 规定(参考 API 682)的串级或双端面波纹管机械密封，其机械密封辅助系统密封冲洗方式采用(D)，应特别要求封液罐及其附件能够承受泵出口压力和介质温度，防止第一级密封失效后介质进入封液罐发生泄漏。

A. Plan32 +53A　　　　　　B. Plan32 +52　　　　　　C. Plan32 +54　　　　　　D. Plan52

199. 电动机滑动和滚动轴承油温的控制指标分别是(A)。

A. <80℃ ; <100℃　　　　　　B. <70℃ ; <90℃

C. <90℃ ; <120℃　　　　　　D. <75℃ ; <105℃

200. 屏蔽泵和磁力泵的显著特点是(A)。

A. 无泄漏　　　　　　B. 抗气蚀性强　　　　　　C. 流量大　　　　　　D. 扬程高

201. 基轴制是基本偏差为一定的轴的公差带与(B)的孔的公差带形成各种配合的一种制度。

A. 相同基本偏差　　　　　　　　　　　　B. 不同基本偏差

C. 相同下偏差　　　　　　　　　　　　　D. 不同下偏差

202. 浮环密封的内浮环(B)。

A. 可转动　　　　　　B. 可径向移动　　　　　　C. 可轴向移动　　　　　　D. 固定不动

203. 对于连续运转的电动机，只要知道被拖动生产机械的(D)，就可以确定电动机的功率。

A. 电压　　　　　　B. 电流　　　　　　C. 电阻　　　　　　D. 功率

204. 金斯伯雷止推轴承的上、下水准块、基环之间是(B)。

A. 球面支线接触　　　　　　　　　　　　B. 球面支点接触

C. 曲面与平面接触　　　　　　　　　　　D. 平面与平面接触

205. 米契尔止推轴承的推力瓦块，其巴氏合金厚度一般为(B)。

A. 1～2mm　　　　　B. 1～1.5mm　　　　C. 0.5～1mm　　　　D. 2～3mm

206. 控制油过滤器的精度一般为(A)。

A. 5μm　　　　　　B. 10μm　　　　　　C. 20μm　　　　　　D. 30μm

207. 波纹管式机械密封适用工况条件为(B)。

A. 介质黏度高　　　　　　　　　　　　B. 耐温在 -200～+650℃

C. 含结晶物的介质　　　　　　　　　　D. 振动值较高

208. 单弹簧式机械密封适用工况条件为(A)。

A. 低速　　　　　　　　　　　　　　　B. 弹簧易堵塞失效

C. 直径在 150mm 以上　　　　　　　　D. 摩擦面上受力比多弹簧均匀

209. 泵用机械密封动环和静环密封端面的平面度偏差(B)。

A. <1.5μm　　　　　B. <0.9μm　　　　　C. <1.0μm　　　　　D. <0.5μm

210. 泵用机械密封动环和静环密封端面对中心线的跳动偏差(B)。

A. <0.05mm　　　　B. <0.03mm　　　　C. <0.1mm　　　　　D. <0.08mm

211. 内装式非平衡型机械密封清水试验压力一般规定为(C)。

A. 1.0MPa　　　　　B. 1.5MPa　　　　　C. 0.8MPa　　　　　D. 0.5MPa

212. 机械密封运转试验是在静压试验的基础上，按规定转速持续运转时间和平均泄漏量分别为(A)。

A. 5h，<10mL/h　　　　　　　　　　B. 10h，<10mL/h

C. 8h，<5mL/h　　　　　　　　　　　D. 5h，<5mL/h

213. 离心泵维护检修规程(SHS 01013—2004)规定半联轴节与轴配合为(B)。

A. H7/s8　　　　　　B. H7/js6　　　　　C. H7/k6　　　　　D. H7/h6

214. 离心泵维护检修规程(SHS 01013—2004)规定叠片式联轴节对中径向允许偏差为(C)。

A. 0.10mm　　　　　B. 0.08mm　　　　　C. 0.15mm　　　　　D. 0.06mm

215. 离心泵维护检修规程(SHS 01013—2004)规定滚动轴承拆装时，采用热装的温度一般不超过(B)。

A. 100℃　　　　　　B. 120℃　　　　　　C. 80℃　　　　　　D. 150℃

216. 热油泵启动前要暖泵，预热速度不得超过(A)。

A. 50℃/h，每半小时盘车 180°　　　　B. 30℃/h，每半小时盘车 180°

C. 50℃/h，每小时盘车 180°　　　　　D. 30℃/h，每小时盘车 180°

217. API 682—2002 用于离心泵和回转泵的泵－轴封系统规定机械密封要连续运行(A)不用更换。

A. 25000h　　　　　B. 20000h　　　　　C. 8000h　　　　　D. 12000h

218. 高温油泵保护系统规定对于容积 >10m³ 的塔和容器，高温油泵的吸入口总管上要设紧急隔离阀，选用电动或气动执行机构，隔离阀门位置与泵的距离应(B)。

A. ≥5m　　　　　　B. ≥6m　　　　　　C. ≥8m　　　　　　D. ≥10m

219. 降低润滑油黏度的最佳办法是提高轴承进油(C)。

A. 速度　　　　　　B. 压力　　　　　　C. 温度　　　　　　D. 流量

220. 轴封振动超过允许值 0.025mm 以上，应采用措施消除，当振动突然增加到(A)时，应立即脱扣紧急停车。

A. 0.05mm　　　　　　B. 0.08mm　　　　　　C. 0.10mm　　　　　　D. 0.12mm

221. 当离心泵叶轮的尺寸一定时，水泵流量与转速的(A)成正比。

A. 一次方　　　　　　B. 二次方　　　　　　C. 三次方　　　　　　D. 四次方

222. 诱导轮实际上是一个(B)叶轮。

A. 离心式　　　　　　B. 轴流式　　　　　　C. 混流式　　　　　　D. 涡流式

223. 多级离心泵平衡盘与平衡板之间最容易发生摩擦的工况是(D)时。

A. 流量变化　　　　　　B. 温度变化　　　　　　C. 扬程变化　　　　　　D. 泵启停

224. 多级离心泵不允许在低流量或没有流量的情况下长时间运转，是因为(B)。

A. 浪费电　　　　　　　　　　　　　　B. 动能转化成热能使设备损坏

C. 出口压力高而损坏设备　　　　　　D. 降低效率

225. (C)不是影响临界转速的因素。

A. 回转力矩　　　　　　B. 臂长附加力矩　　　C. 转子弹性变形　　　D. 弹性支撑

二、多选题

（一）管 理 部 分

1. 检修现场始终保持清洁，井然有序，做到"三净"，"三净"指的是（BCD）。
A. 竣工场地净
B. 停工场地净
C. 检修场地净
D. 开工场地净

2. 机泵日常管理过程中，要做好（ABCD）。
A. 操作人员的巡检
B. 维护人员的点检
C. 管理人员的专检
D. 专业人员的抽检

3. 机泵前期和后期管理内容，主要包括（ABCD）。
A. 设计选型、采供
B. 安装、检修
C. 试车、验收
D. 运行、更新和改造

4. 强化高温泵现场管理，避免火灾事故发生的措施包括（ABCD）。
A. 选用双端面或串联双机械密封
B. 加强巡检，增加监测手段
C. 增加监控摄像头，增加水幕
D. 进出口阀门增加气动快关快开装置，定期切换

5. 机泵管理必须依靠科技进步，坚持（ABCD）相结合。
A. 设计制造与使用
B. 运行维护与检修
C. 专业管理与全员管理
D. 技术管理与经济管理

6. 在建立质量管理体系时，编写的质量管理手册至少应包括（ACD）的内容。
A. 质量管理体系所覆盖的范围
B. 组织机构图和智能分配表
C. 引用按照 GB/T 19001 标准编制程序文件的主要内容
D. 各过程之间相互作用的表述

7. 伺服系统的驱动元件有（ABC）。
A. 步进电机
B. 直流伺服电机
C. 液压伺服马达
D. 异步电机

8. 在 HSE 管理体系中，可承受风险是根据企业的（AB），企业可接受的风险。
A. 法律义务
B. HSE 方针
C. 承受能力
D. 作业环境

9. 防止腐蚀的方法有（AB）。
A. 化学吸附
B. 通风干燥
C. 热烘
D. 冷吹

10. 提高机组运行经济性要注意（ABCD）。
A. 持续额定蒸汽初参数
B. 维持额定再热蒸汽参数
C. 保持最有利真空
D. 保持最小的凝结水过冷度

11. 设备事故特征包括(ABCD)。

A. 危害性　　　　B. 意外性　　　　C. 紧急性　　　　D. 持久性

12. 实行科学检修、文明施工、杜绝野蛮拆装，做到(ABD)三不落地。

A. 工具和量具　　B. 拆卸零件　　　C. 打开的设备　　D. 油污和赃物

13. 企业所属设备资产的(ABD)所发生的费用可使用修理费。

A. 修理　　　　　　　　　　　　　B. 检测

C. 对新建、改造、扩建项目　　　　D. 监测

14. 按照资产管理规定，满足(ABCD)的设备有必要进行更新。

A. 使用年限未满，但缺乏配件无法修复的

B. 因生产条件变更，丧失原有使用价值的

C. 大修后，能恢复精度和技术性能，但能耗高

D. 固定资产损毁，已无修复使用价值的

15. 大型机组的投运必须经过(ABCD)等相关部门检查确认后方可进行。

A. 设备管理部门　　　　　　　　　B. 生产管理部门

C. 安全管理部门　　　　　　　　　D. 技术管理部门

16. 属于更新改造项目不开车的条件是(ABCD)。

A. 工程未完不开车　　　　　　　　B. 安全没保障不开车

C. 有明显泄漏不开车　　　　　　　D. 卫生不合格不开车

17. 关键机组的联锁管理规定，对联锁设定值需校验时，必须执行(ABCD)。

A. 办理联锁摘除/恢复工作单，三级签字并归档

B. 制定防范措施

C. 必须具备作业执行人和监护人，并签字

D. 作业部专业主管签字

18. 当大型机组出现(ABC)时，应予以更新、改造。

A. 存在严重缺陷或对安全生产构成威胁

B. 超过原设计使用年限，零部件老化

C. 虽未超过原设计使用年限、但机组技术性能落后、质量低劣

D. 不能满足生产条件

19. 新建或改扩建工程项目的"三查四定"中"三查"意义为(ABD)。

A. 查设计漏项　　　　　　　　　　B. 查工程质量及隐患

C. 查消防设施配置　　　　　　　　D. 查未完工程量

20. 炼化装置对突发性主要设备故障检修应由检修单位、使用单位和管理部门有关人员现场确定(ABCD)。

A. 检修范围　　　B. 检修深度　　　C. 检修内容　　　D. 标准和工期

21. 机泵检修竣工资料的交付时间要求(AC)内将完整的竣工资料交给使用单位。

A. 检修单位在常规检修完成后 7 天　　B. 检修单位在常规检修完成后 10 天

C. 大修或工程施工完工后 30 天　　　　D. 大修或工程施工完工后 60 天

22. 机泵设备建档、归档的管理规定有(AC)。

A. 新增的机泵应在设备投运后 3 个月内完成建档工作

B. 设备检修后未试运可以做备台处理

C. 设备检修后应在 1 个月内将检修资料存入档案

D. 设备检修未换零部件检修记录可以不入档案

23. 炼化生产装置运行维护保养的定义是指生产过程中承包商进行的（ABCD）。

A. 日常巡检、状态检测（点检）   B. 设备清扫检查、故障处理

C. 备用设备检修   D. 填写填报相关记录

24. 检修过程中实行文明施工的"三不见天"、"三不落地"指的是（ACD）。

A. 润滑油脂不见天、不落地   B. 大型转子不见天、不落地

C. 清洗过的机件不见天、不落地   D. 精密量具不见天、不落地

25. 检修过程中实行文明施工的"三条线"指的是（ACD）。

A. 工具摆放一条线   B. 零件摆放一条线

C. 标识摆放一条线   D. 器材摆放一条线

26. 机泵设计选型坚持（ABD）。

A. 标准化   B. 系列化   C. 工艺化   D. 通用化

27. 机泵运行管理过程中，严禁（ABCD）。

A. 超温   B. 超压   C. 超负荷   D. 超速

28. 企业对机泵安装，检修质量评定等级划分为（ABC）。

A. 优良   B. 合格

C. 不合格（含让步接收）   D. 不接收

（二）压缩机部分

1. 按照压缩机的工作原理将压缩机分为（BC）。

A. 离心型   B. 容积型   C. 速度型   D. 往复型

2. 速度型压缩机按结构形式可分为（ABC）。

A. 离心式   B. 轴流式   C. 混流式   D. 回转式

3. 容积式压缩机又可分为（ABCD）等形式。

A. 往复活塞式压缩机   B. 螺杆式压缩机

C. 滑片式压缩机   D. 水环式压缩机

4. 速度型压缩机按出口表压的不同，产生的压力（AB），属于鼓风机。

A. >0.015MPa   B. ≤0.02MPa   C. >0.02MPa   D. <0.015MPa

5. 压缩机按功率大小划分，中型压缩机的轴功率应在（BC）范围内。

A. =50kW   B. >50kW   C. ≤250kW   D. >100kW

6. 压缩机按排气量大小划分，中型压缩机的排气量应在（BC）范围内。

A. =10m³/min   B. >10m³/min   C. ≤100m³/min   D. >15m³/min

7. 实际气体状态方程 $pV/T = ZR$，其中（ABCD）。

A. V 为实际气体的比容   B. T 为实际气体的绝对温度

C. R 为气体的特性常数   D. Z 为实际气体的压缩性系数

8. 气体常数 Z 表示实际气体偏离理想气体的程度，（A）表示实际气体的比容比按理想气体状态方程计算出的比容大，表明气体分子本身的体积不可忽略；（C）表示实际气体的比容比按理想气体状态方程计算出的比容小，表明气体分子间的引力不可忽略；（B）表明该气

体可以当作理想气体处理。

　　A. $Z > 1$　　　　　　　B. $Z = 1$　　　　　　　C. $Z < 1$　　　　　　　D. $Z = 0$

9. 用欧拉方程计算叶轮对气体做功，（AB）。

A. 圆周分速度与叶轮对气体做功有关

B. 径向分速度与气体的流量有关

C. 表明因离心力作用所产生的静压能提高

D. 表明气体在流道中动能的增加

10. 柏努利方程说明叶轮对气体做功转化为能量：（ABC）。

A. 提高了气体的静压能　　　　　　　　B. 提高了气体的动能

C. 克服了气体在级内的损失　　　　　　D. 改变了气体的状态

11. 活塞式压缩机余隙组成（ABC）。

A. 活塞内外止点处活塞端面与缸盖之间的间隙

B. 汽缸内壁与活塞端面至第一道活塞环间的环形间隙

C. 汽缸壁至气阀阀片间的整个通道容积

D. 活塞环与托瓦之间的环形容积

12. 活塞式压缩机的主要性能参数包括（ABCD）。

A. 转数、活塞行程、级数　　　　　　　B. 列数、容积效率、排气量

C. 压力比、排气系数、排气温度　　　　D. 功率与效率、活塞力、惯性力及平衡

13. 活塞式压缩机的功率一般分为（ABC）。

A. 指示功率　　　　　B. 轴功率　　　　　C. 驱动机功率　　　　　D. 有效功率

14. 活塞式压缩机的惯性力分为（AB）。

A. 旋转惯性力　　　　B. 往复惯性力　　　C. 偏心惯性力　　　　　D. 平衡惯性力

15. 活塞式压缩机 4M40 – 135/2 – 6 – 55/6 – 20 – BX 型号中的意义（ABCD）。

A. M 对称平衡型、卧式、电机位于曲轴一端

B. 一级排气量 135m³/min

C. 4 列

D. BX 引进系列技术

16. 活塞式压缩机气阀结构分为（ABCD）。

A. 环阀　　　　　　　B. 孔阀　　　　　　C. 条状阀　　　　　　D. 直流阀和舌簧阀

17. 活塞式压缩机周期性的（AC），导致管路内气流压力脉动。

A. 吸气　　　　　　　B. 流激振力　　　　C. 排气　　　　　　　D. 固有频率激振

18. 气流脉动对压缩机组正常工作的影响有（ABCD）。

A. 排气量　　　　　　B. 气阀工作　　　　C. 功率消耗　　　　　D. 管道振动

19. 压缩机汽缸交替变换的吸排气，汽缸的排列与间距，汽缸数与彼此间的曲柄角关系，（ABCD）等因素都可能成为影响活塞式压缩机机组管路系统内的气流脉动原因。

A. 排气管　　　　　　B. 缓冲罐　　　　　C. 分支管路　　　　　D. 系统管路

20. 活塞式压缩机气流脉动的减振措施包括（ABCD）。

A. 合理布置汽缸，适当配置各级压力比　　B. 设置缓冲罐和声学消振器

C. 设置孔板和改变管道长度　　　　　　　D. 加固管道支撑、增加减振元件

21. 已经运行三年的活塞式压缩机振动值逐渐升高，可能的原因是(BCD)。

A. 缓冲罐小了，缓冲作用减弱　　　　　B. 缸壁结焦炭化

C. 管路支撑松动或失效　　　　　　　　D. 管道上孔板损坏

22. 金属材料中的低碳钢、中碳钢和高碳钢按碳含量(ABC)分类的。

A. <0.25%　　　　　B. >0.6%　　　　　C. 0.25%~0.6%　　　　　D. <0.6%

23. 活塞式压缩机汽缸表面拉伤超过圆周(B)，并有严重沟槽，沟槽深度大于(D)，宽度大于3mm，应进行镗缸或更换缸套。

A. 1/5　　　　　B. 1/4　　　　　C. 0.3mm　　　　　D. 0.4mm

24. 活塞式压缩机的吸排气阀弹簧型式为(ABCD)。

A. 柱形弹簧　　　　　　　　　　　　　B. 椎形弹簧、塔形弹簧

C. 板形弹簧　　　　　　　　　　　　　D. 环形弹簧

25. 活塞环的切口形式为(ABD)。

A. 直口　　　　　B. 斜口　　　　　C. "V"口　　　　　D. 搭口

26. 大型活塞式压缩机运行过程中，气量调节的方法一般采用(BC)。

A. 定期停转调节　　　　　　　　　　　B. 压开吸气阀调节

C. 排气管和进气管连通调节　　　　　　D. 控制吸入调节

27. 对于活塞式压缩机的周期性吸排气，导致管路内气流压力脉动，引起激振力的原因为(AB)。

A. 压缩机吸排气对管路气柱的激振力

B. 气流压力脉动对管路结构系统形成的激振力

C. 机组曲轴箱刚度不足，随着吸排气脉动引起的激振力

D. 管路支撑强度不足，固定不牢，随气流脉动引起的激振力

28. 气流脉动对机组的正常运行产生了不同的影响，主要对(ABCD)。

A. 排气量　　　　　B. 进气阀　　　　　C. 功率消耗　　　　　D. 管道振动

29. 活塞式压缩机气流脉动的减震措施一般为(ABCD)。

A. 合理布置汽缸，适当配置各级压力比　B. 设置缓冲器和声学消振器

C. 设置孔板　　　　　　　　　　　　　D. 改变管道长度，加强管道支撑

30. 活塞压缩机的主要性能参数(ABD)。

A. 转数、活塞行程、活塞平均速度　　　B. 级数、列数、压力比

C. 温度、压力、排气量　　　　　　　　D. 排气量、排气系数、排气温度、功率与效率

31. 防止滑动轴承油膜震荡的措施有(ABCD)。

A. 改变轴承内孔形状　　　　　　　　　B. 避开共振区域运行

C. 增加轴承比压　　　　　　　　　　　D. 降低润滑油的黏度

32. 往复压缩机曲轴变形的修复方法为(CD)。

A. 机加工法　　　　　B. 熔敷法　　　　　C. 冷压法　　　　　D. 热压法

33. 关于气阀片升程的大小对往复式压缩机的影响，正确的说法是(AC)。

A. 升程大，排气量大　　　　　　　　　B. 升程大，排气量小

C. 升程小，生产效率低　　　　　　　　D. 升程大，排气阻力大

34. 轴流压缩机级中的流动损失包括(ABC)。

A. 叶形损失　　　　　B. 环端面损失　　　　　C. 二次流损失　　　　　D. 摩擦损失

35. 压缩机联轴器的组装一般采用(AB)。

   A. 加热法   B. 液压法   C. 敲击法   D. 烘烤法

36. 剖分式滑动轴承安装时，用涂色法检查轴瓦外径与轴承座孔的贴合情况，不贴合面积较少的，应(AD)至着色均匀。

   A. 锉削   B. 锯削   C. 錾削   D. 刮研

37. 干气必须在流体静压作用的基础上增加流体动压效应，以保证密封端面具有足够的(AC)。

   A. 开启力   B. 气膜强度   C. 气膜刚度   D. 气膜温度

38. 联轴器对中找正时，其状况有(ABCD)。

   A. 两轴中心线重合   B. 两轴不同心，两轴平行
   C. 两轴同心，两轴不平行   D. 两轴不同心，两轴不平行

39. 找静平衡的零部件在平行水平的导轨上停止摆动后，可以在部件的(AC)，直至该零部件可以在导轨上任何角度均能静止为止。

   A. 下方去重   B. 下方加重   C. 上方去重   D. 上方加重

40. 引起活塞式压缩机汽缸温度高的原因为(ABCD)。

   A. 冷却水压力低   B. 冷却水管堵塞
   C. 进气温度高于规定温度   D. 进气带少量液体积炭

41. 引起活塞式压缩机排气温度高的原因为(ABCD)。

   A. 进气温度高   B. 吸排气阀泄漏   C. 汽缸冷却效果差 D. 活塞环泄漏

42. 引起活塞式压缩机出口管路发生不正常振动的原因为(ABC)。

   A. 管卡失效   B. 支撑刚度不足   C. 压缩机振动异常 D. 法兰泄漏

43. 离心式压缩机的能量损失包括(ABC)。

   A. 流动损失   B. 轮阻损失   C. 漏气损失   D. 冲击损失

44. 离心式压缩机为防止级内、级间、段间漏气，设有(ABC)。

   A. 轮盖密封   B. 隔板密封   C. 段间密封   D. 轴端密封

45. 离心式压缩机叶轮对气体所做的功，不可能全部转变为有用的能量，存在一定的能量损失。能量损失包括(ABC)。

   A. 流动损失   B. 轮阻损失   C. 漏气损失   D. 摩擦损失

46. 离心式压缩机叶轮对气体所做的功，不可能全部转变为有用的能量，存在一定的能量损失。流动损失包括(ABCD)。

   A. 摩擦损失   B. 分离损失
   C. 冲击损失   D. 二次涡流损失和尾迹混合损失

47. 离心式压缩机叶轮对气体所做的功，不可能全部转变为有用的能量，存在一定的能量损失。轮阻损失是克服(ABC)与周围间隙中气体的摩擦所消耗的功。

   A. 轮盘   B. 轮盖外侧面   C. 轮缘   D. 流道

48. 离心式压缩机在时间压缩过程中，只能实现多变压缩，(A)小于(B)，但仍大于(C)。

   A. 等温压缩功   B. 多变压缩功   C. 绝热压缩功   D. 多变效率

49. 离心式压缩机的工作状况是由(ABCD)等变量决定的。

   A. 进口容积流量   B. 进气压力   C. 进气温度   D. 工作转速

50. 离心式压缩机随着进气量的减少，气流正冲角增大，会发生旋转脱离，气流将产生脉动，（ABC）会发生明显的波动。

　　A. 出口压力　　　　B. 进口流量　　　　C. 振值　　　　　　D. 瓦温

51. 离心式压缩机喘振是固有特性，防喘振措施一般采用（ABC）。

　　A. 固定极限流量法　B. 可变极限流量法　C. 出口放空法　　　D. 级间回流法

52. 离心式压缩机管网调节的方法为（ABCD）、扩压器叶片安装角度调节等。

　　A. 出口节流调节　　B. 进口节流调节　　C. 转速调节　　　　D. 进口导叶调节

53. 在离心式压缩机转子上叶轮分为（ABC）型式。

　　A. 开式叶轮　　　　B. 半开式叶轮　　　C. 闭式叶轮　　　　D. 铸造叶轮

54. 为降低转子的轴向力，通常采用平衡盘来平衡轴向力，平衡力的大小取决于（ABC）。

　　A. 叶轮进出口压力　B. 平衡盘位置　　　C. 平衡盘面积　　　D. 漏气量

55. 离心式压缩机扩压器分为（BCD）等类型。

　　A. 减缩扩压器　　　B. 无叶扩压器　　　C. 有叶扩压器　　　D. 直壁扩压器

56. 压缩机效率的表示方法很多，一般用（BCD）等表示。

　　A. 等温效率　　　　B. 多变效率　　　　C. 有效效率　　　　D. 绝热效率

57. 轴流压缩机级中的流动损失包括（BCD）。

　　A. 尾迹损失　　　　B. 叶形损失　　　　C. 环端面损失　　　D. 二次流损失

58. 轴流式压缩机的二次流损失包括（ABCD）。

　　A. 双涡损失　　　　　　　　　　　　　　B. 径向间隙端流动损失

　　C. 叶身附面层径向流动的潜移损失　　　　D. 刮擦涡损失

59. 轴流式压缩机主要性能参数为压缩比 ε 与效率 η（还有功率 N），他们的数值可由压缩机的（ABCD）等独立参数决定。

　　A. 进口温度　　　　B. 进口压力　　　　C. 转速　　　　　　D. 流量

60. 轴流式压缩机性能曲线的特点，在转速一定时，（ABCD）。

　　A. 流量增大，压比下降　　　　　　　　　B. 流量减小，压比增加

　　C. 流量增大时，正冲角将减少　　　　　　D. 流量增大时，负冲角增大

61. 轴流式压缩机的调节有（ABCD）。

　　A. 静叶调节　　　　B. 转速调节　　　　C. 定风量调节　　　D. 定风压调节

62. 属于轴流式压缩机不稳定工况的是（ABCD）。

　　A. 阻塞工况　　　　B. 旋转失速　　　　C. 喘振工况　　　　D. 逆流或颤振工况

63. 轴流式压缩机旋转失速的类型可分为（ABC）。

　　A. 渐进失速　　　　B. 突变失速　　　　C. 渐进＋突变失速　D. 起停机失速

64. 当轴流式压缩机发生逆流工况突变旋转失速时，（ABCD），并未发生通常所理解的喘振现象，就使压缩机遭到了破坏。

　　A. 流量从正值到零　B. 由零到负值　　　C. 只有10多秒时间　D. 压力骤降

65. 轴流式压缩机失速颤振一般发生在（AB），叶片上气流分离而产生失速的情况下。

　　A. 叶栅冲角增大　　B. 压力梯度升高　　C. 叶片自激振动　　D. 叶片失稳

66. 轴流式压缩机保护系统包括（ABCD）。

　　A. 防喘振保安系统　B. 防逆流保安系统　C. 防阻塞保安系统　D. 故障监测分析系统

67. 膜片式联轴器受交变应力作用，可分为（ABCD）。

A. 膜片组合件的弯曲应力　　　　　　　　B. 轴向振动应力

C. 轴向推力　　　　　　　　　　　　　　D. 螺栓应力

68. 金属磨盘式挠性联轴器利用磨盘材料的挠性来吸收输入和输出轴间的（A），利用双曲线形磨盘薄截面腹壁来（BC）。

A. 相对位移　　　B. 传递扭矩　　　C. 提供挠性　　　D. 消除轴向力

69. 压缩机组运行时产生激振的可能原因为（ABCD）。

A. 转子系统的不平衡　　　　　　　　　　B. 油膜的不稳定

C. 内摩擦、边界层流动分离　　　　　　　D. 联轴器不对中

70. Q235AF 表示的意义为（ABCD）。

A. Q 表示屈服点命名"屈"的汉语拼音字头

B. 235 表示屈服值

C. AF 表示 A 级沸腾钢

D. 235 的单位为 MPa

71. 三六瓣硬填料主要装在压差在 10MPa 以下的中压压缩机活塞杆上，（BC）。

A. 三瓣填料装在低压侧　　　　　　　　　B. 三瓣填料装在高压侧

C. 六瓣填料装在低压侧　　　　　　　　　D. 六瓣填料装在高压侧

72. 活塞式压缩机活塞杆硬填料组数一般根据压缩介质的（AC）来决定。

A. 压差　　　　B. 介质动力黏度　　　C. 活塞杆直径　　　D. 填料切口形式

73. 一般情况下，填充聚四氟乙烯活塞环的第一道、第二道、第三道活塞环分别为约占所承受压降的（ACD）。

A. 10%　　　　　　B. 20%　　　　　　C. 70%　　　　　　D. 7.6%

74. 影响活塞式压缩机运行效率的因素有（ABCD）。

A. 余隙　　　　　　B. 泄漏　　　　C. 吸入气阀的阻力　　D. 吸入气体温度

75. （ABCD）是离心式压缩机的重要特征参数。

A. 流量系数　　　B. 能头系数　　　C. 马赫数　　　　D. 雷诺数

76. 膜片式联轴器完全不需要润滑，转速可达 15000r/min，最大传递扭矩可达 106N·m，并且具有（ABCD）等优点。

A. 耐高温　　　　B. 耐疲劳　　　C. 使用寿命长　　　D. 补偿轴位移

77. 圆柱形滑动轴承与轴颈之间建立液体摩擦的过程可分为（ABC）。

A. 静止阶段　　　B. 启动阶段　　　C. 稳定阶段　　　D. 运行阶段

78. 当往复式压缩机余隙较大时，（AC）。

A. 吸入的气量减少　　B. 吸入的气量增加　　C. 生产能力降低　　D. 生产能力提高

79. （BC）会造成往复式压缩机排气温度高。

A. 密封泄漏　　　　B. 排气阀窜气　　　C. 吸入温度高　　　D. 冷却水温度低

80. 活塞式压缩机管路系统脉动是由于吸气排气的周期性引起的，激振力可以归纳为（AB）。

A. 压缩机吸气排气对管路气柱的激振力

B. 气流压力脉动对管路结构系统形成的激振力

C. 机器动力不平衡引起的激振力

D. 基础或支架产生的共振引起的激振力

81. 引起离心式压缩机振动大的原因是(ABCD)。

A. 转子不平衡　　　B. 转子对中不良　　　C. 机组超负荷运行　　D. 接近临界转速

82. 金属膜盘式联轴器利用双曲线型膜盘截面腹壁来(AC)。

A. 传递扭矩　　　B. 抵消轴向位移　　　C. 提供挠性　　　　D. 减少振动传递

83. 混流式压缩机具有(ABD)的特点。

A. 流量大　　　　　　　　　　　　B. 叶道内没有明显的转弯,流动性能好

C. 轴向力小　　　　　　　　　　　D. 叶道内气流速度梯度小,能量损失小

84. 可倾瓦与椭圆瓦相比具有(ABCD)的特点。

A. 改善了轴瓦流体力学性能　　　　B. 转轴圆周受力均匀、平稳、振动小

C. 允许有一定的范围偏差　　　　　D. 抗油膜振动性好

85. 提高零部件疲劳的抗力除所选材料本性外,还可以通过(ABCD)途径来实现。

A. 改善零件的结构形式,避免应力集中　　B. 降低零件表面的粗糙度

C. 减少热处理缺陷　　　　　　　　　　　D. 进行表面强化处理

86. 活塞式压缩机的往复惯性力可以分为(AC)。

A. 一阶往复惯性力　　　　　　　　B. 可平衡往复惯性力

C. 二阶往复惯性力　　　　　　　　D. 旋转惯性力

87. 循环氢活塞式压缩机通过调节达到节能目的的新技术是(AB)。

A. 无级气量调节　　　　　　　　　B. 汽缸余隙调节

C. 进排气连通管调节　　　　　　　D. 改变转速调节

88. 螺杆式压缩机与活塞式压缩机相比,螺杆压缩的优点是(ABD)。

A. 减少或消除了气流脉动

B. 可适应湿气体或带微液滴气体

C. 高转速、高压、大气量下工作,使用寿命长

D. 单级压比高于活塞式压缩机

89. 活塞式压缩机空运转的目的是(ACD)。

A. 检查机械跑合　　　　　　　　　B. 检查排气量

C. 了解机器振动情况　　　　　　　D. 了解滑动摩擦件的温度变化

90. 热处理在生产上的意义有(ABC)。

A. 充分发挥金属材料的潜力　　　　B. 延长零件和工具的使用寿命

C. 节约金属材料的消耗　　　　　　D. 提高生产力

91. 调节系统静态特性试验的目的是测定调节系统的(ABC),全面了解调节系统的工作性能是否正确、可靠、灵活,分析调节系统产生缺陷的原因,以正确地消除缺陷。

A. 静态特性曲线　　B. 速度变功率　　C. 迟缓率　　　　D. 负荷

92. 造成喷油螺杆压缩机自动停机的因素有(AC)。

A. 过负荷　　　　　　　　　　　　B. 吸入过量的润滑油

C. 高压断电器动作　　　　　　　　D. 吸气阻力过大

93. 当往复式压缩机余隙较大时(ACD)。

A. 吸入的气量减少　B. 吸入的气量增加　C. 生产能力降低　　D. 排气温度升高

94. 测量往复式压缩机轴承顶向间隙常用的方法有(ABCD)。

A. 抬轴法　　　　　B. 压铅法　　　　C. 塞尺法　　　　D. 测量法

95.（BCD）会造成往复式压缩机排气温度高。

A. 密封漏气　　　　B. 排气阀窜气　　　　C. 吸入温度高　　　　D. 冷却水温度低

96. 离心式压缩机组高位油箱应（ABC）。

A. 设在距机组轴心线 5m 以上　　　　B. 设在机组轴心线一端的正上方

C. 在顶层应设呼吸孔　　　　D. 附设管线要长

97. 离心式压缩机出口流量过低的原因主要有（ABC）。

A. 级向密封间隙过大　　　　B. 静密封点泄漏

C. 进气管道上气体除尘器堵塞　　　　D. 喘振

98. 往复式压缩机阀片破损的原因有（BCD）。

A. 升程过小　　　　B. 升程过大　　　　C. 吸入杂物　　　　D. 混入冷凝水

99. 往复式压缩机曲轴张合度过大时，将会使（ABD）。

A. 轴承发热　　　　B. 轴承磨损　　　　C. 曲轴扭曲　　　　D. 曲轴断裂

100. 往复式压缩机曲轴就位后，对曲轴的检查和调整内容主要包括（AD）。

A. 曲轴水平度　　　　B. 曲轴与汽缸的垂直度

C. 主轴颈与曲颈的平行度　　　　D. 曲轴张合度

101. 往复式压缩机曲轴变形的主要原因有（ABD）。

A. 主轴承同轴度偏差过大　　　　B. 轴颈发生咬合

C. 润滑油压高　　　　D. 连杆歪斜与曲拐轴颈接触不良

102. 要达到时效处理的目的，需将钢加热后长时间保温，采取（AB）方法来冷却。

A. 随炉冷却　　　　B. 空冷　　　　C. 水冷　　　　D. 油冷

103. 螺杆压缩机，在螺旋齿顶和齿根设计了密封筋和卸污槽，（AB）避免在机体内沉积。

A. 增加了密封效果　　　　B. 把粉尘和细微杂质输送排气端

B. 增加压力　　　　D. 增加流量

104. 螺杆式压缩机和往复式压缩机相比，其特点有（ABD）。

A. 减少或消除了气流脉动

B. 能适应压缩湿气及含液滴的气体

C. 可在高转速、高压下工作，使用寿命较长

D. 单级压力比高于往复式压缩机

105. 根据性能曲线判断，轴流式压缩机转速增大时，（ABCD）。

A. 性能曲线变陡　　　　B. 稳定工况区域变窄

C. 向大流量区移动　　　　D. 易发生气流阻塞

106. 石油气螺杆式压缩机试车时，缓慢关闭旁通阀，调节排出截止阀，提高压缩机的出口压力，首次升压要求（ABC），调节喷液量，控制排气温度，逐步把压力升到规定值。

A. 分三次完成　　　　B. 每次升压值为额定压力的三分之一

C. 稳压 30min　　　　D. 开机前打开喷液阀

107. 离心式压缩机转子出现下列情况时，（ABD），应对转子进行动平衡校正。

A. 检修前机组振动明显超标　　　　B. 转子缺陷修复

C. 气封磨损　　　　D. 转子更换大的配件

108. 叠层膜片联轴器比齿式或膜盘式有(ABCD)优点。

A. 完全不需润滑

B. 对于一给定负荷，比膜盘式提供的位移量大

C. 不受转速和功率限制，可用于各种传动设备

D. 轴向位移所产生的推力，成倍的小于齿式联轴节

109. 在轴流式压缩机运行过程中，气动力与叶片弹性特性相互作用引起颤振工况，失速颤振一般发生在(AC)，叶片上气流分离而产生失速的情况下。

A. 叶栅冲角增大　　B. 管网气体倒流　　C. 压力梯度升高　　D. 喘振裕度小于1

110. 当活塞式压缩机余隙较大时，(AB)。

A. 能耗高　　　　　　　　　　　　B. 吸入的气量少

C. 管网的激振力增大　　　　　　　D. 曲轴受力状态改变

111. 轴流式压缩机气体在动叶栅中获得了(BC)，在静叶栅中部分动能又进一步转化成压力能，使气流通过级时压力获得提高。

A. 热能　　　　　B. 动能　　　　　C. 压力能　　　　　D. 势能

112. 脉动气流在管道内改变方向或遇到管道截面积发生变化时将产生引起管道振动的激励力，脉动能量不能转化为(ABD)。

A. 速度能　　　　　B. 热能　　　　　C. 机械能　　　　　D. 压力能

113. 轴流式压缩机在转速一定，流量增大时，(ABCD)，叶栅进口最小截面积平均气流速度达到音速，流量达到最大值时的工况成为阻塞工况。

A. 正冲角减小　　B. 负冲角增大　　C. 压比 ε 下降　　D. 出现膨胀过程

114. 平衡曲柄滑块机构惯性力一般采用(ACD)。

A. 半平衡法　　　B. 惯性轮　　　　C. 单轴平衡法　　　D. 双轴平衡法

115. 转子不平衡故障的振动特征包括(ABCE)。

A. 时域波形为正弦波　　　　　　　B. 特征频率为转频

C. 轴心轨迹为椭圆　　　　　　　　D. 进动方向为反进动

E. 进动方向为正进动

116. 测量往复式压缩机主轴承顶间隙常用的方法有(BC)。

A. 直尺法　　　　　B. 压铅法　　　　　C. 塞尺法　　　　　D. 量块法

E. 涂色法

117. 转子不对中故障的振动特征通常包括(ADE)。

A. 2 倍频幅值较高　　　　　　　　B. 相位不稳定

C. 振动不随负载变化　　　　　　　D. 轴心轨迹为 8 字

E. 振动随负载变化

118. 离心式压缩机喘振的可能原因为(BCD)。

A. 吸入流量过大　　　　　　　　　B. 升速、升压过快

C. 防喘裕度设定不足　　　　　　　D. 工况变化时回流阀未及时打开

E. 压缩机出口气体系统压力过低

119. 在实际生产中，影响往复式压缩机生产能力的因素主要有(ABCE)。

A. 余隙容积对排气量的影响　　　　B. 泄漏损失对流量的影响

C. 吸气时，气体的压力对流量的影响　　D. 出口压力对排气量的影响

E. 吸入气体的温度对流量的影响

120. 活塞式压缩机在正常运行时，易损件包括(ABE)。
A. 活塞环　　　　　　　B. 气阀　　　　　　C. 连杆大头瓦　　　D. 十字头销
E. 活塞杆填料密封

121. 离心机组迷宫密封气体激振的振动征兆是(ACDE)。
A. 振动随转速变化　　　　　　　　　B. 振动随油温变化
C. 振动随压力变化　　　　　　　　　D. 振动随介质温度变化
E. 振动随流量变化

122. 离心压缩机组旋转失速故障的识别特征有(BC)。
A. 振动频率与工频之比为大于 1 的常值
B. 转子的轴向振动对转速和流量十分敏感
C. 机组的压比有所下降，严重时压比可能会突降
D. 分子量较小或压缩比较高的机组比较容易发生
E. 振动发生在流量减小时，且随着流量的减小而增大

123. 下面对压缩机型号表述正确的是(CD)。
A. "2MCL607"为两段垂直剖分型　　　　B. "3BCL36A"为三级垂直剖分型
C. "3MCL607"为三段水平剖分型
D. "4M80 – 50/9.8 – 2.5 – BX"为四汽缸对称平衡型，最大活塞力 $80 \times 10^4 N$
E. "2D80 – 53.4/11.5 – 68 – BX"为两汽缸对置平衡型，最大活塞力 $80 \times 10^3 N$

124. 活塞式压缩机气流脉动的减振控制措施有(ABCE)。
A. 合理布置汽缸，适当配置各级压力比　B. 压缩机入口设置吸气缓冲罐
C. 压缩机出口设置排气缓冲罐　　　　　D. 增加压缩机转动部件强度
E. 管道中设置孔板

125. 以下对离心压缩机表述正确的是(BCE)。
A. 压缩机级的工作状态是由进口容积流量、进气压力、出口容积流量及工作转速等 4 个独立变量决定的
B. 压缩机级的压力比、多变效率、功率随进口容积流量变化的关系称为压缩机级的特性
C. 压缩机级数越多，气体密度变化的影响越大，压缩机性能曲线越陡
D. 压缩机级数越多，气体密度变化的影响越小，压缩机性能曲线越平缓
E. 转速越高，压缩机性能曲线越陡；

126. 可以防止油膜振荡的措施有(ACD)。
A. 避开共振区域运行　　　　　　　　B. 减小轴承比压
C. 降低润滑油的黏度　　　　　　　　D. 改变轴承内孔形状
E. 提高润滑油温度

127. 转子临界转速的高低与转子的结构形式、直径、重量、材质、两轴承间跨距等有关，下面关于转子临界转速的描述正确的是(ACD)。
A. 转子直径越大，则转子临界转速越高
B. 转子质量的偏心距越小，则转子临界转速越高
C. 两轴承间跨度越小，则转子临界转速越高
D. 轴承支撑刚度越大，则转子临界转速越高
E. 转子质量的偏心距越大，则转子临界转速越高

128. 活塞式压缩机实际压缩循环示功图与理论压缩循环示功图的差别主要表现在（ABD）。

　　A. 热交换的影响　　　B. 余隙与膨胀　　　　C. 压缩比　　　　　　D. 气阀阻力损失

129. 离心压缩机检修后，安装干气密封时的注意事项，下面说法正确的是（ABCE）。

　　A. 安装到位后应对机体充压静压试漏

　　B. 确保干气密封标示的旋转方向与实际主轴旋转方向一致

　　C. 将安装干气密封的有关部分均匀地涂上一薄层润滑脂

　　D. 装 O 形圈之前应先在其表面涂上一层专用密封胶

　　E. 压缩机上下机壳扣合之前，水平中分面装干气密封部位应涂密封胶，确保静密封不短路

130. 在确定异步电机定子、转子和负载机的位置时，考虑到（AC）的影响。

　　A. 电动机转子在负载情况下因温度升高而产生的轴向热膨胀

　　B. 联轴节拆装空间

　　C. 负载机转子轴向伸长对电动机转子轴向位置

　　D. 负载机进出口管线的残余应力

131. 转子支撑部件松动的主要特征包括（ABCD）。

　　A. 时域波形存在基频、分频和高次谐波叠加成分

　　B. 频域谱含有基频和分频，并常伴有倍频成分

　　C. 振动信号轴心轨迹紊乱

　　D. 存在壳体剧烈振动现象

132. 螺杆泵螺杆截面齿形有多种，可分为（ABCD）。

　　A. 矩形　　　　　　　B. 梯形　　　　　　C. 对称曲线形　　　　D. 非对称曲线形

133. 离心式压缩机中的级间密封不常用的型式是（ABD）

　　A. 填料密封　　　　　B. 机械密封　　　　C. 迷宫密封　　　　　D. 浮环密封

134. 下列类型的离心式压缩机中，适合应用于循环氢的气体压缩的是（BCD）。

　　A. 水平剖分式　　　　B. 垂直剖分式　　　C. 筒形　　　　　　　D. 等温形

135. 离心式压缩机发生突然停机引起反转的原因是（AB）。

　　A. 压缩机出口管线过长，且存储的气量较大

　　B. 出口管线未及时泄压（放空或排火炬）

　　C. 吸入口过滤器堵塞，进气量不足

　　D. 级间冷却效果差

136. 离心式压缩机止推轴承轴向推力过大的原因有（ABCD）。

　　A. 平衡管管径过小　　　　　　　　　　B. 机器发生喘振

　　C. 排出管路压力增大　　　　　　　　　D. 平衡盘迷宫密封磨损

137. 离心式压缩机运行过程中引起机组振动大的原因为（ABCD）。

　　A. 进口气体带液　　　　　　　　　　　B. 轴承磨损

　　C. 出口管路支架松动　　　　　　　　　D. 超负荷运行

138. 活塞式压缩机排气量达不到设计要求的原因为（ABCD）。

　　A. 进气阀泄漏　　　　B. 填料漏气　　　　C. 气体带液　　　　　D. 汽缸冷却效果差

139. 无论是刚性转子还是柔性转子，无论是做静平衡还是动平衡，校正方法均可划分

为(ABCD)。

　　A. 加重　　　　　　　　　　　　B. 去重

　　C. 调整校正质量　　　　　　　　D. 极坐标校正与分量校正

（三）汽轮机部分

1. 当汽轮机新蒸汽温度超过允许范围时，会使主汽阀、调节汽阀、蒸汽室、高压级喷嘴、动叶片和高压轴封等部件的机械强度降低，发生(AC)，导致设备使用寿命降低甚至损坏。

　　A. 蠕变　　　　B. 热脆　　　　C. 松弛　　　　D. 胀裂

2. 在烟气轮机检修中，对转子检查的内容主要有(ABD)。

　　A. 动叶片的磨损情况　　　　　　B. 轮盘着色检查

　　C. 轴的硬度测试　　　　　　　　D. 锁紧片情况

3. 烟气轮机转子在检修后一般应达到的技术要求有(ABC)。

　　A. 转子动平衡试验，符合规定

　　B. 转子各部的径向和轴向跳动应在允许偏差内

　　C. 转子轴颈圆柱度符合要求

　　D. 动叶片应紧固，不能有松动

4. 当进入汽轮机的新蒸汽温度及排汽压力不变，新蒸汽压力降低时，汽轮机的(AC)均减少，使汽轮机最大功率受到限制，机组经济性降低。

　　A. 流量　　　　B. 转速　　　　C. 理想焓降　　　　D. 熵增

5. 为保证汽缸受热时能沿着给定的方向自由膨胀，并保持汽缸中心与转子中心一致，所以在(ABC)均没有滑销系统。

　　A. 汽缸　　　　B. 轴承座　　　　C. 支座　　　　D. 台板

6. 烟机回收功率 $N = Gc_p T_1 \left[1 - (p_2/p_1)^{(k-1)/k} \right] \eta$。计算公式中，$G$、$T_1$、$p_1$、$p_2$ 分别表示(ABCD)。

　　A. 烟气重量流量　　B. 烟气入口温度　　C. 烟气入口压力　　D. 烟气出口压力

7. 凝气式汽轮机运行中，由于各种原因使凝气器内真空度降低，当真空度降低较多时会引起(ABC)。

　　A. 排气温度升高　　B. 轴向推力增加　　C. 机组振动　　D. 体比积减少

8. 汽轮机组的升速速度和各阶段暖机时间应按各机组的升速曲线进行，调节级处的上下汽缸之间温差不大于 $30 \sim 50 ℃$，温差太大会造成(ABCD)。

　　A. 汽缸变形　　B. 汽缸向上弯曲　　C. 叶片和围带损失　　D. 动静部分间隙消失

9. 汽轮机组的振动按激振源的不同，可分为(BC)，外界干扰的作用下产生的振动现象较为普遍。

　　A. 外界干扰力　　B. 强迫振动　　C. 反激振动　　D. 摩擦振动

10. 自激振动主要是由于(ABC)等原因造成的。

　　A. 轴瓦油膜振荡　　B. 间隙反激　　C. 摩擦涡动　　D. 油膜涡动

11. 汽轮机空负荷就发生振动，且同负荷没明显关系，振动频率与转子相符，其原因为(AB)。

A. 刚性联轴器对冲供量差　　　　　B. 联轴器端口瓢偏
C. 转子不平衡　　　　　　　　　　D. 自激振动

12. 轴向位移增大的征象有(ABCD)。

A. 胀差指示相应变化　　　　　　　B. 汽轮机内声响异常
C. 振动加剧　　　　　　　　　　　D. 推力轴承温度升高

13. 影响汽轮机寿命的因素有(ABCD)。

A. 材料蠕变　　　　　　　　　　　B. 工况变化部件受到交变应力作用
C. 低周疲劳损伤　　　　　　　　　D. 材料质量

14. 凝气式汽轮机在运行中,凝气设备真空下降,会影响(ABCD)。

A. 排汽缸温度升高　　　　　　　　B. 汽缸中心线变化引起机组振动增大
C. 反动度增高　　　　　　　　　　D. 轴向力增大

15. 轴封供气中断的原因有(ABC)。

A. 气源压力降低　　B. 蒸汽带水　　C. 压力调整器失灵　　D. 真空度升高

16. 真空急剧下降的原因有(ABCD)。

A. 循环水中断　　　　　　　　　　B. 低压轴封供气中断
C. 抽气器气源中断　　　　　　　　D. 凝汽器水满

17. 汽轮机叶片振动的振幅与(ABCD)有关。

A. 外力的大小　　B. 外力的频率　　C. 叶片的固定方式　　D. 叶片尺寸和材料

18. 轴向位移增大的征象有(ABCD)。

A. 位移表指示增大　　　　　　　　B. 信号装置报警
C. 推力轴承温度升高　　　　　　　D. 汽轮机内声响异常

19. 机组从冷态向热态运转过程中,由于机组轴对中找正是在冷态下进行的,因此轴对中找正时必须考虑热状态下的(ABC)。

A. 温度　　　　　B. 油膜　　　　　C. 齿轮传动咬合力　　D. 挠度

20. 调节系统静态试验是在汽轮机静态时,启动高压油,对调节系统进行试验,检测项目有(ABCD)。

A. 调速信号与油动机行程二次油压的关系　B. 油动机行程与调节阀的开度
C. 同步器的工作范围　　　　　　　D. 传动放大机构的功率

21. 不平衡量属于矢量,它是有方向性的,表示方法有(AB)。

A. 极坐标表示　　B. 直角坐标表示　　C. 曲线坐标　　　D. 函数坐标

22. 对于不同类型的转子应选择不同的平衡方法,一个转子需进行何种平衡,主要取决于(ACD)。

A. 转速　　　　　B. 强度　　　　　C. 刚度　　　　　D. 长径比

23. 蒸汽在级内能量转变过程中影响蒸汽的各种损失称为级内损失,级内损失包括(ABC)。

A. 喷嘴损失　　B. 余速损失　　C. 撞击损失　　D. 漏气损失

24. 汽轮机级的内功率与(AB)有关。

A. 级的蒸汽流量　B. 级内焓降　　C. 温度　　　　　D. 速度

25. 直接影响蒸汽状态的损失,称为内部损失,内部损失包括(AB)。

A. 进气节流损失　B. 排气管压力损失　C. 内摩擦损失　　D. 离心损失

26. 由于节流压力损失，主汽门约为新蒸汽压力的 1% ~2%，调节汽阀为进口蒸汽压力的（BC）。
 A. 1% ~2%　　　B. 2% ~3%　　　C. 2% ~4%　　　D. 4% ~5%

27. 排气管压力损失的大小决定于（ABC）。
 A. 流速　　　　B. 结构形式　　　C. 型线　　　D. 流量

28. 汽轮机的机械损失包括（ABCD）。
 A. 轴承摩擦阻力　　B. 主油泵所耗能量　　C. 调速阀往复运动　　D. 转子碰摩

29. 汽轮机轴端可以连续输出的功率与（CD）成正比。
 A. 压力　　　　B. 速度　　　　C. 总蒸汽量　　　D. 全机理想焓降

30. 冲动级的轴向推力通常包括（ABC）。
 A. 动叶栅上的推力　　　　　　B. 叶轮面上的推力
 C. 汽封凸肩上的推力　　　　　D. 轴封

31. 作用在动叶上的轴向推力是由（AC）所产生的。
 A. 动叶前后的压差　　B. 流量　　　C. 气流分速度　　　D. 比体积

32. 推力轴承作用是（ABC）。
 A. 将转子定位　　　　　　　　B. 轴承轴向推力
 C. 卸载时控制位移　　　　　　D. 不会使汽缸中心发生变化

33. 汽轮机调节阀是用来调节蒸汽进气流量的，使（ABCD）匹配。
 A. 蒸汽压力　　　B. 流量　　　C. 流速　　　D. 功率

34. 汽轮机汽缸的作用（ABCD）。
 A. 包容转子，形成内密封腔室　　　B. 构成通流部分并通过蒸汽
 C. 保证在机内完成能量转换　　　　D. 支承并承受静止部件重量

35. 为避免产生过大的热应力，保证汽缸受热时能自由地膨胀，设有完全可靠的（AB）系统，以保证转子与汽缸的同轴度和最小的膨胀差。
 A. 定位　　　　B. 滑销　　　C. 约束　　　D. 支承

36. 汽缸的支承方式目前有（ABC）。
 A. 台板支承　　B. 猫爪支承　　C. 挠性板支承　　D. 刚性支承

37. 立销安装在低压缸排气室尾部与支座之间，高压缸的前端与前轴承座之间，所以立销均在机组的纵向中心线上，它的作用（AB）。
 A. 保证汽缸在垂直方向自由膨胀　　B. 与纵销保持机组的纵向中心不变
 C. 可以作为安装死点　　　　　　　D. 保证对中

38. 对滑销系统的要求（ABCD）。
 A. 运行中保证汽缸与转子能够自由膨胀
 B. 汽缸与转子的轴线保持一致
 C. 当温升时，汽缸、轴承不应变形
 D. 当温升时，保证动静部分的径向间隙与轴向间隙符合技术要求，平稳运行

39. 如暖机未达到技术文件要求时，便启动汽轮机，会造成（ABCD）。
 A. 负荷剧烈变化　　B. 水冲击现象　　C. 剧烈振动　　　D. 噪音渐大

40. 螺栓是汽轮机上的重要连接件，除要求机械性能外，还要求（ABC）。
 A. 在高温下承受拉应力　　　　B. 抗松弛能力
 C. 足够的强度　　　　　　　　D. 有一定的伸缩率

41. 汽轮机静叶片安装在隔板导叶持环和汽缸等部件上静止不动的叶片，其功能为（AB）。

　　A. 气流导向　　　B. 蒸汽加速　　　C. 压力上升　　　D. 焓降

42. 喷嘴是由两个相邻静叶片构造的不动气道，是将蒸汽的热能转换为功能并对气流起导向作用的结构元件，其作用有（ABC）。

　　A. 使蒸汽膨胀降压　B. 流速增加　　　C. 比体积增大　　　D. 温度升高

43. 喷嘴室固定在外缸内的相应支承面上，通过气封体上的凹槽与喷嘴室内的槽道相配，其作用为（ABCD）。

　　A. 气流降压　　　B. 升速　　　　C. 转向　　　　D. 能量转换

44. 隔板将汽缸分隔成若干个蒸汽参数不同的汽室，每个汽室有一个静叶栅和转子上相应的叶轮上的动叶栅组成一个压力级，蒸汽通过其（AB）逐步降低，将热能转换为功能。

　　A. 压力　　　　B. 温度　　　　C. 流量　　　　D. 速度

45. 在汽轮机转子伸出汽缸的两端和转子穿过隔板中心孔的地方，都存在不同的漏气，其原因有（AB）。

　　A. 动静部件之间存在间隙　　　　B. 动静件前后有压差存在
　　C. 气动物理性能　　　　　　　　D. 温差

46. 汽轮机中存在着许多可能产生漏气的部件如（ABC）。

　　A. 动静叶片顶部　　　　　　　　B. 隔板与转子的径向间隙
　　C. 转子伸出汽缸两端处径向间隙　D. 级间抽气

47. 根据气封在汽轮机中所处的工作部位的不同可分为（ABC）。

　　A. 轴端气封　　　B. 隔板气封　　　C. 叶片气封　　　D. 轴承气封

48. 汽轮机组如高压端漏气过多，漏气将会（ABCD）。

　　A. 流入轴承中温度升高　　　　　B. 油质乳化
　　C. 破坏润滑　　　　　　　　　　D. 引起巴氏合金熔化

49. 若隔板气封损坏漏气增大时，（AB）。

　　A. 叶轮前后压差增大　　　　　　B. 转子轴向力增大
　　C. 温度升高　　　　　　　　　　D. 流速增大

50. 蒸汽在迷宫式气封中，漏气量的多少取决于（ABC）。

　　A. 前后压力差　　B. 气封片的数量　C. 径向间隙　　　D. 比体积

51. 气封的结构形式有很多种，主要有（ABC）。

　　A. 迷宫式　　　　B. 炭精式　　　　C. 水封式　　　　D. 梳齿式

52. 汽轮机径向支承轴承的作用有（ABCD）。

　　A. 承受转子的重量　　　　　　　B. 平衡离心力
　　C. 保证与汽缸中心一致　　　　　D. 保证与静元件的径向间隙值

53. 因为存在主轴本身质量离心力所引起的巨大应力、蒸汽作用在其上的轴向推力、温度分布不均匀而引起的热应力，以及承受巨大的扭转力矩和轴系的振动所产生的应力，所以要求转子应具备（ABC）。

　　A. 很高的强度　　B. 均匀的质量　　C. 抗蠕变抗腐蚀　D. 抗氧化

54. 具有套装叶轮的转子称为套装转子，用热装配的方法过盈装配在轴上，安装温度值计算与（ACD）成正比。

A. 图纸过盈尺寸　　　B. 轴颈尺寸　　　　C. 安全系数　　　　D. 环境温度

55. 每个叶轮上开设奇数平衡孔的原因是(AB)。

A. 保证叶轮的强度　　　　　　　　　B. 减小叶轮节径振动

C. 减小应力集中　　　　　　　　　　D. 便于平衡

56. 叶片上所受的离心力与叶片本身围带和拉筋的(ABC)成正比。

A. 质量　　　　　B. 转速的平方　　　C. 质心的转动半径　D. 流量

57. 叶片在运行中受到周期性的气流激振力,主要来源于(ABC)。

A. 制造与工艺　　　　　　　　　　　B. 安装与检修质量偏差

C. 材料　　　　　　　　　　　　　　D. 气流

58. 转子临界转速的高低与转子的结构形式、直径、质量、材料、两轴承间的跨距及轴承的刚度有关,转子的(AB)其临界转速越高。

A. 直径越大　　　B. 重量越轻　　　　C. 两轴承矩越大　　D. 支撑刚度越大

59. 挠性联轴器有(ABCD)等形式。

A. 齿式　　　　　B. 膜片式　　　　　C. 波纹式　　　　　D. 膜盘式

60. 凝气器的压力,即工业汽轮机的排气压力,压力的大小可以用(BC)表示,测点在汽轮机排气凝汽器的喉部。

A. 标准大气压　　B. 绝对气压　　　　C. 水银真空计　　　D. U 管压差计

61. 降低了凝汽器的真空度使(ABD)。

A. 排气压力升高　　　　　　　　　　B. 排气温度升高

C. 压力、温度同时降低　　　　　　　D. 引起汽缸的变形和振动

62. 当冷却倍率值增大时,(ACD)。

A. 冷却水进排温度差减小　　　　　　B. 温差增大

C. 蒸汽温度降低　　　　　　　　　　D. 凝汽器压力降低

63. 由于凝结水过冷却,传给冷却水的热量增大,冷却水带走了额外的热量,造成汽轮机组的(ABC)。

A. 热经济性　　　　　　　　　　　　B. 凝结水中含氧量增加

C. 加速设备腐蚀　　　　　　　　　　D. 负荷减少

64. 凝结水过冷却产生的原因有(ABC)。

A. 热水井水位调节不当　　　　　　　B. 凝结水位过高

C. 凝结水泵损坏　　　　　　　　　　D. 循环水泵流量下降

65. 在正常情况下,凝汽器中的蒸汽压力是由(BCD)决定的。

A. 蒸汽压差　　　B. 蒸汽负荷　　　　C. 冷却水温度　　　D. 冷却水流量

66. 抽气器的作用是将漏入凝汽器中的空气和蒸汽中所含的不凝结气体连续地抽出,保持凝汽器处于(ABC)。

A. 高度真空状态　B. 良好的传热效果　C. 保持压差　　　　D. 保持温度

67. 汽轮机级的类型可分为(ABCD)。

A. 纯冲动级　　　B. 反动级　　　　　C. 速度级　　　　　D. 带反动度的冲动级

68. 汽轮机蒸气喷嘴的结构形式分为(AC)。

A. 渐缩喷嘴　　　B. 高效喷嘴　　　　C. 缩放喷嘴　　　　D. 斜切喷嘴

69. 级的轮周效率是衡量汽轮机工作特性的重要指标,减少(ABC),即可以提高汽轮机

级的轮周效率。

A. 喷嘴损失　　　　B. 动叶损失　　　　C. 余速损失　　　　D. 动能损失

70. 汽轮机组的膨胀位移包括(AB)。

A. 汽缸热膨胀　　　　　　　　　　B. 汽缸与转子的相对膨胀

C. 汽缸与转子的径向膨胀　　　　　　D. 汽缸与转子的轴向膨胀

71. 汽轮机启动时,隔板的热膨胀比汽缸大,一般(AB)。

A. 径向间隙为(　　)0.003 ~ 0.004(　　)D(D 隔板直径)

B. 径向间隙为 2.5 ~ 5.0mm

C. 轴向间隙为 0.1 ~ 0.3mm

D. 轴向间隙为(　　)0.001 ~ 0.003(　　)L(L 隔板宽度)

72. 汽轮机的叶轮由(ABC)组成。

A. 轮缘　　　　　B. 轮毂　　　　　C. 轮体　　　　　D. 叶片

73. 汽轮机隔板一般都是对开的,通常由隔板本体的平板和(BCD)等组成。

A. 动叶片　　　　　B. 喷嘴　　　　　C. 轮缘　　　　　D. 汽封

74. 汽轮机转子的轴向力主要来源于(ABD)。

A. 动叶片前后的压差　　　　　　　　B. 叶轮前后的压差

C. 汽封前后的压差　　　　　　　　　D. 蒸汽作用于动叶片上的轴向分力

75. 多级凝汽式汽轮机轴向力,在不考虑级间漏气的影响,作用在某一级上的轴向推力,取决于(AC)。

A. 级前后的压差　　B. 进汽温度的变化　　C. 级的反动度　　　D. 调节级的焓降变化

76. 冲动式汽轮机中,蒸气在动叶栅中不继续膨胀,其(BC)保持不变。

A. 方向　　　　　B. 温度　　　　　C. 压力　　　　　D. 功

77. 为保证燃气轮机的长周期连续运行,其部件的材料须具有良好的(BD)性能。

A. 高硬度高强度　　B. 抗高温蠕变　　C. 抗低温疲劳　　D. 抗高温腐蚀

78. 汽轮机产生轴向力的压差由(ABD)组成。

A. 隔板汽封的漏气式叶轮前后产生压差

B. 蒸汽流过每一级叶轮都有压降,在动叶片前后产生压差

C. 隔离气压差

D. 轴上凸肩处的压差

79. 热力学不是研究(BCD)规律和方法的一门科学。

A. 热能与机械能相互转换　　　　　　B. 机械能转变为电能

C. 化学能转变为热能　　　　　　　　D. 化学能转变为电能

80. 汽轮机在启动升速、带负荷过程中机组振动加剧,大多是因为操作不当引起的,其主要原因有(ABD)。

A. 蒸汽品质不良　　　　　　　　　　B. 暖机时间不够

C. 真空度高　　　　　　　　　　　　D. 停车后盘车间隔过长

81. 汽轮机主蒸汽温度不变时,主蒸汽压力升高的危害有(ABC)。

A. 机组的末 n 级的蒸汽湿度增大,使末 n 级动叶片工作条件恶化,水冲刷加重

B. 使调节级焓降增加,将造成调节级动叶片过负荷

C. 会引起主蒸汽承压部件的应力增高,造成部件变形甚至损坏

D. 转速波动

82. 凝汽器真空缓慢下降的原因有(BCD)。
A. 后轴封供汽中断　　　　　　B. 循环水量不足
C. 凝汽器水位升高　　　　　　D. 真空系统不严实

83. 汽轮机滑锁损坏的主要原因有(ABD)。
A. 滑锁间隙不当　　B. 机组振动过大　　C. 配合间隙过大　　D. 汽缸膨胀不均

84. 为保证烟气轮机的长周期运行,其部件的材料需具有良好的(BCD)性能。
A. 高硬度高强度　　B. 抗高温蠕变　　C. 抗周期疲劳　　D. 抗高温腐蚀

85. 汽轮机再启动升速,带负荷过程中机组振动加剧大多是因操作不当引起的,主要有(ABD)等原因。
A. 疏水不当　　　B. 暖机不足　　　C. 排气温度低　　　D. 停机后盘车不当

86. 烟气轮机机轴端设置的三档气封中在(BC)中通入压缩空气。
A. 靠轮盘一档　　B. 中间一档　　C. 靠轴承座的一档　　D. 三档都是

87. 烟气轮机直接带动发电机是当今科技发展的产物,其优点主要有(ABD)。
A. 再生器的供风系统与烟气轮机系统分别操作,互不干扰,装置运行可靠
B. 装置改造时,不动主风机,便可实施
C. 操作简单,投资费用低
D. 相当于多了一个自备电源

88. 汽轮机转子轴向位移增大的征象有(ABCD)。
A. 轴向位移表指示增大或监测信号装置报警
B. 推力轴承温度升高
C. 汽轮机内声音异常,振动加剧
D. 胀差指示相应变化

89. 烟气轮机的第三旋风分离器分离效果(AB)。
A. 烟尘含量不大于 $150mg/m^3$　　　　B. 烟尘粒径不大于 $10\mu m$
C. 内部膨胀节可选用 FN2 钢　　　　D. 烟尘含量不大于 $3\mu m$

90. 烟气轮机为反动式透平,与冲动式透平相比具有(AD)优势。
A. 较高的效率　　　　　　B. 较好的抗温性
C. 降低催化剂颗粒附着　　D. 较低的气体流速

91. 汽轮机的调速系统是由(ABCD)组成的。
A. 感受机构　　B. 放大机构　　C. 执行机构　　D. 反馈机构

92. 小型汽轮机负荷试车需达到(ABCD)的技术要求。
A. 调速器迟缓率小于 0.5%
B. 调速器的速度变动率为 4% ~6%
C. 三次超速试验跳闸转速误差不超 1%
D. 各滑动轴承巴氏合金的表面温度应小于120℃

93. 工业汽轮机与电站汽轮机比较,具有不同的特点是(ABD)。
A. 效率低　　　　　　　　B. 可变转速运行
C. 功率大　　　　　　　　D. 直接利用装置余热自产蒸汽

94. 汽轮机按工作原理分类包括(BD)。
A. 背压式汽轮机　　B. 冲动式汽轮机　　C. 凝气式汽轮机　　D. 反动式汽轮机

95. 汽轮机保护系统元件主要包括(ABCD)。

A. 主汽阀　　　　　　　　　　　B. 超速保护装置

C. 轴向位移保护装置　　　　　　D. 低油压保护装置

96. 汽轮机在(ABC)情况下应按规定必须进行超速试验。

A. 安装、大修后　　　　　　　　B. 危急保安器解体、调整后

C. 停机一个月后再启动时　　　　D. 更换联轴器端轴瓦后

97. 凝汽式汽轮机在运行中,真空度的降低会影响到机组的安全运行,真空度下降的可能原因为(ABCD)。

A. 循环水量不足　　　　　　　　B. 冷却器冷却水量不足

C. 真空系统漏气　　　　　　　　D. 凝汽器冷却表面积垢或堵塞

98. 从烟气轮机的性能曲线上看出,说法正确的是(ABC)。

A. 同一温度、压力下,流量增加,轴功率增加

B. 同一流量下,温度、压力增加,轴功率减少

C. 同一轴功率下,温度、压力增加,流量减少

D. 同一操作流量下,操作温度提高,进气压力降低

99. 汽轮机静子中隔板在汽缸中的定位可采用(ACD)。

A. 销钉定位　　　B. 猫爪定位　　　C. 悬挂销定位　　　D. 键支承定位

100. 对于挠性转子的平衡方法,下列说法不正确的是(ABC)。

A. 振型平衡法、影响系数法、莫尔分离法

B. 振型平衡法、影响系数法、最小二乘法

C. 振型平衡法、共振分离法、最小二乘法

D. 共振分离法、莫尔分离法、最小二乘法

(四)泵、密封、监测部分

1. 油箱油位升高的原因(ABC)。

A. 轴封蒸汽压力过高　　　　　　B. 轴封加热汽真空低

C. 油冷器的冷却水压大于油压　　D. 温度过高

2. 我国标准机械密封技术条件(JB/T 4127)规定平均泄漏量,轴外径大于50mm时,泄漏量不大于(A);当轴外径小于50mm时,泄漏量不大于(B)。当介质为气体时不受此限。

A. 5mL/h　　　　B. 3mL/h　　　　C. 4mL/h　　　　D. 2mL/h

3. 机械密封寿命 JB 4127 规定(ABD)。

A. 被密封介质为清水、油类时,使用期不低于 1 年

B. 被密封介质为腐蚀性介质时,使用期一般为半年到 1 年

C. 被密封介质为黏稠介质时,使用期一般为半年

D. 使用条件苛刻时,没规定使用期限

4. 设备动、静密封中被密封的流体通常以(ABD)形式通过密封件泄漏。

A. 穿漏　　　　　B. 渗漏　　　　　C. 浸透　　　　　D. 扩散

5. 流体密封可分为流体动密封和流体静密封,其中流体动密封可分为(ABCD)。

A. 接触式　　　　B. 非接触式　　　C. 组合式　　　　D. 封闭式

6. 按照摩擦面间的摩擦状态，一般可分为(ABCD)。

A. 干摩擦　　　　B. 液体摩擦　　　　C. 边界摩擦　　　　D. 混合摩擦

7. 轴振动的监测评定方法，通常用于确定(ABC)问题。

A. 振动特性的变化　　B. 过大的动载荷　　C. 径向间隙监测　　D. 轴向间隙监测

8. 汽缸经过镗缸后，进行水压试验，(ABCD)。

A. 试验压力为工作压力的1.5倍　　　　B. 不得大小于0.8MPa

C. 稳压30min　　　　　　　　　　　　D. 应无浸漏和出汗现象

9. 机械密封在选用和使用过程中一般要考虑(ABCD)问题。

A. 经济性　　　　B. 耐久性　　　　C. 稳定性　　　　D. 追随性

10. 选用机械密封的条件(ABD)。

A. 温度、压力　　　B. 转速、轴径　　　C. 材质　　　　D. 介质

11. 当转子轴封为迷宫式密封时，径向间隙的测量方法有(ABC)。

A. 压胶布法　　　B. 塞尺法　　　C. 假轴法　　　D. 压铅法

12. 机组振动大的原因可能为(ABCD)。

A. 转子不平衡　　　　　　　　　B. 联轴器对中不良

C. 压缩机在失速区运行　　　　　D. 传感器故障

13. 比转速是表征叶轮泵(AC)的一个综合性参数。

A. 运转性能　　　B. 流量与扬程关系　　C. 叶轮几何特征　　D. 功率与效率关系

14. 从屏蔽泵出口引出的的循环管的作用有(ABC)。

A. 冷却前后轴承　　　　　　　　B. 冲洗前后轴承

C. 冷却转、定子屏蔽套　　　　　D. 平衡轴向力

15. 机泵在线监测系统的软件一般由(ABC)等组成。

A. 数据采集软件　　　　　　　　B. 数据分析软件

C. 运行状态及数据库管理软件　　D. 程序修复软件

16. 迷宫式密封的结构形式类型有(ABCD)等。

A. 平滑式迷宫密封　　B. 曲折式迷宫密封　　C. 台阶式迷宫密封　　D. 蜂窝式迷宫密封

17. 升速之前油压应正常，油温不低于30℃，因为油温过低时，(ABCD)。

A. 润滑油黏度大　　　　　　　　B. 形成楔形油膜困难

C. 油膜不稳定　　　　　　　　　D. 回流困难

18. 超速试验(危急保安器动作试验)一般规定(ACD)。

A. 停机一个月以上　　　　　　　B. 计划外停机

C. 安装和大修后　　　　　　　　D. 连续运行2000h以上

19. 当润滑油油质中存在水和氧的条件下(ABCD)。

A. 油黏度降低　　　B. 抗乳化能力降低　　C. 酸价增大　　D. 油内沉淀物增多

20. 主蒸汽压力、温度同时下降的过程中，应注意(ABC)的鉴测。

A. 轴向位移　　　B. 轴振动　　　C. 推力轴承温度　　D. 真空度

21. 滚动轴承故障诊断的方法有(ABC)。

A. 时域有量纲参数诊断法　　　　　B. 时域无量纲参数诊断法

C. 包络解调法　　　　　　　　　　D. 功率谱分析法

22. 推力轴承的作用是(ABCD)。

A. 承受轴向推力　　　　　　　　　　B. 缸中的轴向相对位置

C. 限制转子的轴向窜动　　　　　　　D. 保证动静部件轴向间隙

23. 为了保证油楔具有足够的承载能力，严禁在轴承的承载面开（ABC）。

A. 轴向油槽　　　　B. 径向油槽　　　　C. 进油孔　　　　D. 含油穴

24. 润滑油进油孔最好开设在（ABC）。

A. 与外加负荷方向垂直的方位上　　　B. 非承载面

C. 油楔最大的地方　　　　　　　　　D. 承载面

25. 选进油孔的位置与（AB）有关。

A. 负荷方向　　　B. 轴颈回转方向　　　C. 转速　　　　D. 温度

26. 轴瓦运行在稳定阶段，润滑油膜在油楔最狭窄处的厚度与（ABCD）有关。

A. 油的黏度　　　B. 轴颈转速　　　C. 轴颈　　　　D. 配合间隙

27. 轴颈和轴承的滑动表面建立液体摩擦的必要条件是（ABC）。

A. 足够的转速　　B. 油的黏度　　C. 最佳的配合间隙　　D. 油的流速

28. 采用挠性轴时，要特别注意（AB）。

A. 轴的强度　　　B. 减振问题　　　C. 压力　　　　D. 温度

29. 转子的临界转速与轴的（AB）有关。

A. 刚度　　　　　B. 转子质量　　　C. 偏心距　　　D. 介质密度

30. 轴承发生油膜振荡时，转子的运转极不稳定，机器发生（ABC）。

A. 强烈的振动　　　　　　　　　　　B. 轴承温度突然升高

C. 噪音增大　　　　　　　　　　　　D. 压力增大

31. 转子失稳转速的大小决定于该转子的（AB）。

A. 与径向轴承的特性　　　　　　　　B. 工作条件

C. 离心力　　　　　　　　　　　　　D. 载荷

32. 增加轴承比压的工艺方法为（ABC），从而提高轴承的工作稳定性。

A. 减少轴承宽度　　B. 缩短轴瓦长度　　C. 降低长颈比　　D. 润滑油黏度增大

33. 选用稳定性好的轴瓦，如可倾瓦、四油楔瓦，其特性有（ABCD）。

A. 绕支点摆动　　　　　　　　　　　B. 不易发生油膜震荡

C. 良好的缓冲　　　　　　　　　　　D. 振动阻尼功能

34. 径向滑动轴承巴氏合金层厚度为 1 ~ 1.5mm，牌号为 CuSnSb11 – b，其中含锑 10% ~ 12%，含铜 5.5% ~ 6.5%，其余是锡，它具有（ABD）的特性。

A. 质软　　　　　B. 熔点低　　　　C. 熔点高　　　　D. 耐磨

35. 末切尔式推力轴承和金斯伯雷式推力轴承的共同特点是（ABCD）。

A. 活动多块式　　　　　　　　　　　B. 瓦块下面有偏离支点

C. 可绕支点摆动　　　　　　　　　　D. 可自动调节瓦块位置，形成最佳油膜

36. 金斯伯雷推力轴承的特点是（ABC）。

A. 分布均匀　　　B. 自动调节灵活　　C. 补偿转子不对中　　D. 润滑好

37. 采用高压油供轴装置，将转子顶起 0.03 ~ 0.04mm 以上，有利于（ABD）。

A. 减少启动扭矩　　B. 改善润滑油条件　　C. 改善轴热变形　　D. 减少启动电流

38. 渐开线斜齿轮传动的优点是（ABC）。

A. 增加齿的长度　　　　　　　　　　B. 啮合的齿数增加，受力均匀

C. 运行中振动，噪音减小　　　　　　D. 轴向力减小

39. 凝结水泵进出口处安装一连接凝结器抽空气管, 其作用是(ABCD)。
   A. 保持泵入口与凝结器内压力　　　　　B. 防止在泵内聚集空气
   C. 维持泵入口和凝结器处于相同真空度　D. 保证泵正常工作

40. 密封技术所要解决的即是防止或减少泄漏, 造成泄漏的主要原因有(AB)。
   A. 密封面上的间隙　　　　　　　　　　B. 密封面两侧压力差
   C. 密封介质　　　　　　　　　　　　　D. 密封部位

41. 流体动密封分为(ABCD)。
   A. 非接触式　　　B. 接触式　　　C. 组合式　　　D. 封闭式

42. 机械密封性能, 目前需要重点解决的摩擦副中的软质材料问题有(AB)。
   A. 碳石墨浸渍技术　　　　　　　　　　B. 复合材料的动环密封质量
   C. 机加工工艺程度等　　　　　　　　　D. 维修质量

43. 对于高温密封材料应具备(ABCD)。
   A. 耐热强度高　　B. 抗蠕变性好　　C. 耐松弛　　D. 耐腐蚀

44. 设备动静密封中被密封的流体通常以(ACD)形式通过密封件泄漏。
   A. 穿漏　　　B. 渗透　　　C. 扩散　　　D. 渗漏

45. 接触式机械密封多半是在混合摩擦状态下工作, 也有在边界摩擦状态下工作, 实际上混合摩擦多数在(ABC)混合状态下工作。
   A. 流体摩擦　　　B. 边界摩擦　　　C. 干摩擦　　　D. 膜压系数

46. 机械密封的泄漏量是由许多原因造成的, 在流体润滑状态下密封的泄漏量与(ABD)成正比。
   A. 平均直径　　　　　　　　　　　　　B. 压差
   C. 介质压力　　　　　　　　　　　　　D. 密封面的平均膜厚度(或间隙)的立方

47. 流体润滑状态下密封泄漏量与(BC)成反比。
   A. 压差　　　B. 介质黏度　　　C. 密封面宽度　　　D. 端面的平面度

48. 为了保证机械密封的耐久性, 必须考虑(ABCD)方可保证机械密封有一定的寿命。
   A. 轴转速　　　B. 摩擦副材料　　　C. 载荷　　　D. 冲洗

49. 石墨用作软面材料时, 需要用浸渍等办法来填塞孔隙, 提高机械性能, 选择合适的浸渍剂是非常重要的, 浸渍剂的性质决定了浸渍石墨的(ABCD)。
   A. 化学稳定性　　B. 热稳定性　　C. 机械强度　　D. 使用温度

50. 每根轴均应有两个径向轴承和一个双作用轴向(推力)轴承支承。轴承应采用(ABC)组合形式。
   A. 径向滚动和推力轴承径　　　　　　　B. 径向流体动压和滚动推力轴承
   C. 径向流体动压和推力轴承　　　　　　D. 径向滚动和径向流体动压轴承

51. 轴承振动的评定标准有振动、(AB)。
   A. 位移双幅值　　B. 烈度　　C. 频率　　D. 跳动值

52. 整体式滑动轴承常采用(ABCD)装配。
   A. 压入法　　　B. 热胀法　　　C. 冷配法　　　D. 敲击法

53. 滑动轴承温度高的原因有(ABC)。
   A. 轴承与轴颈接触不均匀或间隙过小　　B. 轴颈圆柱度和轴直线度偏差过大
   C. 润滑油质量差　　　　　　　　　　　D. 润滑油流量过大

54. 机械振动表示机械系统运动的(BCD)量值的大小随时间在其平均值上下交替重复变化的过程。

A. 相位　　　　　　B. 位移　　　　　　C. 速度　　　　　　D. 加速度

55. 离心泵轴向力增大的原因有(BC)。

A. 冷却水管堵塞　　B. 平衡孔堵塞　　C. 平衡管堵塞　　D. 进口管堵塞

56. 单级离心泵振动过大的原因有(ABD)。

A. 地脚螺栓松动　　　　　　　　　B. 汽蚀

C. 泵体口环间隙偏大　　　　　　　D. 泵与电机的同心度偏差大

57. 叶轮是泵的核心部分,(ABCD)等与叶轮的水力设计有重要关系。

A. 泵的性能　　　　B. 汽蚀性能　　　C. 泵的效率　　　D. 性能曲线的形状

58. 机械密封出厂前进行(AB)。

A. 静压试验　　　　B. 运转试验　　　C. 材料试验　　　D. 摩擦副硬度试验

59. 离心泵完好标准中的运转正常、效能良好包括(ABC)。

A. 压力、流量平稳,出口压力能满足正常生产需要,或达到铭牌能力的90%以上

B. 运转平稳无杂音和振动符合标准规定

C. 轴封无明显泄漏

D. 泵体整洁,保温、油漆完整美观

60. 下列选项中,会引起轴流式风机噪音大的因素是(ABC)。

A. 风叶倾角偏大　　　　　　　　　B. 轮壳盖(风罩)松动

C. 风筒组件松动　　　　　　　　　D. 风机叶片固定螺栓松动

61. 导致离心泵出口流量突然降低的原因是(ABCD)。

A. 进口液体中含有气体　　　　　　B. 叶轮脱落

C. 密封泄漏　　　　　　　　　　　D. 轴断裂

62. 多级离心泵轴向力平衡一般采用(ACD)。

A. 平衡管　　　　　B. 平衡孔　　　　C. 平衡鼓　　　　D. 平衡盘

63. (ACD)不是指为了使泵不发生汽蚀,泵进口处所需的超过汽化压头的能量。

A. $NPSH_a$　　　　B. $NPSH_r$　　　C. 汽蚀余量　　　D. 吸入高度

64. 泵的噪声是泵工作状态的反应,产生噪声的声源为(ABCD)。

A. 机械性噪声　　　B. 空气动力性噪声　C. 电磁型噪声　　D. 水利噪声

65. 在离心泵轴向力的计算中不仅忽略了密封处泄漏的影响,还忽略了(AC)的因素。

A. 液体的径向流动

B. 转速

C. 出口与导叶入口的不对中引起的压力分布不均

D. 液体的密度

66. 对于离心泵规定要进行流量扬程等试验,规定在(ABD)工况下进行。

A. 大流量　　　　　B. 额定流量　　　C. 温度压力一定的　D. 小流量

67. 影响磨损的因素有(ABCD)等。

A. 润滑形式　　　　　　　　　　　B. 摩擦副表面材料的性质

C. 零件表面加工精度　　　　　　　D. 零件工作条件

68. 在边界摩擦状态下工作的机械密封,(ABCD)。

A. 不存在流体膜　　　B. 只有分子膜　　　C. 测不出膜压

D. $\lambda p_s = 0$（λ—膜压系数，p_s—端面液膜压力平均值）

69. Y形泵叶轮叶片包角越大，叶片间流道越长，则（ABCD）。

A. 叶片单位长度负荷越小　　　　　B. 流道扩散程度越小

C. 有利于叶片与液流的能量交换　　D. 包角一般取 75°~150°

70. 机组带负荷试验过程中需做（ABCD）试验。

A. 超速试验　　　　　　　　　　B. 真空系统严密性试验

C. 调节系统带负荷试验　　　　　D. 甩负荷试验

71. 以综合机械性能为主进行选材时，要求材料有较高的（AD）以及塑性和韧性。

A. 强度　　　　　B. 耐腐蚀性　　　　C. 减摩性　　　　D. 疲劳强度

72. 机械振动的三个基本要素是（ACD）。

A. 振幅　　　　　B. 周期　　　　　C. 频率　　　　　D. 相位

73. 设备诊断技术属于信息技术，它通常包括（ABC）基本环节。

A. 信息的采集　　　　　　　　　B. 信息的分析处理

C. 状态的识别判断和预报　　　　D. 信息反馈

74. 带平衡盘装置的多级离心泵窜动量可以通过（AB）加减垫片来调整。

A. 平衡盘轮毂　　B. 平衡座　　　　C. 轴承压差　　　D. 轴套

75. 旋转机械故障诊断中的频域处理图像有（ABCD）。

A. 幅值图　　　　B. 功率谱　　　　C. 相位谱　　　　D. 倒频谱

76. 机械密封的冲洗作用有（AC）。

A. 保证密封端面上流体膜的稳定　　　B. 保证泵不汽蚀

C. 阻止固体杂质和油焦淤积于密封腔中　D. 保证轴向力的稳定

77. 机械振动表示机械系统运动的（BCD）量值的大小随时间在其平均值上下交替重复变化的过程。

A. 相位　　　　　B. 位移　　　　　C. 速度　　　　　D. 加速度

78. 机械密封的膜压系数一般受（ABCD）因素影响。

A. 密封面几何尺寸　　B. 密封结构　　C. 摩擦状态　　　D. 密封端面缝隙形状

79. 润滑油代用的原则是（ACD）。

A. 黏度相当　　　　　　　　　　B. 避免浪费，可以少量混用

C. 使用环境（环境温度、工作温度）适宜　D. 质量以高代低

80. 滚动轴承故障诊断一般采用（ABCD）。

A. 时域分析法　　B. 频域分析法　　C. 振动分析法　　D. 时频分析法

81. 离心泵的汽蚀余量与（ABCD）。

A. 吸入液面上的压力成正比　　　　B. 液体的饱和蒸汽压成反比

C. 液体的密度成反比　　　　　　　D. 安装高度成反比

82. （ABC）对石墨复合垫片的使用性能有重要影响。

A. 柔性石墨的晶体结构　　　　　　B. 柔性石墨的高的纯度

C. 预紧与操作时的垫片应力

83. 流体密封分类一般为（ABCD）。

A. 接触式　　　　B. 非接触式　　　C. 组合式　　　　D. 封闭式

84. 流体泄漏包括(ABC)。

A. 穿漏   B. 渗漏   C. 扩散   D. 吸附

85. 按摩擦面间的摩擦状态可分为(AB)。

A. 干摩擦、边界摩擦   B. 液体摩擦、混合摩擦

C. 滚动摩擦、滑动摩擦   D. 内摩擦、外摩擦

86. 法兰密封性能及泄露率决定于密封面(ABCD)。

A. 初始几何形状   B. 流体性质   C. 材料性能   D. 加载过程

87. 干气密封的泄漏量与(BCDE)有关。

A. 与干气密封隔离氮气   B. 与密封端面的间隙(膜厚)

C. 与密封端面的平均线速度   D. 与密封端面的几何参数

E. 与承受的压力

88. 测振传感器是用来测量振动的传感器,根据所测振动参量和频响范围的不同,在实际应用中,(AC)。

A. 位移传感器通常用于低频测量   B. 速度传感器通常用于低频测量

C. 加速度传感器通常用于高频测量   D. 加速度传感器通常用于低频测量

E. 位移传感器通常用于高频测量

89. 在流体润滑状态下,密封的泄漏量(ABC)。

A. 与平均直径和压差成正比   B. 与密封面的平均膜厚的立方成正比

C. 与介质黏度和密封面的宽度成反比   D. 与介质黏度和平均直径成正比

E. 与密封面的宽度和压差成正比

90. 液体黏度增大对离心泵性能的影响有(BCE)。

A. 扬程升高,效率降低   B. 流量减少,扬程降低

C. 流量减少,功率增加   D. 扬程升高,功率增加

E. 流量减少,效率降低

91. 离心泵在小流量线下运行可能发生(ABCE)。

A. 泵内液体温度升高   B. 泵会发生汽蚀,产生噪音

C. 会使部分液体气化,吸入液体发生困难   D. 泵内液体压力升高

E. 泵的效率降低,能量消耗增加

92. 电动机定子电磁振动异常的主要原因有(ABCE)。

A. 定子三相磁场不对称   B. 定子铁芯和定子线圈松动

C. 电动机座地脚螺栓松动   D. 电机负载增加

E. 定子偏心

93. 滚动轴承主要的故障形式有(ABCDE)。

A. 疲劳剥落   B. 塑性变形   C. 腐蚀   D. 胶合

E. 断裂

94. 机械密封的主要性能参数包括(ABCDE)。

A. pV 值   B. 泄漏量   C. 功耗   D. 温升

E. 摩擦系数

95. 旋转失速引起的振动(AB)。

A. 在强度上比喘振要小   B. 在强度上比稳定进口涡流要大许多

C. 使转子的振幅较高   D. 频率为 1 倍频

96. (BC)是适合输送高黏度介质的泵。

A. 多级离心泵　　　　B. 螺杆泵　　　　　C. 齿轮泵　　　　　D. 隔膜泵

97. 齿轮泵的流量与(ABC)有关。

A. 齿轮的齿数　　　　B. 齿轮的模数　　　C. 转速　　　　　　D. 压力

98. 屏蔽泵有无泄漏的特点，结构上要求(ABCD)。

A. 采用滑动轴承　　　　　　　　　　B. 屏蔽套厚度越薄越好，一般为 0.2~1mm

C. 介质黏度在 0.1~20mPa·s　　　　D. 配有轴承磨损监测器

99. 磁力泵与离心泵相似，只是效率略低，一般要求(ABCD)。

A. 操作温度不能高于磁钢许用温度　　　B. 不允许在小于额度流量30%下运转

C. 金属隔离套选用高电阻材料　　　　　D. 所输送介质内不允许含有铁或铁磁杂质

100. 机械密封载荷系数的确定取决于(ABD)。

A. pv 值大小　　　B. 介质的性质　　　C. 弹簧的材质　　　D. 摩擦副材料

101. 滚动轴承按受力状态一般可分为(ABD)。

A. 径向轴承　　　B. 推力轴承　　　C. 自调心轴承　　　D. 径向深槽球轴承

102. 机械密封的冲洗方式一般分为(ABCD)。

A. 正冲洗　　　B. 反冲洗　　　C. 全冲洗　　　D. 综合冲洗

103. 往复泵的流量取决于(ABCD)。

A. 活塞的截面积　　B. 行程长度　　C. 曲轴转数　　D. 容积效率

104. 泵轴密封的功用是阻止泵轴通过泵壳处的泄漏，泵轴密封一般可分为(ABCD)等型式。

A. 填料密封　　　B. 机械密封　　　C. 组合式密封　　　D. 封闭式密封

105. 根据三相异步电动机的转速公式可知，调速方式有(ABC)。

A. 变级调速　　　B. 变频调速　　　C. 变转差率调速　　　D. 低电压调速

106. 三相异步电动机运行时发生转子绕组断条后，将会发生的现象是(AB)。

A. 电流表指针摆动　　　　　　　B. 转速下降

C. 转速上升、噪声异常　　　　　D. 转子轴心偏移

107. 与三相异步电动机相比，直流电动机具有良好的(AC)性能。

A. 启动　　　B. 易维护　　　C. 调速　　　D. 抗电压波动能力强

108. 将三相电源线的任意两根接线端加以对调，即可改变异步电动机(AC)。

A. 旋转磁场方向　　B. 转速　　C. 电机旋转方向　　D. 提高额定功率

109. 电动机的启动方式有(ABC)。

A. 直接启动　　　B. 降压启动　　　C. 全压启动　　　D. 分级启动

110. 交流电机可分为(AB)电动机。

A. 同步　　　B. 异步　　　C. 直流　　　D. 步进

111. 离心泵在最小流量以下运行时会出现(ABCD)问题。

A. 驱动机的功将大部分转变成热的形式使流体温度上升

B. 泵会发生振动，产生噪音

C. 介质易于汽化，吸入液体困难，甚至破坏机械密封液膜，导致密封损坏

D. 泵的效率降低，能耗增加

112. 蒸汽往复泵注油器常见故障有(ABCD)。

A. 注油器单向阀故障　　　　　　　　　B. 注油器滑阀卡涩

C. 注油器磨损，影响注油压力和流量　　D. 入口过滤器堵塞

113. 对高温油泵监控、保护系统的措施有(ABCD)。

A. 定期校核电机过流保护定值　　　　　B. 热油泵区安装电视监控系统

C. 安装在线机泵群状态监测系统　　　　D. 配置水幕

114. 离心泵轴承正常磨损的主要原因是(ABD)。

A. 轴向力平衡系统失效　　　　　　　　B. 联轴节找正偏差大

C. 汽蚀　　　　　　　　　　　　　　　D. 润滑油位低或变质

115. 平衡式机械密封一般适用于(CD)工况条件下。

A. 黏稠介质　　　　B. 低压　　　　C. 中压　　　　D. 高压

116. 外装式机械密封一般适用于(ABC)工况条件下。

A. 腐蚀性强介质　　B. 高黏度介质　　C. 允许泄漏量较大　　D. 1.0MPa 以上

117. 干气密封属于(ABC)。

A. 非接触式密封　　B. 流体静压密封　　C. 流体动压密封　　D. 接触式密封

118. 离心泵在最小流量下运行时会出现(ABCD)问题。

A. 使流体温度上升　　　　　　　　　　B. 泵会发生振动，产生噪音

C. 介质易汽化，吸入液体困难　　　　　D. 泵的效率降低，能耗增加

119. 蒸汽往复泵注油器运行过程中易出现(ABCD)故障。

A. 注油器单向阀故障　　　　　　　　　B. 注油器滑阀卡涩

C. 注油器磨损　　　　　　　　　　　　D. 入口过滤器堵塞

120. 为了保证密封面黏合，要求确定合理的比载荷或比压，这些值取决于(ABCD)。

A. 面积比　　　　B. 膜压系数　　　　C. 介质压力　　　　D. 弹簧比压

三、判断题

1. 一些油泵的吸油高度比水泵吸水高度小得多的原因是这种油液比水更易于汽化形成汽蚀。（√）

2. 油泵吸入口有空气被吸入会引起泵噪声大，工作机构爬行，压力波动较大，产生冲击等一系列故障。（√）

3. 采用圆螺母固定轴上零件的优点是：对轴上零件的拆装方便，固定可靠，能承受较大的轴向力。（√）

4. 多级离心泵的均衡回水管的作用，是为了排出平衡装置的液体。（√）

5. 给水泵设置前置泵是防止高速泵汽蚀的主要措施。（√）

6. 平衡鼓和平衡盘一样，有一个轴向间隙，所以在泵轴发生轴向位移时，能自动地调整和平衡轴向推力。（×）

7. 水泵压出室的作用就是以最小的损失将液体引向出水管，同时将部分动能转化为压力能。（√）

8. 允许吸上真空高度越大，则说明泵的汽蚀性能越好。（√）

9. 选择泵用的机械密封，必须根据五大参数来决定，它们是：介质特性、温度、压力、轴径、转速。（√）

10. 泵的几何安装高度对于卧式泵是指泵轴心线距液面的垂直高度，对于立式泵是指泵的第一级工作轮进口边的中心线至液面的垂直距离。（√）

11. 离心泵的振动方向一般分为垂直、横向、轴向三种，一般用测振仪测量。（√）

12. 离心泵的机械损失分两部分，一部分由于轴承及轴封装置的机械摩擦引起，另一部分由于叶轮盘面受流体的摩擦所造成。（√）

13. 离心泵叶轮的固定方法一般采用螺栓连接，并用螺母旋紧固定。（×）

14. 离心式水泵启动前必须先充满水，其目的是排除空气。（√）

15. 离心泵按泵壳结合面位置形式分为水平中开式和垂直分段式。（√）

16. 泵流量偏离设计点越远，径向力越大。（√）

17. 有效汽蚀余量与泵本身的汽蚀性能有关。（×）

18. 多级泵半窜量是表示推力轴承安装后转子窜动量。（×）

19. 水泵并联工作的特点是每台水泵所产生的扬程相等，总流量为每台泵流量之和。（√）

20. 测量轴弯曲时，每转一周记录千分表读数最大值、最小值，两个读数之差说明了轴的弯曲程度。（√）

21. 为防止出水口管路内的倒流使水泵振动，在水泵出口管上应装设逆止阀。（×）

22. 泵轴若有裂纹、毛刺或伤痕，应用细纱布或油石涂油磨光，必要时应进行超声波和磁性探伤。（√）

23. 某一台泵在运行中发生了汽蚀，同一条件下换了另一种型号的泵，同样也会发生汽蚀。（×）

24. 为保证管道法兰密封面的严密，垫片用钢的硬度应比法兰的低。（ √ ）

25. 水泵的叶轮是按一定方向转动的。（ √ ）

26. 当泵的流量为零时，扬程和轴功率都等于零。（ × ）

27. 联轴器与轴配合一般采用过渡配合。（ √ ）

28. 离心泵在更换滚动轴承时，轴承精度等级越高使用效果越好。（ × ）

29. 通常把液体视为不可压缩流体。（ √ ）

30. 滚动轴承一般都用于小型离心泵上。（ √ ）

31. 更换的新叶轮无须做静平衡试验。（ × ）

32. 油系统中，轴承的供油压力就是润滑油泵的出口压力。（ × ）

33. 水泵发生汽蚀时，会产生异音。（ √ ）

34. 管道连接可以强行对口。（ × ）

35. 滚动轴承发出异声时，可能是轴承已损坏了。（ √ ）

36. 离心泵联轴器与轴配合一般采用过渡配合。（ √ ）

37. 离心泵的安装高度是受限制的。（ √ ）

38. 小型水泵的轴向推力可以由滚动轴承来承受一部分。（ √ ）

39. 电动机的接线不影响水泵正常运行。（ × ）

40. 离心泵叶轮的叶片型式都是前弯式。（ × ）

41. 百分表指针旋转一周表示 10mm。（ × ）

42. 轴承座应无裂纹、夹渣、铸砂、重皮、气孔等缺陷。（ √ ）

43. 运行中电动机过热，原因一定是水泵装配不良，动、静部分发生摩擦卡住。（ × ）

44. 离心泵在日常维护工作中所需的少量润滑油及油壶可以放在设备附近，以便随时使用。（ × ）

45. 离心泵的叶轮成型后，其旋转方向也随之确定，不得改变。（ √ ）

46. 降低泵的压头可以用切割叶轮直径的方法达到。（ √ ）

47. 离心泵叶轮损坏都是由于汽蚀造成的。（ × ）

48. 离心泵标牌上标出的扬程是指效率最高时的扬程，而且是指输送水的扬程。（ × ）

49. 离心泵在偏离设计点运转时存在径向力，对于转动着的轴是一个交变载荷，它会加快轴的破坏。（ √ ）

50. 离心泵在运行中，当调节流量 Q 增加时，扬程 H 增加，反之扬程降低。（ × ）

51. 双端面密封指在一套密封中有一对摩擦副。（ × ）

52. 热油泵在启动前要暖泵，预热速度不得超过 50℃/h，每半小时盘车 180°。（ √ ）

53. 泵输送的介质是液体，泵内和介质内不能存有过多的气体，否则会造成泵抽空或汽蚀。（ √ ）

54. 一般离心泵转子就是指泵轴。（ × ）

55. 离心泵的密封装置通常是指口环和轴封。（ √ ）

56. 干气密封中单端面机封只可以单独使用，不可以串级使用。（ × ）

57. 离心泵反转会导致电机电流过大。（ × ）

58. 离心泵轴承箱润滑油位过低或过高均会导致滚动轴承温度高。（ √ ）

59. 离心泵轴弯曲将会导致振动，但不会导致滚动轴承温度高。（ × ）

60. 产生汽蚀的主要原因是叶轮入口处的压力高于泵工作条件下液体的饱和蒸汽压。（ × ）

61. 机械密封安装好后，一定要手动盘车检查，轴应有轻松感。（√）

62. 更换离心泵轴时，必须对轴的外形尺寸、弯曲度、圆度进行检查，确认合格后，方可使用。（√）

63. 多级泵的扬程是由各单个叶轮所产生的扬程相加。（√）

64. 离心泵停运时，先停泵再关出口阀也可。（×）

65. 离心泵主要是依靠一个或数个叶轮旋转时产生的离心力而输送液体的，所以叫做离心泵。（√）

66. 泵的叶轮的作用是把泵轴的机械能传给液体，转化成液体的动能和压能。（√）

67. 离心泵吸入室的作用是将进水管内的液体以最大的损失均匀地引入叶轮。（×）

68. 密封环的作用是增加泵内高低压腔之间液体的流动速度。（×）

69. 多级离心泵的轴向力很大，所以采用叶轮来平衡轴向力。（×）

70. 磁力泵的效率比普通离心泵高。（×）

71. 离心泵机械密封损坏或安装不当会造成流量不足。（×）

72. 离心泵的流量就是指单位时间内通过的液体量。（√）

73. 泵出口压力表应该接到距泵出口最近的大小头上。（×）

74. 工艺流程变化不大时利用变频可以节能较多。（×）

75. 所有的离心泵在运行时出口阀门都应该全部打开。（×）

76. 离心泵启动后无流量、压力表无读数的可能原因之一是吸入法兰盲板未取出。（√）

77. 出口阀全开会使离心泵流量不够，达不到额定排量。（×）

78. 离心泵采用的轴封型式只有填料密封和机械密封两种。（×）

79. 多级离心泵轴弯曲变形是造成泵振动的可能原因之一。（√）

80. 多级离心泵的转子只有径向跳动，没有轴向窜动。（×）

81. 正常运转的离心泵，几天后出口压力明显下降的原因可能是进口过滤网堵塞。（√）

82. 泵阀门开度太大是电机电流过载的可能原因。（√）

83. 转子动平衡不合格容易造成离心泵轴承过热。（√）

84. 泵轴向力大不会引起轴承发热。（×）

85. 电机电流不稳定的可能原因之一是离心泵内转子件与定子件有刮擦。（√）

86. 电机电流不稳定的可能原因之一是离心泵处于汽蚀边缘运行。（√）

87. 离心泵内部产生噪声并且出口压力不稳定的可能原因是汽蚀了。（√）

88. 经过长期运转，离心泵的出口压力有一定程度的下降可能是由于密封环磨损造成的。（√）

89. 屏蔽泵不可无液运转。（√）

90. 屏蔽泵不可断流运转 1min 以上。（√）

91. 屏蔽泵不可以 1min 以上反方向运转。（√）

92. 为了节约能源，冬天备用离心泵可以停冷却水。（×）

93. 离心泵在轴承壳体上最高温度为 80℃，一般轴承温度在 60℃ 以下。（√）

94. 离心泵的流量在额定工作点时扬程最高。（×）

95. 往复泵的流量与泵的行程和转速以及活塞直径有关。（√）

四、简答题

（一）管理部分

1. 简述炼厂用主要国产润滑油种类及应用范围。

答：（1）机械油。应用最广泛，适用于浇、滴油、甩油环等润滑场合或是重要的闭式润滑系统中，它有 N5、N7、N10、N15、N22、N32、N46、N68、N100、N150 共十种。

现在通用的与机械油相当的是液压油，代号为 HL（普通型），HM（抗磨型），HG（导轨油），牌号有 N32 液压油、N46 液压油、N68 液压油、N80 液压油、N100 液压油等。

（2）汽轮机油。主要应用于高速轴承的润滑和冷却，按 50℃ 时的运动黏度的不同，原来的型号有 HU—20，30、40、45、55 五种。现在的代号是 L—TSA，型号有 N32 汽轮机油、N46 汽轮机油、N56 汽轮机油、N68 汽轮机油等。

（3）压缩机油，主要用于往复式压缩机润滑，原型号按 100℃ 时的运动黏度有 HS—13、HS—19 两种。现在有 L—DAA—150，L—DAB—150，L—DAC—150 等型号。

2. 简述动设备巡检的内容。

答：①每天查看检测动设备振动、温度数据变化趋势并进行比对，及时发现存在的问题，掌握发展趋势；充分利用设备在线监测及诊断系统；②现场检测和查看辅助系统机泵的振动、温度和压力值的变化；③查看和比对工艺运行参数的变化情况；④每天上下午按巡检路线按时巡检，做好记录，并现场挂牌；⑤查看检查润滑系统、冷却系统、真空系统等运行情况，发现问题及时处理并上报；⑥查看现场泄漏情况，保温情况、腐蚀情况；⑦查看温度、压力、液位、真空等指示仪表是否完好；⑧查看进气带液、过滤器前后压差、高位油箱油位等情况；⑨检查轴封系统（包括机械密封、干气密封、浮环密封、填料密封等）；⑩及时通报设备运行的信息。针对出现的问题制定详细的预案。

3. 炼化企业机泵的定义是什么？机泵管理原则是什么？

答：机泵是指除列入大型机组管理范围外的转动设备，包括泵、压缩机、风机、汽轮机、膨胀机、干燥分离过滤机、产品成型包装及输送机械、变速器、搅拌机、特殊阀门等。

机泵管理原则是必须依靠技术进步，坚持设计、制造与使用相结合，运行、维护与检修相结合，修理、改造与更新相结合，专业管理与全员管理相结合，技术管理与经济管理相结合的原则。

4.《炼化企业机泵管理规定》中机泵运行管理的内容是什么？

答：①操作人员严格按照操作规程操作，严禁机泵超温、超压、超负荷、超速运行。②操作人员、维护人员、设备管理人员严格执行巡回检查制度，做好"三检"工作（操作人员的巡检，维护人员的点检、设备管理人员的专检）。按照巡回检查路线、内容和标准对机泵各部位进行检查，认真填写运行记录、缺陷记录和操作日记。对不能及时处理的缺陷应采取防范措施，列入检修计划，直至消除缺陷。③操作人员和维护人员发现机泵运行不正常时，应立即检查原因、采取措施、及时报告。为保证设备和人员安全，在紧急情况下，操作人员有权按操作规程采取果断措施，直至立即停机。④使用单位应加强机泵润滑管理，认真执行润滑管理制度。机泵润滑点应统计登记齐全，按规定添加和更换润滑油（脂），定期检查、分析各润滑点油品质量。⑤企业应制定备用机泵管理规定，做好备用机泵的定期维护保养工作。备用机泵要定期盘车和切换，使之处于完好备用状态。对辅助系统的机泵，应定期进行自启动试验等，确保辅助系统完好。⑥机械、电气、仪表维修人员应按各自专业管理要求，对机械设备、电气设备、控制仪表、联锁保护设施进行日常维护保养，保证设备完好。⑦企业应采取先进的监测技术，开展机泵状态监测和故障诊断工作，定期对机泵进行检测，对检测结果进行记录和分析，对超过标准运行的机泵要有分析意见和监护措施。对高温油泵进行重点监测。

5. 如何进行机泵选型和采购的前期管理？

答：①根据机泵设计选型导则进行机泵选型、审查和购置，进行技术谈判，签订技术协议。②按照最新技术规范和标准进行选型：坚持技术先进、经济合理、安全可靠、高效低耗易维修原则；坚持标准化、系列化、通用化原则；坚持安全环保健康原则；坚持采用成熟的新设备、新材料、新结构原则；优选国产设备，不选用国家明令淘汰的设备。③机泵附属配套的压力容器应按照 GB 150《压力容器》、GB 151《管壳式换热器》、《固定式压力容器安全技术监察规程》等进行设计、制造和验收。④机泵选型和安装符合工艺要求，额定流量点应在最佳效率的流量80%～110%区间，对于流量变化的机泵采用调速节能措施。⑤设计应明确现场的气候和环境条件。⑥订购机泵的主要部件须明确材料要求，不允许为了控制投资而降低材料等级，特别是与介质直接接触的材料应充分考虑介质的腐蚀特性。⑦针对不同介质采用技术先进和安全保障性强的密封结构和材料，对于毒性强、污染大、价值高的介质，宜采用可靠性高的密封形式，如双端机械密封、干气密封等。润滑系统有效并可靠，宜采用互为自启式的设计方式，并设有联锁系统；控制系统接入 DCS 操作系统，便于监控和掌握运行状态。⑧技术文件应明确性能保证要求。主要包括实际特性曲线与设计特性曲线的偏离允许范围，最大工况噪声控制、振动指标等。⑨企业、设计与制造商签订技术协议后，企业与制造商签订商务合同。按照技术协议的约定监督制造商进行设计、制造和试验，企业参与设备关键节点和出厂前的质量验收。

6. 如何实现机泵全过程管理？

答：（1）前期管理：见上题。

（2）安装检修管理：①企业以状态检修为主、预防性检修为辅的原则组织机泵检修工作，防止机泵失修或过修。②机泵安装、检修必须委托有相应资质的单位。安装检修单位必须建立质保体系，并按照 HSE 体系的要求落实各项施工措施，保证安全、文明施工，确保按时按质完成任务。③新机泵安装后，施工管理单位组织相关部门进行"三查四定"，按有关规定进行项目中交和竣工验收。施工单位编制试运转方案并经相关部门审批后，由施工管理部门组织进行机泵设备调试及单机试车，做好试车记录。④机泵检修严格执行作业票管理制度，确保检修安全。⑤缺陷机泵切换至备用机泵确认无异常后，方可对缺陷机泵进行检修。⑥机泵检修执行《石油化工设备维护检修规程》及设备使用说明书中的规定。主要机泵检修应编制检修施工技术方案，一般机泵检修应编制检修关键工序控制卡。使用单位提出检修要求，检修单位编写主要机泵检修施工技术方案，经相关部门会签和管理部门审批后实施。对突发性主要设备故障检修应由检修单位、使用单位和管理部门有关人员现场确定检修范围、检修深度、标准和工期。⑦加强机泵检修过程中的检查和质量控制。主要机泵检修应严格执行检修施工技术方案，对主要检修中间环节，由企业使用单位专业技术人员、检修单位专业技术人员和检修人员共同确认。一般机泵检修由使用单位的设备员和检修人员按检修关键工序控制卡验收确认。机泵设备检修完成后，应真实、完整地填写检修记录。⑧机泵设备检修完成后应进行试车，试车合格后方可投入运行。检修单位在常规检修完成7天内、大修或工程施工完工后30天内将完整的竣工资料给使用单位。在新建和更新改造项目中，新增的机泵应在设备投运后3个月内完成建档工作。⑨企业应推行机泵安装、检修质量评定考核机制。机泵安装、检修质量评定划分为优良、合格、不合格（含让步接收）三个等级，根据质量评定结果对相关单位进行经济责任制考核。⑩机泵设备安装、检修质量评定内容：a. 工艺指标；b. 安装检修过程控制及记录；c. 轴承振动及温度评定；d. 泄漏评定；e. 联轴器、排气帽完好，油、水视镜清洗完好；f. 现场标准化；g. 特殊机泵专用质量评定。

（3）机泵运行管理：①操作人员严格按操作规程操作，严禁机泵超温、超压、超负荷、超速运行。②操作人员、维护人员、设备管理人员严格执行巡回检查制度，做好"三检"工作（操作人员的巡检、维护人员的点检、设备管理人员的专检）。按巡回检查路线、内容和标准对机泵个部位进行检查，认真填写运行记录、缺陷记录和操作日记。对不能及时处理的缺陷应采取防范措施，列入检修计划，直至消除缺陷。③操作人员和维护人员发现机泵运行不正常时，应立即检查原因、采取措施、及时报告。为保证设备和人员安全，在紧急情况下，操作人员有权按操作规程采取果断措施，直至立即停机。④使用单位应加强机泵润滑管理，认真执行润滑管理制度。机泵各润滑点应统计登记齐全，按规定添加和更换润滑油（脂），定期检查、分析各润滑点油品质量。⑤企业应制定机泵管理规定，做好备用机泵新的定期维护保养工作。备用机泵要定期盘车和切换，使之处于完好备用状态。对有辅助系统的机泵，应定期进行自启试验等，确保辅助系统完好。⑥机械、电气、仪表维修人员应按各自专业管理要求，对机械设备、电气设备、控制仪表、联锁保护进行维护保养，保证设备完好。⑦企业应积极采用先进的监测技术，开展机泵状态监测和故障诊断工作，定期对机泵进行检测，对检测结果进行记录和分析，对超过标准的机泵要有分析意见或监护运行措施。对高温泵进行重点监测。

（4）机泵更新、改造：①机泵更新、改造应当围绕企业的安全生产、节能降耗和技术发展规划，有计划有重点地进行。②当机泵存在以下情况时，应更新、改造：a. 不能满足生产条件；b. 存在严重缺陷或对安全生产构成威胁；c. 国家明令淘汰的机泵；d. 技术性能落后、质量低劣、故障频繁、维修费用高、能耗高。③企业设备使用部门应组织对机泵进行设备状态评估，必要时进行技术经济分析，依据评估或分析的结果提出机泵更新、改造计划。企业设备管理部门负责更新改造计划的审核和上报。更新改造计划经上级部门批准后，认真组织实施。④重要机泵更新、改造应进行技术经济论证，积极采用新技术，改善和提高机泵性能，达到安全可靠、经济合理的目标。⑤机泵报废应按集团公司的有关规定办理报废手续。

7. 《炼化企业机泵管理规定》中机泵使用单位的职责是什么？

答：①负责机泵的使用和维护，严格按照操作规程操作，确保机泵安全稳定长周期运行；②负责建立机泵档案、台账，负责编制操作规程、工艺卡片和事故预案；参加机泵的事故调查和处理，制定事故防范措施并组织实施；③严格执行润滑管理制度，做到五定和三级过滤；定期化验润滑油品质；④负责编制机泵检修、更新、改造计划，负责或参加机泵的检修、更新、改造计划的实施和质量验收、质量评定工作；⑤积极开展机泵状态监测和故障诊断，制定落实整改措施，减少非计划停车；⑥参加机泵的选型和设计审查、试运转和验收；⑦负责对较差运行状况的机泵进行技术攻关和改造；⑧负责对相关人员的技术培训和考核，不断提高管理、操作和维护水平。

8. 机泵设备档案包括哪些内容？

答：①机泵编号、位号、名称、型号及技术参数、制造厂、投产日期、操作运行条件等。②机泵图纸、技术检验文件、合格证、说明书、装箱单、附属设备明细表等。③机泵易损件、主要配件目录。④机泵安装调试、试车验收资料。⑤设备运行时间记录，润滑相关资料。⑥机泵检修、检测和配件更换记录，主要机泵检修技术方案。⑦机泵故障、事故原因分析和处理记录。⑧机泵改造技术文件。

9. 炼化企业为什么要追求长周期运行？

答：①长周期运行是炼油保增长、保市场的前提。②长周期运行是炼油提升竞争力的基础。③长周期运行是企业综合管理水平的体现。④长周期运行是充分发挥一体化优势的需要。⑤长周期运行是炼油实现世界一流的迫切要求。

总之，实现炼油长周期运行是一举多得的好事，有利于增加有效加工能力、降低成本费用、及时捕捉商机、提高经济效益，也有利于开展优化工作，提升竞争能力。

10. 我国炼化企业长周期运行面临的挑战有哪些？

答：①原油品质持续劣质化；②生产装置运行长期高负荷；③生产装置"三年一修"的基础还不牢靠；④检维修管理存在薄弱环节。

11. 如何实现炼化企业长周期运行？

答：（1）转变观念，抓好源头控制。要勇于破除旧观念、旧体制的束缚，从设计、采购、施工等环节的源头抓起，提前介入、深度介入，充分履行业主的职责。

（2）把握重点，夯实平稳运行的基础。安全生产是企业生存之基，关乎企业形象，关系企业竞争力。没有良好的安全生产形势，长周期运行就缺乏保障，更谈不上提高企业发展的质量和效益。重点是抓好落实。①全面开展非计划停工综合治理；②注重开停工环节的管理；③确保制度执行到位；④着力提高检维修质量。

（3）专项推进，努力解决运行中的腐蚀、结焦、隐患、装置操作平稳率等难点问题。

（4）精细管理，努力提升长周期运行水平。①完善长周期运行考核体系；②注重人才的培养；③注重应用新技术；④注重信息技术的应用。

12. 简述精细管理实现装置长周期运行的具体措施。

答：（1）完善长周期运行考核体系。首先要细分目标、明确分工、落实责任。

把提高长周期运行水平的各项约束性指标补充到"比学赶帮超"活动中来，传递压力，做到各个专业、每个部门，个个有指标，人人有责任，形成齐抓共管的生动局面。

（2）注重人才的培养。注重发挥一线员工的技术能力和经验，通过设备专业管理人员技术比武，发现人才，用好人才。深化三支人才队伍的建设和技能人才通道建设，用好政策留住人才，用好人才。

（3）注重应用新技术。炼油技术不断发展，为我们装置长周期运行提供了保障。如推广"示范泵区"，包含了新型密封、油雾润滑、欧米伽联轴器、泵群在线监测等九项新技术，减少了故障率，节能效果显著。

（4）注重信息技术的应用。设备和管线在线监测系统在企业应用较好，可以提供在线腐蚀情况预警，及早发现问题、解决问题。推广此类技术，提高应用水平，力争全覆盖。

（5）进行长周期运行企业试点。为确保四年一修有良好的开端，选取 8 家企业作为第一批"四年一修"的试点。

13. 集团公司对设备管理提出的六项工作重点是什么？

答：（1）进一步加强设备前期管理。认真落实集团公司标准化设计、模块化建设、标准化采购工作的部署，投资决策部门要从设备全寿命周期费用最低、效率最高、效益最好出发，做好项目优化；设计单位和业主单位要充分考虑各类装置不同的工艺条件和技术要求，遵循标准化设计原则，提出统一的设备技术选型标准，实现设备标准化配置。物资采购部门要着力推进标准化采购，加快设备订货技术标准和制造标准的统一，提高设备的通用性和互换性，解决设备材料"万国牌"问题。工程管理部门要进一步重视建设和检修质量，强化承包商管理和施工现场监管，推行模块化建设、标准化施工，科学安排施工周期，提高施工质量。设备管理部门作为设备全过程管理的执行部门，要积极主动参加设备前期管理，参加设备选型和设计方案审查论证，负责签订设备采购技术协议，开展技术服务，提出专业意见。

（2）进一步抓好精细管理、降本增效。在设备管理工作中，要发扬艰苦奋斗、勤俭节约的好传统，按照"经营一元钱，节约一分钱"的要求，把一分钱掰成两半花。设备管理部门在更新改造、隐患治理和检维修投入上一定要实事求是、勤俭节约，坚持"隐患必治"与一般更新区别对待。各事业部、管理部要严把项目立项关，加强安全生产费用的管理，把设备安全隐患治理项目列入投资计划，并开展项目效果评估监察，确保隐患治理效果。设备节能项目要研究充分利用合同能源管理的方式，积极争取国家有关政策，多办事、办好事。针对部分企业修理费使用不规范的情况，既要制定严格的保运费考核办法，坚决控制修理费中非生产性费用支出，又要提高检修计划的准确性和科学性，减少不必要的检查或检修项目，做到应修必修不过修，更要严格检维修预结算工作，对工程量严格把关，对预算外项目严格审批，把有限的检维修费用到刀刃上。

（3）进一步融合绿色低碳发展理念。设备管理是企业基础管理的重要部分，也是实行绿色战略的重要环节。推行"绿色设备管理"是一项贯彻落实集团公司绿色低碳发展战略的具体措施。一方面，要研究和宣传"绿色设备管理"的理念，总体上说，就是要以最少的资源消耗、最高的环保标准和最佳的人机和谐关系实现最佳的设备运行效果。另一方面，要探索"绿色设备管理"的具体措施，把"绿色设备管理"理念融入设备管理全过程，通过改进业务流程，提升工作标准，提高资源利用效率，建设资源节约型、环境友好型企业。

（4）进一步加强改制检维修队伍管理。各企业要建立大石化的理念，要像一家人一样管理改制检维修企业，使改制检维修企业树立"母体安全我安全、母体增益我受益、母体发展我发展"的理念，积极探索将改制企业融入母体生产管理链条的机制。如：多层次交叉任职，实现组织管理一体化；费用与业绩挂钩，严格绩效管理；联合巡检，共同发现问题、处理问题；改制检维修企业干部提拔报母体审核备案，资产和设备有重大变动时征得母体同意，避免盲目扩大规模等等，使保运单位与主业管理协调一致、行动统一、协调配合。此外，各企业可以把新建装置的保运增量工作引入竞争机制，提升保运水平。

（5）进一步加强物资储备管理。要进一步加强物资储备管理，重点仍是要抓好体制、机制、标准化这三个环节，落实责权利，各负其责，库存资金占用的责任主体是谁。首先，压库存是压没有用的物资库存，一些保障企业安全稳定运行的备品备件，如大机组转子等是难以压缩的，不存在"三年无动态"就必须报废的问题。其次，加快需求标准化的进程，这是解决库存积压过多的根本途径，主要设备制造标准应统一，物资采购应标准化，提高设备和物资的通用性和互换性。第三，要扎实推进库存物资统一储备，大幅降低重复储备，提高储备资金利用效率。第四，要落实监督检查和责任追究制度，对库存积压过多企业要分析原因，制定措施，切实整改。

（6）进一步加大设备管理和技术人才的引进和培养。集团公司长期重视设备管理和技术队伍建设，在炼化企业基本配齐了设备副总经理，部分企业配备了机、电、仪副总工程师，畅通了设备管理和技术人才成长通道。但部分企业目前还存在设备管理和技术人员缺乏、人才流失、培训不足等问题，要从引进和培养两方面入手逐步解决，要尽快摸索出符合中国石化实际的设备管理人员定岗标准，研究设备定员管理办法。

14. 集团公司设备管理工作的总体要求和目标是什么？今后一段时间设备管理工作重点是什么？

答：集团公司设备管理工作的总体要求和目标是：以建设世界一流能源化工公司为目标，依靠技术进步，推进全员、全过程管理，坚持隐患必治和应修必修、修必修好的原则，提高设备本质安全水平，探索绿色设备管理模式，夯实生产经营基础。

工作重点：

（1）进一步夯实管理基础，提升执行力。

要结合体系整合，继续梳理设备管理制度和业务流程，确保每项业务都有章可循。在总部制定《中国石化设备 KPI 考核指标》、《中国石化设备故障分类标准》、《中国石化仪表联锁保护系统管理规定》、《中国石化仪表电源管理办法》、《油田设备维护检修规程》、《油田设备维护检修定额》、《油田企业设备维修费管理规定》、《加油机管理规定》、《加气机管理规定》等设备管理制度和标准的基础上，企业要结合自身情况进行修订和完善，形成原则问题有制度、复杂业务有流程、简单工作有程序、结果评价有标准的制度体系。同时要加强宣贯力度，将制度和要求贯彻落实到基层。

（2）深化设备管理"比学赶帮超"活动。

通过历年设备大检查，各企业对自身设备管理水平的现状应该有充分的认识和定位。总部号召设备管理工作要继续深化"比学赶帮超"活动。"比"是基础，一是企业要与世界一流设备管理比水平，对照先进找差距，结合问题查不足；二是设备战线同志们要比干劲、比技术、比作风、比贡献、比创新，在比中争先进树典型，不断激发奋进动力。"学"是核心，要学习国内外先进的经验、技术和管理方法，达到学有所用、学以致用的目的。"帮"是方法，通过企业和企业"一帮一"方式，设备工作者从管理水平、操作技能、处理问题的实践经验等方面互帮互学，提升集团公司整体管理水平。"超"是目标，通过学习设备管理先进企业、先进基层单位和先进个人的典型事迹，使一部分相对落后的企业、基层单位和职工，采取实际行动"超"过追赶目标。通过这一活动，营造奋勇争先、争创一流的设备管理氛围。

（3）调动全体员工积极性，强化设备全寿命周期管理。

企业要将设备前期管理职能纳入工程设计、项目建设和设备采购的内控程序，认真推行标准化设计、模块化建设、标准化采购工作。设计管理部门要坚持标准化设计原则，从源头把住设备选型关。工程建设部门要落实模块化建设工作，切实提高施工质量，合理控制工程进度。物资采购部门要结合标准化采购工作，推进总部集中储备和区域联合储备，对已具备标准化采购条件的物资推行集中储备，对通用物资实施区域联合储备，压缩企业重复储备规模。设备管理部门要提高物资需求计划的准确率，并要主动参加前期专业技术审查。

要加强设备运行管理,实现装置平稳操作。要严格现场管理,重视防腐工作、治理"低、老、坏",改善现场设备面貌。要科学制定检修计划,确保"应修必修不失修、修必修好不过修"。

(4)抓好设备管理人才队伍建设。

各企业要重视引进和培养素质高、业务精、能力强的设备专业管理人才,特别是与生产运行比较密切的机、电、仪专业,企业应配备掌握核心设备使用、维护保养和检修技术的人员,建立我们自己的核心设备维保技术管理力量。要加大内部机、电、仪专业培训机构建设工作力度,充实专业技术教员,完善培训设施,提升培训水平。各企业要借"三支队伍"建设的有利时机,用好现有政策,提供相应待遇,留住人才、用好人才,充分发挥其应有的作用。

(5)进一步强化维保队伍的管理。

总部和各企业要认真总结、固化和推广近几年在加强改制维保队伍管理方面好的经验和做法。要把改制维保队伍的管理纳入企业日常管理,其负责人要参加企业 HSE 委员会扩大会、调度会、设备例会等相关会议,要吸纳改制维保单位参加企业各项主题活动,引导他们树立与我们"一条心、一股劲、一个目标、一家人"的理念,增强维保单位归属感。要按照石油化工检维修资质评审规则、程序和条件要求,有序开展检维修资质评审,严格执行资质审查和准入制度。要进一步加强承包商安全体系审核,规范检维修外协队伍管理,提高检维修安全和质量管控水平。

(6)加大设备隐患治理投入和新技术的推广应用。

各企业要结合安全、环保、节能减排等任务,加大设备更新改造和隐患治理力度,淘汰低效落后设备,降低能源物料消耗。上游板块在具备条件区域继续推广网电钻机、网电作业机、不压井作业装置、液压蓄能作业机、对置式往复大流量柱塞泵和双燃料发动机。炼化企业要继续通过优化控制、可变转速调节、先进保温技术、加热炉和锅炉整体节能技术、节水成套技术等推进设备节能,要结合高温油泵专项整改和示范泵区、示范润滑油站推广活动,打造高效安全泵区。在管理技术方面,要采用风险检验(RBI)、以可靠性为中心的维修(RCM)、安全联锁系统评估(SIL)等方法,应用承压设备安全评价和失效分析技术、先进无损检测技术、大型储罐检验及完整性评价技术,逐步实现状态检修。要总结推广全员生产维修(TPM)活动好的经验和做法,进一步提升现场管理水平。

(7)规范设备管理信息系统的应用。

炼化企业要重点抓好设备管理信息系统的应用工作。总部要组织开展设备管理信息系统达标竞赛,按照达标检查细则,对企业应用情况进行月度检查考核,确保系统单轨运行,有效支撑设备管理业务。要总结和推广应用经验,提高全系统设备管理信息系统应用水平。要加快设备管理信息系统与合同管理系统、实验室管理系统、生产执行系统等平台的集成和互通,实现信息共享,提高工作效率。油品销售企业要在试点基础上,加快推广步伐。加快中国石化大机组状态检测、腐蚀监测等系统的远程诊断中心建设步伐,发挥中国石化集团整体优势,强化技术支持作用,提高全系统机组运行和腐蚀监测分析水平。

(8)探索绿色设备管理模式。

绿色设备管理就是要以最少的资源和能源消耗、合理的环境保护要求,来维持设备的最佳工作状态,实现设备管理功能、环境保护、资源利用和维修人员身心健康的统一。要研究探索绿色设备管理概念和体系、设备污染的环境成本、设备使用与维护的绿色化、绿色故障管理与分析技术、设备的维修性和有效性、绿色维修的关键技术、绿色润滑、备件绿色制造工艺技术、库存控制与管理技术、废弃设备的再生处理技术、绿色设备管理的人才理念、设备管理信息系统与环境标准。

15. 如何做好高温热油泵安全运行的管理？

答：（1）加强巡检管理：①对高温油泵实施重点管理；②加强巡检质量管理；③加强密封辅助系统管理。

（2）加强检修管理：①加强泵检维修管理；②提高检修验收标准。

（3）加强平稳操作：①确保工艺平稳操作；②确保泵切换平稳。

（4）加强备件质量管理：①对供应商进行筛选；②对备件材料提出要求。

（5）加强前期管理：①加强泵的设计选型及安装；②电气、仪表电缆走向符合要求；③增设高温油泵出入口阀门；④增设紧急隔离阀。

（6）完善应急消防措施：①完善应急预案；②增上遥控电机开关；③增上自动灭火措施。

（7）其他要求：①定期校核电机过流保护定值，确保其在合理范围内，做到在高温油泵发生严重抱轴事故时跳闸自保；②热油泵区应安装电视监控系统；③有条件的企业可安装在线机泵群状态监测系统。

16. 如何加强高温热油泵的巡检管理？

答：①对高温油泵实施重点管理。对高温油泵进行一次全面梳理，纳入重点管理、维护范围。对于故障率长期居高不下的油泵，要尽快查清原因，不能通过管理解决的要及时更新。②巡检质量管理。操作人员、维修保运人员、设备管理人员要严格按照规定进行巡检，保质保量，严禁"走马观花"式的巡检。各企业要采取有效措施，加强巡检质量和巡检深度的检查。操作人员巡检，要配备测振仪、测温仪、对讲机等巡检专用仪器，维修保运人员要增配轴承检测仪。设备管理人员要定期对油泵的振动、温度以及轴承的运行状况进行分析。对出现的异常情况要及时采取应对措施。③密封辅助系统管理。操作人员应每班对冲洗油、背冷注入量、注入压力、注入温度等进行检查、记录；应定期检查冲洗油过滤网是否完好。高温油泵的机械密封冲洗要选用品质稳定、洁净的冲洗油（液）；机械密封背冷要采用除盐水或压力不大于 0.3MPa 的蒸汽，严禁使用循环水或新鲜水对机械密封进行冷却。

17. 如何加强高温热油泵的检修管理？

答：①泵检维修管理。各企业必须对高温油泵实行预防性维修策略，合理确定高温油泵的密封检修和更新周期。泵检修时，维修单位必须对使用的密封、轴承质量进行确认；轴承安装必须使用专用工具，严禁直接敲击。在泵检修项目中，必须包括对密封辅助系统的全面检查、维护、清洗等内容，确保密封冲洗、冷却系统完好。②提高检修验收标准。高温油泵检修完成后，试运行期间，泵轴承箱振动值必须达到《石油化工旋转机械振动标准》B 区以上规定的标准，平稳运行 4 周后对检修项目进行验收。

18. 如何加强高温热油泵的平稳操作？

答：①确保工艺平稳操作。现场工艺管理和操作人员要严格遵守工艺纪律，严格按照工艺卡片认真操作。平稳调节工艺参数，避免高温油泵发生汽蚀和抽空现象。对长期低流量运行的高温油泵，应采取增加旁路回流、切削叶轮等措施进行整改，运行中尽量避免用泵出口阀进行节流。②确保泵切换平稳。高温油泵在切换过程中要做好防火措施，严格按照泵的切换步骤进行操作，预热速度不得超过 50℃/h，每半小时盘车 180°，防止密封在短时间内因温升过大引起泄漏。

19. 如何加强高温热油泵备件的质量管理？

答：①对供应商进行筛选。建立考核和淘汰机制，减少供应商数量，并尽量采用框架协议采购。在入厂验收环节，要建立机械密封、轴承的质量检验方法，必要时配备专门的检验仪器。②对备件材料提出要求。高温油泵的机械密封摩擦副，要求采用优质的碳化钨和浸锑石墨材料，严禁采用再生碳化钨和劣质石墨材料，波纹管材质要求选用 INCONEL718。严防使用贴牌、冒牌轴承，严禁使用非金属保持架轴承。

20. 如何加强高温热油泵的前期管理？

答：①泵的设计选型及安装。在新建、改扩建装置和设备更新时，设计、选型、选材、制造、检验和实验等各环节均应严格执行 API 610 及 API 682 的规定。轴端密封应采用符合 SH/T 3156—2009 规定的串级或双端面波纹管机械密封。密封冲洗方式推荐采用 Plan32 + 53A，也可以采用 Plan32 + 52 或 32 + 54 的冲洗方式。当采用 Plan52 方式时，应特别要求封液罐及其附件能够承受泵出口压力和介质温度，防止第一级密封失效后介质进入封液罐发生泄漏。封液罐要求配备温度、压力、液位开关、压力开关等监测仪表以及报警等安全措施。选择单端面密封的高温油泵要选用高质量的进口密封。出入口法兰与管线的对接，要达到无应力连接；泵基础要足够牢固。②电气、仪表电缆走向。新建装置的电气、仪表电缆要避免在高温泵区上方穿行，电缆槽盒必须采取防火措施。③高温油泵出入口阀门。对于直径 $DN \geqslant 300$ 的高温油泵出入口阀门，要选用电动或气动闸阀，做到在事故状况下能迅速切断物料。④增设紧急隔离阀。对于容积 $> 10m^3$ 的塔和容器，其与高温油泵的吸入口总管上要设紧急隔离阀，选用电动或气动执行机构，隔离阀门位置与泵的距离应 $\geqslant 6m$。具备条件的企业可对在役高温油泵按照以上要求进行改造。

21. 炼油企业如何防止催化裂化装置烟气轮机结垢？

答：①建立和完善超细粉检测。三旋进、出口烟气均应设置在线粉尘检测仪表，对烟机入口超细粉含量开展在线检测；每周一次定期手工采样以校验在线分析仪表。②建立新鲜催化剂入厂质量台账。要对每批次进行分析，并与供货商的质量报告比对。入厂质检结果须及时通知到基层生产车间，严把进厂质检关。③强化催化剂、助剂管理。炼油企业对催化裂化装置的管理中要严格控制催化剂混用，尤其要减少不同颗粒强度催化剂的混用，以减少相互磨损产生超细粉，形成三旋、烟机结垢。④加强催化剂使用环节的细粉管理。除催化剂本身性能外，炼油工艺多个环节均可能引起细粉的大量产生。在工艺技术管理上，要千方百计降低反再系统用汽，在满足降烯烃要求的前提下，减少或停用催化剂中的择形分子筛。⑤加强新鲜催化剂采购管理。炼油企业的催化剂采购部门要追踪装置生产动态，追踪催化剂供应的质量动态，保持合理的催化剂库存，避免在存货不足且出厂催化剂部分指标不合格的情况下，被迫使用不合格催化剂。⑥优化再生器操作。再生密相温度控制在 720℃ 以下；有条件的装置烟机入口温度可提高到 670℃ 以上。操作中应避免再生密相超温、稀相尾燃，减少催化剂的热崩；避免内外取热器的蒸汽泄漏、停用燃烧油喷嘴的雾化蒸汽、减少主风事故蒸汽量，以减少催化剂因水热崩碎产生的超细粉尘。⑦谨慎采取在线除垢措施。对双级烟机不推荐在线除垢。单级烟机可以在结垢初期、垢层较软、影响较轻的情况下实施在线除垢。实施在线除垢必须切出烟机，或大幅度降低烟机负荷，以降低烟机受损风险。在线除垢过程中，需要采用在线监测系统对烟气轮机振动信号实时分析，以指导除垢操作。

22. 设备现场管理有哪些内容？

答：①设备完好率≥95%，主要设备完好率≥95%。②静密封点泄漏率≤0.5‰，应无明显泄漏点，有泄漏点需挂牌。③生产及检维修单位巡回检查制度健全，巡检时间、路线、内容、标识、记录准确、规范，设备缺陷及隐患及时上报处理。④装置现场状况：a. 现场及设备外观整洁，无杂物；b. 设备外观完好，附件无缺损；c. 无"跑、冒、滴、漏"；d. 设备施工现场工具、材料摆放整齐规范；e. 各种标识清晰齐全。

23. 设备管理应遵循哪些原则？

答：①坚持对设备从规划、设计、选型、购置、制造、安装、使用、维护、修理、改造、更新直至报废的全过程管理的原则。②坚持安全第一、预防为主，确保设备安全可靠运行。③坚持设计、制造与使用相结合，维护与检修相结合，修理、改造与更新相结合，专业管理与群众管理相结合，技术管理与经济管理相结合。④坚持可持续发展，保护环境和节能降耗。⑤坚持依靠技术进步、科技创新，树立现代设备管理理念，推广应用科学技术成果，实现设备管理科学、规范、高效、经济。

24. 如何加强热电生产管理？

答：①建立健全专业管理体系，组织开展专业竞赛，不断提高技术经济指标和经济效益水平。②参照电力行业有关规定和技术标准，做好技术监督工作。③建立科学完善的可靠性管理网络和评价、指导、分析、预测系统，保证电力设备安全可靠运行。④加强燃料管理，保证燃料质量，降低消耗和成本。

25. 如何加强电气设备运行管理？

答：①严格执行国家有关电力工业的技术法规和制度，以及集团公司有关规定、规程。②企业电气设备及运行的管理，应以安全发、供、用电为中心，经济运行为重点。③企业应完善、落实电气"三三二五（三票、三图、三定、五规程、五记录）"管理制度，并严格执行。④企业应按照"统一调度，分级管理"的原则制定有关运行、调度、操作等各项规程，并严格执行。⑤按照国家电力行业和集团公司有关标准、规程，做好电气设备的维护、检修和预防性试验。⑥重视并做好继电保护及安全自动装置的运行与维护，严格保护定值的管理，保证电力系统安全、可靠运行。⑦做好防爆电气设备、接地与接零装置、电气安全用具管理，做好防过电压、防污闪、防小动物、防火、防雷、防冻、防洪和防震等管理工作。⑧推广应用先进技术和设备。

26. 如何加强设备修理费管理？

答：①修理费使用范围为企业所属设备的修理、维护和检测所发生的费用。②修理费管理的指导原则是坚持设备应修必修、修必修好，确保设备安全可靠、经济运行的原则；坚持科学、规范、经济的检修，努力降低成本的原则；坚持对修理费使用进行严格管理、合理使用的原则。③企业修理费应纳入企业年度财务预算管理。设备修理、更新支出应由财务部门严格区分资本性支出和费用性支出，规范核算和列支渠道。④建立和完善设备修理规程和定额，并严格执行。

27. 设备更新改造的原则有哪些？

答：①设备更新改造应当紧密围绕企业生产经营、产品开发和技术发展规划，有计划、有重点地进行。②设备更新应着重采用技术更新的方式，改善和提高企业技术装备水平，达到优质高产、高效低耗、安全环保的综合效果。③设备更新改造应进行技术经济论证，科学决策，选择最优方案，确保获得良好的投资效益。④设备更新改造应充分考虑生产经营的必要性、技术的先进性和可行性、经济的合理性。

28. 满足哪些条件的设备可进行更新?

答：①使用年限已满，丧失使用效能，无修复价值的。②因生产条件改变，已丧失原有使用价值的。③使用年限未满，但缺乏配件无法修复使用的。④毁损后无修复使用价值的。⑤经论证，大修理后技术性能仍不能满足生产要求或虽然能满足生产要求，但更新更经济合理的。⑥技术落后，不符合安全、环保、节能要求的。⑦机动车辆符合国家有关报废规定的。⑧国家明令淘汰和其他符合更新条件的。

29. 设备事故管理遵循哪些规定?

答：①设备事故管理按集团公司安全生产监督管理制度执行。发生设备事故须及时报上级设备主管部门。②设备事故调查和处理按照"四不放过"的原则，认真分析，查清原因，根据设备损坏程度、事故性质和经济损失等情况，对责任人员严肃处理，并将事故记录存入设备档案。

30. 设备检修的定义和目标是什么?

答：设备检修是指为保持和恢复设备规定的性能所采取的技术措施，包括修理、维护保养、清洗、检验检测等。

设备检修目标是以经济合理的费用，减少设备故障，消除设备缺陷，维持设备良好性能，确保生产装置安全、稳定、长周期运行。

31. 设备检修的基本要求?

答：①设备检修以设备状态监测为基础，采取状态维修、预防维修和事后维修等多种检修方式，积极推行以可靠性为中心的维修。②设备检修要做到检修技术和质量验收标准化、检修流程规范化、检修管理信息化。③加强设备检修全过程管理，使检修计划制定、备件材料采购、检修施工方案编制、组织施工、单机运行、试验、冷热态验收、联动试车以及竣工总结等每个环节均处于受控状态。④设备检修应积极采用新技术、新材料、新工艺、新设备和先进管理方法。

32. 设备检修遵循的原则是什么?

答：①应修必修，修必修好。②恢复性检修与改善性检修相结合。③科学合理安排检修时间和降低检修费用，保证设备检修质量。④设备检修周期与生产装置长周期运行相适应。⑤设备检修、检验周期符合国家法规的要求。

33. 在《设备检修管理规定》中，设备使用单位的职责有哪些?

答：①贯彻执行设备检修管理的制度和规定。②编制设备检修计划和备品配件需求计划并上报本单位设备管理部门。③负责设备检修和紧急抢修的现场管理。④负责或参与设备检修的质量验收和工作量的确认。⑤负责设备检修资料和数据的整理归档。

34. 在《设备检修管理规定》中，检修合同包括哪些内容?

答：委托检修的项目一律实行合同管理，由各单位按合同法和本单位有关制度规定的程序签订检修合同。合同中应明确双方权力、义务和责任，检修内容、检修工期、检修质量和验收标准、质保期、检修材料及备品配件的供应和采购、项目费用、结算方式、安全责任、违约责任和解决纠纷的方式等基本条款内容，同时在合同或合同附件中约定以下内容：①承包商必须严格按照国家的有关法律、法规和企业标准规范施工。②承包商必须遵守各单位安全、环保、生产、设备管理等有关制度和规定。③承包商在施工前应向委托施工的企业设备管理部门提供承接检修项目的管理人员和作业人员名单，并持证上岗，自觉接受委托施工的企业设备管理部门的检查、监督、管理和验证。④承包商分包检修项目时,就施工管理和质保体系对委托施工的企业全权负责。

35. 检修实行文明施工的要求有哪些?

答:检修实行文明施工,杜绝野蛮拆装,采用先进专用工具,做到"三不见天"、"三不落地(润滑油脂不见天、不落地,清洗过的机件不见天、不落地,精密量具不见天、不落地);上要覆盖、下要衬垫、"三条线"(工具摆放一条线、零件摆放一条线、器材摆放一条线、现场摆放规范化、"五不乱用"(不乱用大锤扁铲,不乱用撬杠盘车,不乱用非专用工具,不乱用润滑油脂,不乱用配件材料)。

36. 检修计划管理有哪些内容?

答:①设备检修计划是企业生产经营计划的重要组成部分,是设备管理部门组织设备检修工作的主要依据。②设备管理部门应根据设备的技术变化状况结合生产安排,编制设备检修计划。检修计划应具有科学性、准确性、系统性。制订设备检修计划应与日常的设备管理工作相结合;重要设备及关键部位应采用状态监测和故障诊断技术;定期进行数据归纳整理和分析,组织检查鉴定,掌握设备的技术状况;收集、积累设备技术状态数据,为编制检修计划、制订检修方案提供依据。③企业设备检修计划分为年度设备检修计划、装置停工检修计划和月度检维修计划。④各企业应按中国石化的有关规定,及时上报年度检修安排;对于主要生产装置的检修安排,按照总部有关部门审批下达的计划内容严格执行。

37. 检修备品配件管理有哪些内容?

答:①各企业要科学合理储备和供应高质量的备品配件,保证检修设备运行的可靠性。②应定期修订备品配件储备定额,有计划地组织采购或自制,并确保采购的备品配件质量满足设备检修需要。③设备使用单位要定期编制备品配件需求计划,并报送设备管理部门汇总、审核,由物资采购部门在平衡利用库存后按计划组织采购,做到合理储备备品配件。④提高备品配件需求计划的准确性,避免造成积压。检修项目的实际领料与施工用料一致,检修项目余料应在施工完成后实行退库管理,大型事故备件修复后应办理入库手续。⑤要做好修旧利废工作,对检修调换下有修复利用价值的设备和零部件,要及时修复入库,妥善保管。对需要改造或代用的设备和备品配件,在检修期间要做好测绘工作。⑥各企业应按照有关规定和程序做好检修废旧物资处理工作。

38. 检修质量管理内容有哪些?

答:①各企业应推行全面质量管理,建立完善的质量保证体系;严格贯彻执行国家、地方和中国石化颁发的有关法规、标准、规程以及本单位的检修技术规定。②各企业对检修质量必须从检修计划、检修技术方案、施工方案、施工队伍、备品配件、材料、验收等方面予以保证。③在设备检修前,各企业必须向承包商进行技术交底,由承包商制定施工方案,经企业确认后方能施工,并监督承包商严格按照施工方案组织施工。④设备管理部门应采取自检和专检相结合的方法,对检修质量进行过程控制。对隐蔽工程和中间验收工程要重点跟踪检查,未经专业人员验收不得封闭。⑤检修质量应达到《石油化工设备维护检修规程》规定的有关标准。设备检修验收工作由设备管理部门按照程序,组织有关单位和部门严格按照技术标准共同验收,做好记录并签字。⑥检修项目的交工资料应符合国家、中国石化和各单位有关法规、制度。交工资料不齐全不得验收。⑦各企业要根据不同检修项目对承包商确定设备检修保修期,在保修期内因检修质量引起的设备故障和事故,由承包商负责处理并承担相应损失。⑧各炼化企业应对承担运保任务承包商的工作质量有明确的要求。

39. 炼化企业检修项目承包商应满足哪些条件？

答：①管理有序、装备先进、服务诚信、检修质量可靠。②经工商行政部门注册登记并具有独立法人和已获得正式营业执照（经年审）的检修、专业制造、技术服务代理企业。③具有国家政府部门颁发的与承包项目相一致的资质。技术服务代理企业必须具备相应专业制造企业有效授权委托的证明文件。④企业资质证上的名称必须与工商营业执照、税务登记上的企业名称相一致。⑤具备相应的检修业绩。⑥无因违规受到中国石化和各单位禁入的限制。

40. 炼化企业检修项目发包管理的原则是什么？

答：承包商承接的检修项目一律不准转包，严禁承包商对检修项目肢解分包以及无资质企业挂靠等行为。分包必须遵守以下原则：①具有总承包资质的承包商，不得将承接的主体检修工程分包给其他承包商，可将承接的非主体检修工程或者劳务作业分包给具有相应资质的承包商。②无总承包资质的承包商，不得将承接的检修项目进行分包，可将劳务作业分包给具有相应资质的承包商。③所有分包必须经由各单位设备管理部门同意。

41. 生产装置运行维护保养的定义是什么？管理上有哪些要求？

答：生产装置运行维护保养是指生产过程中承包商进行的日常巡检、状态检测（点检、设备清扫检查、故障处理、备用设备检修及填报填写相关记录等设备维护保养工作）。

要求：①运保业务委托承包商时，应签订运保协议或合同，其内容应符合有关规定的要求，明确运保职责。合同期限一般为1年。②各企业应对承担运保的承包商制定考核办法。对属运保范围内的检修内容，不得签订其他检修合同。

42. 各企业设备管理部门在大型机组管理方面的职责有哪些？

答：①负责大型机组的归口管理，贯彻执行国家、集团公司有关管理制度，制定本企业大型机组管理细则。②负责或参与大型机组的选型、设计审查、监造、安装、试运转和验收。③负责大型机组运行状况的技术分析，组织开展大型机组状态监测、故障诊断和技术攻关。④组织做好大型机组的特级维护管理工作。⑤组织建立大型机组档案、报表，定期组织检查、考核和总结。⑥组织制定和审查大型机组检修规程，参加操作规程审查；编制大型机组检修计划，审定检修施工技术方案，并负责过程控制和质量验收。⑦制定和审核大型机组更新、改造计划及方案并组织实施，做好过程控制和验收。⑧组织编制并审定备品配件储备计划（定额，负责备品配件的技术管理、质量跟踪和分析，做好进口设备备品配件国产化工作）。⑨负责大型机组新技术、新工艺、新材料、新设备的推广应用，不断提高大型机组的装备及技术水平。⑩组织大型机组事故调查分析并参与事故处理。

43. 各企业使用单位在大型机组管理方面的职责有哪些？

答：①负责本单位大型机组的使用和维护管理，做好大型机组的特级维护工作，严格按操作规程操作，确保大型机组安全、稳定、长周期运行。②建立大型机组档案、台账和报表，编制大型机组操作规程、工艺卡片和事故预案等。③做好大型机组在用油品质量定期分析和分析报告单归档工作。④负责大型机组检修、更新、改造计划的编制并上报上级主管部门；列入年度更新项目计划，参与大型机组检修、更新、改造的实施和质量验收。⑤积极开展大型机组状态监测和故障诊断工作，及时发现设备故障和隐患；参与制定并落实整改措施，减少非计划停机。⑥参与大型机组事故调查分析和处理，制定事故防范措施并组织实施。⑦参与大型机组的选型、设计审查、试运转和验收。⑧负责本单位有关人员的技术培训和考核，不断提高上岗人员管理、操作和维护水平。

44. 大型机组安装、试车及验收应遵循哪些规定？

答：①大型机组的安装单位必须是业绩好、信誉好、服务好、有相应的设备安装资质和能力的单位。②大型机组和附属设备安装前，要求制造厂商必须按照技术协议及相应技术标准、规范提供完整的技术资料（至少包括出厂合格证和检验记录、机组总装图、安装图及有关图纸、装箱清单及零部件明细表、机组及附属设备的相关技术资料等。③大型机组安装前，制造厂商、企业和安装单位三方必须共同参加开箱验收。④安装单位必须按照有关标准和规范，编制大型机组安装方案，经过企业、设计和监理单位审核后方可进行安装，由制造厂商提供必要的技术指导，并协助解决安装过程中出现的问题。⑤现场监理单位必须按照监理合同的规定和安装方案中的要求，监督安装的全过程。⑥大型机组安装结束后，安装单位必须在规定时间内向企业提供完整的竣工资料、专用工具及随机配件。⑦为全面考核大型机组的机械运转性能、工艺技术性能和调节控制性能，应在安装结束后对大型机组进行试车。企业可根据实际情况和有关合同规定，确定大型机组试车负责单位，成立试车小组，由试车小组编制试车方案，并报设计、制造厂商、企业等单位联合审查。⑧大型机组经过试车后，至少满足下列条件，方可进行验收：a. 在额定工况下进行不少于 72 小时的连续运转；技术性能达到设计要求，能充分满足生产需求；b. 控制系统及监测系统运行情况良好，各调节机构动作迅速、灵活、准确；c. 有完整、真实的试车记录。

45.《炼化装置大型机组管理规定》中，大型机组运行管理有哪些规定？

答：①大型机组的投运必须经企业设备管理部门和生产、技术、安全等相关部门检查确认后方可进行。②操作人员和维护人员必须经过技术培训和考核合格，取得相应资质后方能上岗。③使用单位应制定大型机组操作规程，组织相关人员认真学习并严格按操作规程操作，严禁大型机组超温、超压、超负荷、超速运行。④操作人员必须严格执行巡回检查制度，按巡回检查路线、内容和标准对大型机组各部位进行检查，及时发现问题、隐患及不安全因素，认真填写运行记录、缺陷记录和操作日记。⑤操作人员发现大型机组运行异常时，应立即查找原因，采取措施，及时报告。为保证大型机组和人员安全，在紧急情况下，操作人员有权按操作规程采取果断措施，直至立即停机。⑥对于大型机组存在且不能及时处理的缺陷，企业设备管理部门应组织有关部门和单位，认真研究并采取应对措施。机组故障停机后，应认真检查、分析原因，不得盲目开机。⑦加强大型机组的润滑管理，认真执行润滑管理制度，全面管理好润滑油、密封油、控制油及相关设备。定期分析油品质量，提倡应用铁谱分析、光谱分析等先进技术，及时检测设备磨损状况。⑧做好备用大型机组的定期维护保养工作，使之处于完好备用状态。⑨机械、电气、仪表维修人员应按照各自专业管理的要求，对机械设备、电气设备、控制仪表、联锁保护设施进行日常维护保养，不断提高设备完好率、仪表控制率和联锁投用率。⑩为保证大型机组安全，联锁保护系统必须投入自动状态。⑪大型机组开停机时，有关专业技术人员应到场监护。⑫各企业应积极采用先进的监测技术，做好大型机组状态监测和故障诊断工作，定期对大型机组运行状况数据进行分析评估，不断提高大型机组运行状态预知管理水平。

46. 大型机组特级维护小组职责有哪些？

答：①认真执行企业制定的特级维护工作实施细则，对所负责的大型机组进行特级维护。②每周组织联合检查，召开特级维护工作例会，对大型机组的运行状态进行分析评估，对存在的问题提出整改意见，确保大型机组安全运行。③编制大型机组特级维护月报和状态监测月报，按时上报特级维护月度工作总结。

47.《炼化装置大型机组管理规定》中大型机组检修管理有哪些规定？

答：①大型机组检修前，企业设备管理部门应根据大型机组运行状况，以实现长周期运行为目标，组织制定检修项目和内容，选择技术力量雄厚、有实际经验的检修单位，并审核检修方案。②检修单位要按照大型机组检修项目和内容，参考历史检修记录，参照《石油化工设备维护检修规程》，编写检修方案，并做好各项检修准备工作。③检修单位必须建立质保体系，并按照 HSE 体系的要求落实各项检修措施，做到安全、文明检修，确保按时、按质完成检修任务。④在检修过程中，检修单位必须认真按检修方案组织施工，加强检修过程中的检查和质量验收。对于重要中间环节，企业设备管理部门、使用单位和检修单位必须共同确认。⑤在检修过程中，检修单位必须认真、完整、真实填写检查和修理记录。⑥大型机组检修完成后，应进行机组试车，并做好试车记录。机组试车合格后，方能投入运行。⑦检修单位要在大型机组投入运行正常后 1 个月内，将检修资料和试车记录交付企业设备管理部门和使用单位存档。⑧加强大型机组的配件管理。使用单位提出采购清单后，企业设备管理部门应认真组织审核，企业物资采购部门应严格按企业设备管理部门提出的技术要求和计划组织采购，确保配件质量。

48. 大型机组辅机完好及机组现场规格化有哪些内容？

答：机组辅机（件）齐全完好：①机组疏水阀、排污阀、排凝阀、放气阀等齐全好用；②机组入口过滤器部件、放空消音器完好；③压力表、温度计、转速表等表计完好，按规定定期校验；④液位计（仪）、油视镜完好，液位、油位正常；⑤润滑油、封油泵、凝液泵等完好。

机组现场整洁、规范：①机组及附属管线保温完好无损伤；②本体及附属设备整洁，现场无杂物油迹积水等；③进出口管阀及润滑、冷却、冷凝等附属管阀、支架完好；④螺栓紧固，螺纹满扣且长度均匀适宜；⑤润滑、密封、控制油、冷却系统等无泄漏，明显泄漏点应挂牌；⑥排气管畅通。

49. 电气运行"三三二五"制检查内容有哪些？

答：①查"三图"：一查有无电气一次系统图、二次回路图、电缆走向图；二查图纸是否与实际线路相符；三查系统模拟图是否能进行模拟操作。②查"三票"：检查工作票、操作票、临时用电票是否符合规定的要求。③查"三定"：检查定期试验、定期检修、定期清扫执行情况，重点检查电气设备的"三定"、台账、定期试验记录、未定期试验的要有评估审批手续。④查"五记录"：检查检修、试验、运行、事故、设备缺陷记录的情况。⑤查"五规程"：检修、试验、安全规程按中石化规程、行业规程执行，以上规程未作规定的参照制造厂相关资料执行，运行规程及事故处理规程根据本企业特点自行编写。

50. 仪表联锁保护系统管理上需注意哪些问题？

答：①联锁保护系统（设定值、联锁程序、联锁方式、取消）变更需办理审批手续；②联锁摘除和恢复需办理工作票；③摘除联锁保护系统要有防范措施及整改方案；④联锁保护系统投运前要有确认表；⑤联锁保护系统图纸和资料应齐全、准确；有月度联锁摘除清单；⑥联锁系统设备、开关、端子排的标识应齐全准确清晰；⑦紧急停车按钮要有可靠防护措施。

51. 炼化企业设备分级管理一般有哪些内容及方法？

答：以风险管理为基础，依据设备类别特性、对生产的影响程度以及风险度，将设备按关键设备、主要设备、一般设备进行分级，依次划分为三类，即：A、B、C 类。

（1）A、B、C 类设备比例：其中各单位 A 类设备一般占设备总数的 5% ~10%（不超过 10%），A 类与 B 类设备之和一般应占设备总数的 10% ~20%（不超过 20%）。

（2）A、B 类设备是指：该类设备发生故障将导致装置停工，或引发重大安全生产事故，一般应包括球罐（容积 50m³ 以上）、关键机组、锅炉及有机热载体加热炉、裂解炉及工业加热炉、余热锅炉、高温热油泵、GC1/2 级工业管道、5000m³ 及以上轻油（烃）储罐等。

（3）C 类设备是指：除 A、B 类设备以外的其他所有设备。

52. 设备技术档案管理的要求有哪些？

答：①设备检修后，必须有完整的交工资料，由检修单位交设备管理部门及设备所在单位，一并存入设备技术档案；②基建、技措、安措、零购及更新等项目的设备投产后，安装试车记录、说明书、检验证、隐蔽工程、试验记录等技术文件由信息管理部门、设备管理部门或设备所在车间保管；③各单位对主要设备零部件（润滑油脂）进行改替代和技术改造等，应按照有关程序进行审批，并及时修订设备技术档案；④设备迁移、调拨时，其档案随设备调出，主要设备报废后，档案由设备管理部门封存；⑤技术档案应责成专人统一管理，建立清册。技术档案必须齐全、整洁、规格化，及时整理填写。人员变更时，主管领导必须认真组织按项交接。

53. 简述设备缺陷的定义及分类。

答：定义：设备缺陷是指由于各种原因造成其零部件损伤或超过质量指标范围，引起设备性能下降的状况。

设备缺陷分类：①一般缺陷：不影响产品质量、不危及安全生产，能及时消除或设备仍可正常运行但不会造成装置波动和引发各类事故，不需采取特殊监护措施的设备缺陷；②重大缺陷：影响产品质量、危及安全生产，但因生产需要而必须带病运行，有可能造成装置停工或引发各类事故，必须采取特殊监护措施的设备缺陷。

54. 设备缺陷管理的一般规定有哪些？

答：①设备缺陷实施分级、动态和闭环管理，各车间应建立所属设备一般缺陷台账，各单位设备管理部门要建立重大设备缺陷台账，及时更新，每月报公司设备管理部备案。②发现一般设备缺陷后，操作人员应逐级汇报班长、车间设备管理人员，由车间组织消缺，完工后及时填写消缺记录。对暂不能消缺的应上报本单位设备管理部门，并填写设备一般缺陷台账，制定整改计划和措施。③发现重大设备缺陷后，操作人员应及时汇报车间和本单位生产、设备管理部门，同时报公司设备管理部。由设备管理部门组织对重大缺陷进行分析，制定缺陷监护方案、消缺计划和措施，落实责任人。④各单位设备管理部门要加强设备缺陷的管理，要监督一般缺陷的整改情况，避免一般缺陷因整改不及时造成缺陷的扩大。对于重大缺陷，要严格落实整改计划，并做好重大缺陷的特殊监护措施。

55. 简述设备故障的定义及计算方法。

答：设备故障是指由于设计、制造、安装、施工、使用、检维修、管理等原因造成机械、动力、电讯、仪器（表）、容器、运输设备、管道等设备及建（构）筑物等损坏，造成损失或影响生产的事件。

设备故障损失的计算以直接经济损失为准。其中设备故障造成的固定资产损失价值按下列情况计算：①报废的固定资产，按固定资产净值减去残值计算；②损坏后能修复使用的固定资产，按实际损坏的修复费用计算。

56. 设备故障管理的一般规定有哪些?

答:①各级设备管理部门要有专人(可兼职)负责设备故障管理工作。②设备发生故障后,当班人员应立即向值班长、车间主任报告,车间向设备管理部门报告,并采取相应措施防止故障扩大。设备管理部门及时组织有关人员对故障进行分析处理。对于设备严重故障及关键设备出现的故障,要立即电话报告公司设备管理部。③不论故障大小,各单位设备管理部门每月都要将对设备故障进行统计,填写设备故障月报表报公司设备管理部。设备故障发生、分析、处理情况要及时存入设备档案,为了解设备历史状况、制订检修、更新及改造计划提供依据。④各单位应积极开发应用设备状态监测及故障诊断技术,将其用于设备日常管理之中,及时发现故障征兆,采取有效措施,避免造成更大损失,保证设备安稳运行。

57. 润滑油管理方面,公司设备管理部门的职责有哪些?

答:①贯彻执行集团公司、股份公司设备润滑管理制度,组织制定和修订本企业设备润滑管理制度及设备润滑手册。②负责公司设备润滑专业技术管理工作,设专职或兼职技术管理人员,对公司设备润滑工作进行技术指导。③审核设备选用的润滑油品、代用油品、油品添加剂及油品的变更,组织和审批润滑油的代用及国产化工作。④审核各油品使用单位提出的设备润滑"五定"(定点、定时、定质、定量、定人)指示表或润滑卡片(记录)和用油计划,监督、指导各单位"三级过滤"的管理工作。⑤审查公司大机组及重要机泵的润滑油品定期分析化验单。⑥检查与考核公司润滑油品的选购、贮存、保管、发放、使用、检验及润滑器具的管理。⑦组织学习、推广设备润滑先进技术、先进管理经验。

58. 润滑油管理方面润滑油品使用单位的职责有哪些?

答:①执行公司设备润滑管理制度,负责本单位设备润滑管理工作,安排专职或兼职管理人员。编制本单位设备润滑手册,应明确所有设备润滑油品的种类、规格、加(注)油点、初装量、换油周期、换油标准等。制定润滑管理规定和各级润滑管理、操作人员职责,并组织实施。结合本单位实际设专用润滑油库(站),以满足设备润滑的要求。②每年根据本单位人员、设备变更情况编制和修订本单位所管设备润滑"五定"表(润滑记录或卡片),做好设备润滑的"五定"及"三级过滤"工作。③制定并上报本单位设备润滑油品用油计划。④搞好本单位设备日常润滑管理、润滑技术革新等工作,及时处理或解决润滑方面存在的问题,改善设备润滑状况。⑤负责本单位设备润滑油品的入库、贮存、使用和废油回收等工作。⑥建立、健全本单位设备润滑品的添加、更换记录、合格证、化验分析档案,并及时做好归档工作。⑦编制本单位需定期进行润滑油质分析的设备清单,对于关键机组按照要求每月必须进行质量指标检验,对其他重点设备及质量有怀疑的在用润滑油品适当安排检验,采取铁谱技术等先进手段加强重要设备的润滑油品监测。对于一般机泵的在用润滑油品,应在设备巡回检查细则中专门制定监测办法,主要采取目测等简便易行的方式确保在用油品质量合格。

59. 润滑油品的贮存与保管有哪些规定?

答:①润滑油库(站)及贮存库房应防雨、防晒、防尘、防冻、干燥清洁、通风良好,有完善的消防设施。其中车间(装置)润滑油站应执行公司级润滑油站管理规范。②各种贮油容器及用具应定期清洗,大贮油罐每年清洗一次,或放空后立即清洗;小罐随空随洗。各种贮油容器应确保清洁,完好无损,零附件齐全,并标明油品的名称及牌号。③装有油品的容器应按种类规格分组、分层存放。层间应用木板隔开,每组要有油品标签,注明油品名称、牌号、入库时间及质量鉴定时间,不许混放。④入库油品必须有合格证,库存3个月以上或倒罐时必须检验。化验不合格的按废油处理，严禁使用不合格油品。⑤容器在换装不同种类、牌号的油品时，必须按照规定彻底冲洗干净，经检验合格后方可改装别的油品。

60. 润滑油品的发放有哪些规定？

答：①各单位必须严格执行《设备润滑管理规定》及有关规定，做到按计划发油，按需要领油，按规定用油，杜绝滥用多领，并严格执行有关安全规定。②发油人员应熟悉各种润滑油品名称、牌号、性能和指标、存放地点，发油时应将领油单据及油品标签核对，确认无误后方可发油，并坚持存新发旧的原则。不合格油品不准发放。③发油人员必须向领油人员提供所领油品的合格证及化验单，对不合格的油品，领油人员有权拒收。发油人员如发现领油器具标记不清或盛油器具不合格时，可拒绝发油。

61. 润滑器具的管理有哪些规定？

答：①润滑用具尽量按统一的规格、标准进行购置或制作，并按岗位需要进行发放。基本用具有：领油大桶、固定式油桶（箱）、抽油器、提油桶、油壶、接油盘、过滤漏斗、油脂桶、油脂铲、油脂枪等。②各润滑器具应标记清晰，专具专用，保持清洁干净，润滑器具破损时要及时修理或更换。油品使用单位按润滑油品的品种、规格、成套配备统一规格的润滑油品器具。③一般情况下，领油大桶、固定式油桶（箱）每3个月清扫一次，其余各用具每周清洗一次；用具各部的过滤网要班班检查，及时清洗。

62. 简述三级过滤规定及滤网要求。

答：①油浴润滑方式的一级过滤为领油大桶到固定贮油箱（桶）、二级过滤为贮油箱（桶）到油壶、三级过滤为油壶到润滑部位。②循环、集中等润滑方式的必须从领油大桶经滤油设备后方可加入油箱，其他严格按设备润滑系统说明书进行。

三级过滤过滤网要符合以下规定：①汽缸油、齿轮油或其他黏度相近的油品所用滤网：一级40目；二级60目；三级80目。②液压油、透平油、冷冻机油、空气压缩机油、全损耗系统用油、车用机油或其他黏度相近的油品所用滤网：一级60目；二级80目；三级100目。③如有特殊要求，应按特殊规定执行。

63. 润滑油品使用的一般规定有哪些？

答：（1）设备的润滑装置、润滑工艺条件及选用的润滑油（脂）必须符合制造厂使用说明书或有关润滑规定，以及本单位设备润滑手册的规定，不得任意滥用或混用。（2）严格执行设备润滑"五定"管理。①定点：规定每台设备的润滑部位及加油点。②定人：规定每个加、换油点的负责人。③定质：规定每个加油点的润滑油品牌号。④定时：规定加、换油时间。⑤定量：规定每次加、换油数量。（3）设备需要变更、代用油品时，应按同等质量或以优代劣的原则，并执行有关规定。（4）设备正常运转时，一般应在3～6个月内换一次新油，换油周期亦可根据工作条件、操作说明及润滑油状况结果而定。设备大修后第一次（跑合期）投入运转后，一般应在1个月内换一次新油。（5）具有独立润滑系统的机（泵）组检修后，润滑系统应进行油循环，按检修规程要求合格后方可试车投用。循环油箱应配备滤油设备并加强脱水检查，脱水频次根据设备和润滑油具体情况安排。（6）运行中的大型机组润滑油应每月至少检验一次，在大修后、开车前必须采样分析，对重点设备根据实际情况各单位确定检验周期；条件恶劣或运行后期应适当缩短检验周期，检验发现油品不合格应及时采取有效措施。在用润滑油品分析需按要求填写公司润滑油分析单。

64. 设备润滑的加油标准有哪些？

答：油润滑时，如有加油刻度线，应以刻度线为准，无刻度线时应符合如下规定：

（1）循环润滑

正常运行时油箱油位应保持在 2/3 以上。

（2）油环带油润滑

① 油环内径 $D = 25 \sim 40mm$ 时，油位高度应浸没油环 $D/4$。

② 油环内径 $D = 45 \sim 60mm$ 时，油位高度应浸没油环 $D/5$。

③ 油环内径 $D = 70 \sim 130mm$ 时，油位高度应浸没油环 $D/6$。

（3）浸油润滑

① 滚动轴承的浸油润滑：

$n > 3000r/min$ 时，油位在轴承最下部滚动体中心以下，但不低于滚动体下缘；$n = 1500 \sim 3000r/min$ 时，油位在轴承最下部滚动体中心以上，但不得浸没滚动体上缘；$n < 1500r/min$ 时，油位在轴承最下部滚动体的上缘或浸没滚动体。

② 变速机的浸油润滑：

圆柱齿轮变速机油面应浸没高齿轮副低齿高的 $2 \sim 3$ 倍；

圆柱齿轮变速机油面应浸没其中一个齿轮的一个齿的全齿宽；

蜗轮蜗杆减速机油面应浸没蜗轮齿高的 $2 \sim 3$ 倍，或蜗杆的一个齿高。

（4）强制润滑：应按有关技术要求或实际标定确定。

脂润滑时：

① $n > 3000r/min$ 时，加脂量为轴承箱容积的 1/3。

② $n \leq 3000r/min$ 时，加脂量为轴承箱容积的 1/2。

65. 设备润滑的换油标准是什么？

答：各使用单位应严格按照润滑油品相应的技术要求或有关国家行业标准制定换油标准，由各单位设备管理部门专业人员进行判定，并严格执行。①在用润滑油品经目测检查，凡符合下列条件之一者，应部分置换或全部更换新油：外观颜色明显变黑、乳化严重、变干变硬、有明显可见的固体颗粒。②在用润滑油品经过常规分析（包括外观、黏度、酸值、闪点、水分、杂质等六项），凡符合下列条件之一者，应部分置换或全部更换新油：黏度超过润滑油黏度等级的 ±15%、酸值超过标准的 10%、闪点低于标准的 10%、机械杂质高于 0.1%、水含量高于 0.1%。③在用润滑油品做非常规分析，由使用单位设备管理部门参照相关标准判定是否合格。

66. 设备维护保养方面操作人员的职责有哪些？

答：①达到"四懂"、"三会"，即懂结构、懂原理、懂性能、懂用途，会使用、会维护保养、会排除故障。②严格按操作规程正确使用设备，严格控制操作指标，严禁设备超温、超压、超速、超负荷及介质超标运行。对于超指标运行的设备，要及时通报设备管理部门，共同分析评估。③坚守岗位，严格执行《设备巡回检查管理规定》，对关键机组实行特级维护管理，并严格执行《大型机组管理规定》。④严格执行《设备润滑管理规定》。坚持"五定"、"三过滤"，做好润滑记录及废油回收工作。⑤严格按《机泵管理规定》，做好设备的定期切换和备台的定时盘车工作，对闲置、停用设备应做好维护保养工作。⑥清楚本管辖区内动（静）密封点分布、泄漏标准及设备完好标准，主动消除跑、冒、滴、漏，并搞好设备防冻、防凝、防腐、保温、保冷等工作。

67. 设备维护保养方面检维修及保运人员（机、电、仪）的职责有哪些？

答：①坚持分工明确，相互配合搞好设备的检维修工作。②按时上岗，执行《设备巡回检查管理规定》及《大型机组管理规定》，认真巡检，并主动向操作工了解设备运行情况，发现缺陷及时消除，不能立即消除的要及时报告，并做好详细记录。③积极应用状态监测技术，逐步采用先进的仪器，检查设备，指导检修。④严格按中石化设备维护检修规程及有关标准检修设备，保证检修质量。⑤加强技术培训和学习，不断提高检修工作水平。⑥保运单位应严格执行保运协议，作好相关设备巡检、维护和保养工作。

68. 设备维护保养的管理方法及内容有哪些？

答：①各单位要加强设备维护保养工作，不断提高设备现场管理水平。②设备现场不见脏、漏、缺、锈、乱。③设备区域划分清楚，责任落实到班组。④现场做到"一平、二净、三见、四无、五不缺"，即地面平整，门窗玻璃净、四周墙壁净，沟见底、轴见光、设备见本色，无垃圾、无杂物、无废件、无闲散器材，保温油漆不缺、螺栓手轮不缺、门窗玻璃不缺、灯泡灯罩不缺、地面盖板不缺。⑤设备及管线保温规整，油漆美观。⑥装置现场应有明显的物料名称、流向标志及位号等标识。

69. 设备在线状态检测管理中使用单位的职责有哪些？

答：①负责本单位系统的应用和管理（作业部范围内的软硬件设施，包括手操器），如需对外联络，统一报公司设备状态监测中心。②负责制定本单位系统运维及管理的有关规定并落实。③负责组织本单位在线状态监测分析工作的正常开展。④负责数据管理和趋势分析，指导运行、维护及保运人员开展日常监测工作。⑤对设备在线监测状况出现的故障征兆、报警信息，以及公司设备状态监测中心出具的提示或报告，要及时分析并现场确认，重大问题必须报告公司。⑥负责组织本单位操作、管理、运维和保运人员的培训。

70. 简述装置静密封点的统计和计算方法。

答：统计：按车间（装置或单元）划分区域，对本区内所有设备、管路上法兰、阀门、丝堵、活接头，包括机泵设备上的油标、附属管线、冷却器、加热炉的外露胀口；仪表设备的孔板、调节阀、附属管线以及其他所有设备的接合部位，均作静密封点统计。采暖通风的设备及管路不属静密封统计范围（工艺除外）。静密封点的计算原则：一个静密封接合处算一个密封点。例如：一对法兰，不论其规格大小，均算一个密封点。一个阀门一般算四个密封点。如阀体另有丝堵或阀后联接放空，则应多算一个（特殊阀门例外）。一个丝扣活接头算三个密封点。有一个泄漏就算一个泄漏点，不论是密封点或焊缝裂纹，沙眼以及其他原因造成的泄漏，不论其大小，均作漏点统计。泄漏率的计算公式：

$$泄漏率 = \frac{泄漏总点数}{静密封点总数} \times 1000‰$$

71. 静密封点泄漏检查合格标准有哪些？

答：①易燃易爆物料或有毒介质系统用专用微漏检测器测量，无检测设备时允许用传统检测方法检测（用肥皂水试漏或用精密试纸试漏），易燃易爆、有毒有害介质的密封要求按有关专业标准执行，应符合安全、环保、工业卫生等要求。②氢气系统、高温部分，用关灯检查无火苗。低温部分用 10mm 宽 100mm 长薄纸条试漏无吹动现象。要求尽可能采用更先进的仪器进行检漏。③腐蚀性介质系统，用肉眼观察无渗迹、无漏痕、不冒烟或精密试纸试漏不变色。④润滑油、绝缘油、变压器油等油类介质，无渗漏痕迹。⑤易凝物料系统，不冒烟、无渗漏痕迹。⑥真空系统，用薄纸条试无吸动现象，或其他的可靠检验方法。⑦蒸汽系统，用肉眼观察不漏气，无水垢。⑧氧、氮、空气系统，用 10mm 宽 100mm 长薄纸试漏无吹动现象。⑨仪表系统用肥皂水试漏。⑩水系统，不滴水。⑪对有专门检测要求的介质，应用专用检测手段进行检漏。例如：氟里昂等，用卤素校漏灯检查。

72. 明显泄漏的标准是什么？

答：①水流成线。②液体物料每分钟漏量大于 60 滴。③易燃易爆气体漏量已能明显觉察泄漏。④易凝物料堆积成几何体。⑤蒸汽泄漏部位的压力感，30cm 处蒸汽束中心成直线。

73. 静密封管理有哪些规定？

答：①建立静密封管理网络，制定静密封管理细则。要明确关键静密封点（高危部位）包括阀门、螺栓和垫片（或填料）的选用标准。②明确划分静密封管理区域，要结合日常的现场管理，划分区域管理范围，各区域要有专人负责，并将静密封点的检查纳入巡回检查的内容。③设备管理部门及车间要建立静密封台账，装置大修、改造后要及时修订。④设备管理部门及车间应每月统计本单位（车间）泄漏率并按时上报，泄漏率必须达到 < 0.5‰ 的指标。⑤高度重视静密封泄漏点的消缺工作，要及时消除泄漏点，原则上工艺条件允许的不应做带压堵漏处理，已做带压堵漏处理的要做好统计和管理。对暂不能消除的泄漏点实行挂牌制，并按计划进行整改。⑥不断总结经验，积极采用新技术、新材料，积极解决静密封管理所遇到的问题，努力提高静密封管理水平。

74. 需保温及保冷绝热的设备范围有哪些？

答：具有下列情况之一的设备、管道及其附件必须保温：①外表面温度高于 323K（50℃）且需要保持此温度的物料设备。②工艺生产中需要减少介质的温度损失或延迟介质凝结的部位。③所有热力设备、管道及附件的外表面均应有保温层。当周围空气温度为 25℃ 时，保温层表面最高温度不得超过 50℃。对于个别不易保温的设备和管道，其外表面温度低于 60℃（防止烫伤运行人员的温度界限）时可以不保温。

具有下列情况之一的设备、管道及其附件必须保冷：①需阻止或减少冷介质及载冷介质在生产和输送过程中的冷损失者或温度升高者。②需阻止低温设备及低温管道外壁表面凝露者。③与低温设备及低温管道相连的低温仪表。

75. 保温绝热层材料的选用原则有哪些？

答：（1）保温绝热的设计按"经济厚度"法计算，只有在用"经济厚度"无法计算，无法满足有关规定时，才可按允许热损失计算。保温、保冷厚度，可分别参照 SHS 01033《设备及管道保温、保冷维护检修规程》执行。

（2）保温材料的使用温度应高于正常操作时的介质最高温度设计值的 10%（按摄氏温度计）。

（3）保冷材料的使用温度下限应低于正常操作时的介质最低温度设计值的 10%（按摄氏温度计），上限应高于蒸汽吹扫等特殊操作时的介质最高温度。

（4）保温结构一般应有保温层和保护层，在室外还须有防水层，并必须保证在经济寿命年限内的完整性。

（5）在保温材料的物理、化学性能满足工艺要求的前提下，应优先选用导热系数低、密度小、价格低廉、刺痒少、粉尘少、施工方便、环保、便于维护的保温材料：①平均温度小于或等于 623K（350℃）时，保温材料导热系数不得大于 $0.12W/(m·K)$，并有明确的随温度变化的导热系数方程式或图表。②保温材料的密度不得大于 $300kg/m^3$。③硬质保温材料的抗压强度不得小于 $392kPa(4kgf/m^2)$。④保温材料的允许使用温度应高于正常运行时介质的最高温度。⑤绝热材料的耐燃性、膨胀性和防潮性均应符合国家有关标准。⑥绝热材料的化学性能稳定，对金属不得有腐蚀作用。

76. 保温绝热设施的维护有哪些要求?

答:(1)车间应重视设备、热力管道、工业管道的保温维修工作,凡发现有保温损坏、脱落,应及时修复。

(2)为了取得长期保温(冷)的效果,对保温(冷)设施注意监测、日常维修和定期检修。

(3)各单位设备管理部门主管专业人员和各车间应定期检查管辖区域内的保温(冷)情况。①安装、检修施工吊装设备严禁利用保温(冷)管线作起吊支点,尽量防止人为造成的机械损伤。②各车间操作人员在维护设备时,禁止随意敲打、乱涂、乱划保温(冷)设施,尤其严禁在管线上行走和跨越管线时任意踩踏。③如发现因温度变化和腐蚀造成保温(冷)层破坏时,应及时报告设备管理部门,及时考虑保温(冷)结构和更换保温(冷)材料,并分析原因和记录存档。

(4)由于设备和管道检修、抢修所拆除的保温(冷),待检修完毕后立即修复,最迟不得超过7天。

(5)未经设备管理部门审核批准,各车间、部门不能随便更改原保温设计确定的保温结构。

77. 什么是润滑? 润滑的机理是什么?

答:把一种具有润滑性能的物质加到机体摩擦面上,达到降低摩擦和减少磨损的手段称为润滑。常用的润滑介质有润滑油和润滑脂。

润滑的机理:润滑油和润滑脂有一个重要的物理特性,就是它们的分子能够牢固地吸附在金属表面形成一层薄薄油膜,这种薄薄的油膜称为边界油膜。边界油膜的形成是因为润滑剂是一种表面活性物质,它能从金属表面发生静电吸附,并产生垂直方向的定向排列,从而形成牢固的边界油膜。边界油膜一般只有 $0.01\sim0.04\mu m$,虽然很薄,但在一定的条件下,能承受一定的负荷而不致破裂。在两个边界油膜之间的油膜称为流动油膜,完整的油膜由边界油膜和流动油膜两部分组成。这种油膜在外力作用下与摩擦表面接合很牢固,可以将两个摩擦表面完全分开,使机件表面的机械摩擦转化为油膜内部分子之间的摩擦,从而减少了机件的摩擦和磨损,达到了润滑的目的。

78. 机泵安装、检修考核的内容和要求是什么?

答:机泵安装、检修质量评定划分为优良、合格、不合格(含让步接收)3个等级,根据质量评定结果对相关单位进行绩效考核。机泵设备安装、检修质量评定内容应包括:①工艺指标;②安装、检修过程控制及记录;③轴承振动(在轴承体上测得均方根振动速度≤4.5mm/s,相对应振幅符合相关要求)、温度评定(最高工作温度不超过80℃);④泄漏评定(泄漏量:轴(或轴套)外径>50mm 时,泄漏量≤5mL/h;外径≤50mm 时,泄漏量≤3mL/h,特殊条件不受此限);⑤联轴器、排气帽完好,油、水视镜清晰完好;⑥现场标准化;⑦特殊机泵专用质量评定。

79. 石化生产装置中过程控制仪表供电电源的配置原则是什么? 配置方案有哪些?

答:配置原则:①仪表电源供应确保生产装置供电系统发生断电等事故时,其控制仪表能够正常显示和可靠动作。②仪表电源的接线方式应简洁、清晰。电源引自不同回路的380V/220V 母线(以下简称低压母线),所选用的线路、设备、保护装置等应符合相关低压配电设计规范的有关规定。

配置方案:①一路 UPS 馈出、一路低压母线直供馈出(简称两电源)。②两路 UPS 馈出、一路低压母线直供馈出(简称三电源)。③一路电力 UPS(交流正弦波逆变电源)馈出、一路低压母线直供馈出(简称逆变电源)。④馈出侧宜设置静态切换装置。⑤UPS电源装置输出端的中性点不接地。

80. 石化生产装置中过程控制仪表供电电源配置标准的要求是什么?

答:①应按两电源或三电源方案配置的控制仪表包括:大、中型石油化工生产装置、重要公用工程系统的控制仪表及其重要的显示仪表;高温、高压、易燃、易爆、有毒、腐蚀的生产装置;工艺控制、联锁多,系统复杂的生产装置;重要在线分析仪表(如带工艺连锁的仪表等);大型机组、机泵的监控系统等;热电厂厂站、枢纽变电站、区域变电站、装置变电站等,装有大功率直流系统的电力监控自动化装置的电源,宜采用逆变电源配置方案,其直流电源引自本站的直流系统。②应满足生产装置正常运行期间,进行UPS离线检修、蓄电池定期维护等工作。蓄电池的维护标准按《电气设备管理规定》的有关要求执行。③仪表电源的切换装置,应能实现无扰动切换,其切换时间应满足控制仪表的运行要求;低压母线的直供馈出回路可根据系统电源质量等情况,配置隔离变压器或稳压器。④仪表电源宜采取EP谐波吸收装置和防雷措施,改善波形、防止过电压对仪表电源的危害,确保仪表电源的供电质量。⑤具备两路供电的控制仪表,应设置双电源模块,并具备两路非同期工频交流电源同时工作的条件。⑥应由仪表专业提出供电要求,电气、仪表专业共同确定配置方案。

81. 石化装置对UPS选择的要求是什么? 质量指标包括哪些?

答:选择要求:①应选用在线式(电网电源质量符合UPS输出标准时,其逆变器在热备用状态运行),其接线应简单可靠。②应采用单机分列运行方式,不采用并列运行方式。③UPS的蓄电池应选用全密封阀控式或铅酸蓄电池,其后备时间一般为15~30min。④单台UPS带全负荷时,其负荷率应在50%~60%为宜。

质量指标:①普通电源质量指标:电源电压:交流220V±10%。电源频率:50Hz±1Hz。电源瞬间断电时间:应小于用电设备的允许电源瞬间断电时间。瞬时电压降:小于20%。②UPS电源质量:a. 输入电源:电源电压:三相380V±15%或单相220V±15%。电源频率:50Hz±2.5Hz。b. 输出电源:电源电压:220V±5%。电源频率:50Hz±0.5Hz。波形失真率:小于5%。电源瞬间断电时间应小于等于20ms。瞬时电压降小于10%。谐波失真率:THD<3%。

82. 中石化安全生产十大禁令有哪些?

答:①严禁在禁烟区域内吸烟、在岗饮酒,违者予以开除并解除劳动合同。②严禁高处作业不系安全带,违者予以开除并解除劳动合同。③严禁水上作业不按规定穿戴救生衣,违者予以开除并解除劳动合同。④严禁无操作证从事电气、起重、电气焊作业,违者予以开除并解除劳动合同。⑤严禁工作中无证或酒后驾驶机动车,违者予以开除并解除劳动合同。⑥严禁未经审批擅自决定钻开高含硫化氢油气层或进行试气作业,违者对直接负责人予以开除并解除劳动合同。⑦严禁违反操作规程进行用火、进入受限空间、临时用电作业,违者给予行政处分并离岗培训;造成后果的,予以开除并解除劳动合同。⑧严禁负责放射源、火工器材、井控坐岗的监护人员擅离岗位,违者给予行政处分并离岗培训;造成后果的,予以开除并解除劳动合同。⑨严禁危险化学品装卸人员擅离岗位,违者给予行政处分并离岗培训;造成后果的,予以开除并解除劳动合同。⑩严禁钻井、测录井、井下作业违反井控安全操作规程,违者给予行政处分并离岗培训;造成后果的,予以开除并解除劳动合同。

83. 集团公司级事故是如何分级的?

答:根据事故造成的人员伤亡、直接经济损失情况,一般分为4个等级:

特别重大事故：指造成 30 人以上死亡，或者 100 人以上重伤（包括急性工业中毒，下同），或者 1 亿元以上直接经济损失的事故。

重大事故：指造成 10 人以上 30 人以下死亡，或者 50 人以上 100 人以下重伤，或者 5000 万以上 1 亿元以下直接经济损失的事故。

较大事故：指造成 3 人以上 10 人以下死亡，或者 10 人以上 50 人以下重伤，或者 1000 万以上 5000 万元以下直接经济损失的事故。

一般事故：指造成 3 人以下死亡，或者 10 人以下重伤，或者 1000 万以下直接经济损失的事故。

84. 设备管理人员施工现场安全管理内容有哪些？

答：①施工机具和材料摆放整齐有序，不得堵塞消防通道和影响生产设施、装置人员的操作与巡回检查。②严禁触动正在生产的管道、阀门、仪表、电线和设备等，禁止用生产设备、管道、构架及生产性构筑物做起重吊装锚点。③施工临时用水、用风，应办理有关手续，不得使用消防栓供水。④高处动火作业应采取防止火花飞溅的遮挡措施；电焊机接线规范，不得将地线裸露搭接在装置、设备的框架上。⑤施工废料应按规定地点分类堆放，严禁乱扔乱堆，应做到工完、料净、场地清。

85. 简述关键机组检修方案包括的主要内容。

答：①编制依据：机组图纸、检修作业项目计划、检修时间和质量标准（检修规程）；②检修组织机构、人员工种安排；③检修内容（主要工序）、检修网络进度；④质量管理网络、确定技术要求和质量验收标准；⑤HSE 风险评估及特殊作业要求（雨、雪、风、低温、高温、高空、架设、吊装、动火、用电等）；⑥临时设施、消耗材料、机工具等安排准备；⑦检修施工用料准备及检验；⑧试验、试运及验收。

86. 临时用电作业安全措施有哪些？

答：（1）检修和施工队伍的自备电源不能接入公用电网。

（2）安装临时用电线路的电气作业人员，应持有电工作业证。

（3）临时用电设备和线路应按供电电压等级和容量正确使用，所用电气元件应符合国家规范标准要求；临时用电电源施工、安装应严格执行电气施工安装规范，并接地良好。

①在防爆场所使用的临时电源、电气元件和线路应达到相应防爆等级要求，并采取相应的防爆安全措施。②临时用电线路及设备的绝缘应良好。③临时用电架空线应采用绝缘铜芯线。架空线最大弧垂与地面距离，在施工现场不小于 2.5m，穿越机动车道不小于 5m。架空线应架设在专用电杆上，严禁架设在树木和脚手架上。④对需埋地敷设的电缆线路应设"走向标志"和"安全标志"。电缆埋地深度不应小于 0.7m，穿越公路时应加设防护套管。⑤现场临时用电配电盘、箱有编号，有防雨措施；盘、箱、门牢靠关闭。⑥行灯电压不应超过 36V，在特别潮湿的场所或塔、釜、槽、罐等金属设备作业装设的临时照明行灯电压不应超过 12V。⑦对临时用电设施做到一机一闸一保护，对移动工具、手持式电动工具安装符合规范要求的漏电保护器。

（4）配送电单位应将临时用电设施纳入正常电器运行巡回检查范围，确保每天不少于 2 次巡回检查，并建立检查记录和隐患问题处理通知单，确保临时供电设施完好。对存在重大隐患和发生威胁安全的紧急情况，配送电单位有权紧急停电处理。

（5）临时用电单位应严格遵守临时用电规定，不得变更地点和作业内容，禁止任意增加用电负荷或私自向其他单位转供电。

（6）在临时用电有效期内，如遇施工过程中停工、人员离开时，临时用电单位应从受电端向供电端逐次切断临时用电开关；待重新施工时，对线路、设备进行检查确认后，方可送电。

（二）压缩机部分

1. 简述活塞式压缩机组管路系统的振动及控制。

答：机组管路系统的震动主要由气流脉动引起。压缩机周期性的吸气、排气，导致管路内气流压力脉动。工程上，通常规定激励频率等于 0.8～1.2 倍固有频率时，就认为处于共振状态，此范围称为共振区。活塞式压缩机周期性的吸排气造成对管路气体的激励是无法彻底避免的。因此，必须合理配置管路系统，使得气柱固有频率、管路系统固有频率避开上述共振区，管路系统的振动才能有效得以控制。

2. 往复式压缩机汽缸过热的主要原因是什么？

答：①冷却水管不畅通或给水不足；②润滑油质量低劣或供油中断；③汽缸与十字头滑道不同心；④汽缸与活塞偏磨；⑤缸内有杂物或表面粗糙度过大；⑥活塞环卡住；⑦气阀窜气；⑧活塞环窜气。

3. 简述轴流压缩机旋转失速与喘振的区别。

答：（1）旋转失速时，气流的脉动是沿着压缩机圆周方向的，而喘振时的气流脉动是沿压缩机轴向的，也即纵向脉动。前者的流场是周向不对称的，后者的流场基本上是周向对称的。

（2）旋转失速时，沿压缩机叶栅周向各点气流流量是随时间而脉动的，但通过压缩机各个截面的平均流量不随时间而变。而喘振时通过压缩机的平均流量随时间而变，因而压缩机所需的功率将有脉动。

（3）旋转失速时，气流脉动频率与振幅大小主要和叶栅本身的集合参数及转速有关，与管网容量大小无关。喘振时的频率与振幅大小和管网容量关系较大，管网容量越大，喘振的频率就越低，振幅越大。

（4）通常轴流机旋转失速的脉动频率比喘振的频率要高得多。

（5）旋转失速属于压缩机本身的气动稳定性问题。喘振不是压缩机单独的问题，而是整个压缩机管网系统的稳定性问题。

4. 简述离心式压缩机在压缩过程中的能量损失。

答：能量损失基本包括三部分：流动损失、轮阻损失及漏气损失。流动损失又分为摩擦损失、分离损失、冲击损失、二次涡流损失及尾迹混合损失。

（1）摩擦损失：由于气体存在黏性，当有黏滞性的非理想流体沿固体壁流动时，流体场出现边界层，边界层与主气流区产生相互摩擦，使部分能量转化成无用的热量，即产生了摩擦损失。

（2）分离损失：气体的黏性还会引起边界层增厚，边界层与流道壁面分离，从而产生分离损失。

（3）冲击损失：气流会对叶片产生冲击作用，并引起边界层严重分离，带来很大损失。

（4）二次流损失：在叶片顶部与根部附近存在二次流，扰乱了主气流的流动，加速边界层的分离，更易产生分离损失。

（5）尾迹混合损失：气流流出叶轮时，流通面积突然增大，在叶片尾部形成充满漩涡的气流，产生损失。

（6）轮阻损失：克服轮盘，轮盖外侧面以及轮缘与周围间隙中气体的摩擦所消耗的外功。

（7）漏气损失：由于叶轮进出口存在压差，出口处不断有气体回流，它不断地被压缩和膨胀，消耗一部分外功。

5. 什么是往复活塞式压缩机的工作循环？

答：往复式压缩机都有汽缸、活塞、气阀。压缩气体的工作过程可以分为膨胀、吸收、压缩和排出四个阶段。

图 4－2－1 所示是一种单吸式压缩机的工作简图。

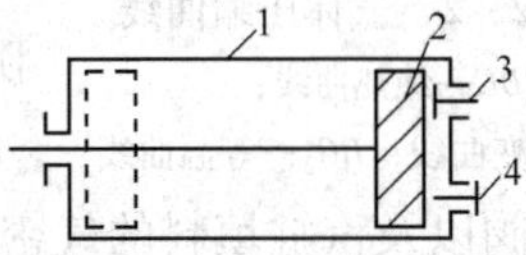

（1）膨胀过程：当活塞 2 向左边移动时，汽缸的容积增大，压力下降，原先残留在汽缸内的余气不断膨胀。

图 4－2－1　单级式压缩机汽缸简图
1—汽缸；2—活塞；3—吸入气阀；4—排出气阀

（2）吸入过程：当压力降到小于进气管的压力时进口管中的气体便推开气阀 3 进入汽缸，随着活塞逐渐向左移动，气体继续进入汽缸，直到活塞移至左边的末端（又称左死点）为止。

（3）压缩过程：当活塞掉转方向向右移动时，汽缸的容积逐渐减小，便开始了压缩气体的过程。这时汽缸内的压力不断升高，但由于排气管外的压力此时大于汽缸内的压力，故排气阀 4 无法打开，汽缸内的压力逐渐升高。

（4）排出过程：当汽缸内的压力逐渐升高到克服排气管外压力和弹簧力之和时，排气阀打开，开始排出过程。直到活塞移至右边的末端（又称右死点）为止。然后活塞又开始向左移动，重复以上过程。

活塞在汽缸内每走一个来回，就经历一个工作循环。

6. 什么是多级压缩？为什么要多级压缩？

答：所谓多级压缩，即根据所需的压力，将压缩机的汽缸分为若干级，逐级提高压力。并在每级压缩之后，设立级间冷却器，冷却每级压缩后的高温气体。这样就能降低每一级的排气温度。

用单级压缩机将气体压到很高的压力，其压缩比必然增大，压缩后气体的温度也会升得很高。当压力比超过一定数值时，气体压缩后的终结温度就会超过一般压缩机润滑油的闪点（200～240℃），润滑油会被烧成炭渣，造成润滑困难。此外，压力比越大，残留在余隙容积内的气体压力越大，膨胀后，占去的汽缸空间越大，大大影响了汽缸的工作效率。一般每一级压缩比不超过 3～5。

7. 什么是压缩气体的三种热过程？

答：（1）等温压缩过程：在压缩过程中，把与压缩功相当的热量全部移去，使汽缸内的气体温度保持不变，这种过程称为等温过程。这一过程耗功最小，是理想过程，在实际中很难办到。

（2）绝热压缩过程：在压缩过程中，与外界没有丝毫热交换，结果使缸内气体温度升高。这种不向外散热的过程称为绝热过程。绝热过程耗功最大，也是一种理想过程。

（3）多变压缩过程：在压缩过程中既不完全等温也不完全绝热的过程称为多变过程。这

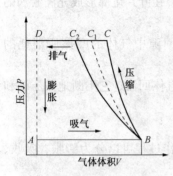

图4-2-2　气体压缩曲线

BC—绝热曲线；

BC₁—多变曲线；BC₂—等温曲线

种过程介于等温和绝热过程之间，是最常见的过程。

从图4-2-2可以看出，等温压缩曲线所包围的面积ABC_2D比绝热压缩曲线所包围的面积$ABCD$小，面积的大小也可以表示耗功的大小，所以在压缩过程中，要减少耗功，就必须使多变过程向等温过程靠拢。将压缩产生的热量移去越多，冷却效果越好，越省功，越经济。

8. 影响压缩机提高生产能力的因素有哪些？

答：（1）余隙：余隙大，残留气体膨胀量大，压缩机的生产能力下降，余隙小，活塞容易碰缸，损坏设备，因此余隙要调整适当。

（2）泄漏损失：压缩机的生产能力与活塞环、吸入气阀和排出气阀以及汽缸填料的气密程度有关。

（3）吸入气阀的阻力：吸入气阀阻力过大，开启速度降低，压缩机的生产能力降低。

（4）吸入气体的温度：气体温度越高，体积密度越小，单位时间内吸入气体的质量越少，压缩机的生产能力越低。因此压缩机夏天的生产能力总是比冬天低。

9. 活塞环的用途及密封原理是什么？有哪几种形式？

答：活塞环的用途是密封活塞和汽缸的间隙，防止气体从压缩容积的漏向另一侧。

活塞环的密封原理是靠多个活塞环形成的曲折通道，对流经它的泄漏气体产生多次节流阻塞和旋涡滞阻作用，在有少许漏泄的情况下，形成很大的阻力降来实现密封的。

活塞环按切口形式可以分为直切口、斜切口、搭切口三种形式。

10. 气阀由哪些零件组成？各零件有什么作用？

答：气阀由阀座、升高限制器、阀片和弹簧组成，用螺栓把它们紧固在一起。如图4-2-3。

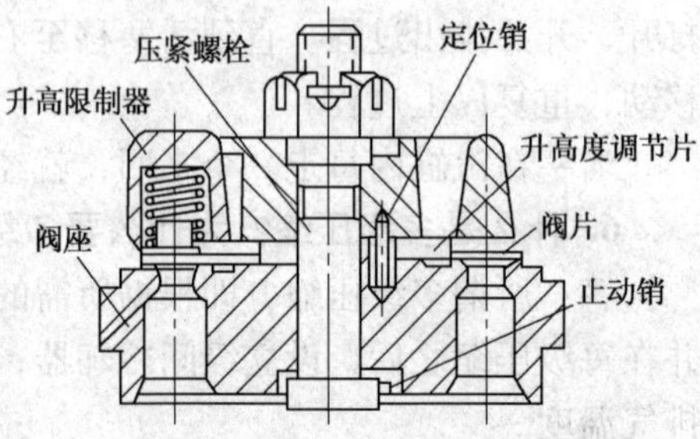

阀座是气阀的基础，是主体。升高限制器用来控制阀片升程的大小，而升高限制器上的同心凸台是起导向作用的。阀片是气阀的关键零件，它关闭进出口阀，保证压缩机吸入、排出气量按设计要求工作，它的好坏关系到压缩机的性能。弹簧起着辅助阀片迅速弹回，以及保持密封的作用。

图4-2-3　气阀的装配图

11. 气阀的作用是什么？对气阀有哪些要求？

答：气阀的作用是控制汽缸中的气体吸入和排出。

对气阀的要求是：①气阀开闭及时，关闭时严密不漏气；②气流通过气阀时，阻力损失小；③气阀使用寿命长；④气阀形成的余隙容积小；⑤结构简单，互换性好。

12. 怎样判断各级气阀故障？

答：当一级入口气阀有故障时，一级出口压力降低，其他各级也受到降压的影响。判断哪一个气阀出现故障，可以通过观测气阀盖的温度来判别，因为气阀出现故障时，温度升高。此外还可以通过金属听针来判别，如果气阀漏气会出现吱吱的声音。二、三级入口气阀发生故障时，可以借助下一级压力升高来判别。

气阀发生故障后，会使压缩机吸气量减少。严重时，气阀碎片进入汽缸，损坏缸体，造成重大事故。因此，操作人员或检修人员发现气阀出现故障时，必须及时处理。

13. 简述膜盘式联轴器的结构特点及优点。

答：膜盘式挠性联轴器是一种通过极薄的双曲线型面的挠性盘来传递扭矩的装置。型面部分和刚性轮毂、轮缘连接的过渡段上要有足够大的过渡圆角，以减小局部应力集中。

优点：①传递功率大；②寿命长；③能适应大的相对位移；④能在恶劣条件下长时间工作；⑤安装使用维护简便；⑥作用于系统中的负荷小；⑦噪音小。

14. 简述膜片式联轴器的结构特点及优点。

答：膜片式联轴器是以连续环形膜片、分开的连杆和波形膜片为挠性元件来传递扭矩的装置。

优点：①这种联轴器完全不需要润滑；②对于给定的额定扭矩，它的径向尺寸小于膜盘式；③对于一给定的负荷，可以比膜盘式提供较大的位移；④对于连续环式膜片，轴端弯矩及必然要加到轴承上的径向负荷是很低的；⑤轴向位移的推力变化范围很宽；⑥使用不受功率及转速限制。

15. 简述气流脉动对活塞式压缩机组的工作影响。

答：管道内的压力脉动，特别是共振时，会影响压缩机组的排气量、增加压缩机的功率消耗、恶化气阀的工作、增大汽缸与运动机件承受的载荷、破坏安全阀的严密性、引起管路剧烈振动、易于损坏压力计、流量计等就地指示仪表。

16. 简述活塞式压缩机组气流脉动减振控制措施。

答：①合理布置汽缸，适当配备各级压力比；②设置吸气缓冲罐及排气缓冲罐；③设置声学消振器；④设置孔板；⑤改变管道长度；⑥加强管道支承；

17. 活塞杆过热是什么原因引起的？

答：①活塞杆与填料函装配时有偏斜，造成局部相互摩擦，应及时进行调整；②填料环的抱紧弹簧过紧，摩擦力大，应适当调整；③填料环轴向间隙过小，应按规定要求调整轴向间隙；④给油量不足，应适当增大油量；⑤活塞杆与填料环磨合不良，应在配研时加强磨合；⑥气和油中混入杂质，应进行清洗并保持干净；⑦活塞杆表面粗糙，应重新磨杆，超精加工。

18. 轴流式压缩机防喘振措施有哪些？

答：①中间级或排气管放气法；②双转子结构法；③静叶可调法。

19. 轴流式压缩机防喘振控制有哪几种方式？

答：①自动调节防喘振；②程序控制防喘振（自保联锁控制）；③手动控制防喘振。

20. 简述机组转子不平衡按发生过程的分类和主要振动故障特征。

答：（1）机组转子不平衡按发生的过程可分为原始不平衡、渐发性不平衡和突发性不平衡3种。

（2）转子不平衡主要振动故障特征：①振动的时域近似为正弦波；②频谱图中，谐波能量集中于基频，并且会出现较小的高次谐波，使整个频谱呈所谓的"枞树形"；③当旋转角速度小于临界角速度时，即在临界转速以下，振幅随着转速的增大而增大；当旋转角速度大于临界角速度后，即在临界转速以上，转速增加时振幅趋于一个较小的稳定值；当旋转角速度接近临界角速度时，发生共振，振幅具有最大峰值，振动幅值对转速的变化很敏感；④当工作转速一定时，相位稳定；⑤转子的轴心轨迹为椭圆形；⑥从轴心轨迹观察其进动方向未同步正进动。

21. 简述活塞式压缩机排气温度高的原因及防止的措施。

答：（1）活塞式压缩机排气温度高的原因：①排气阀泄漏；②入口过滤器堵塞；③吸入气体温度超过规定值；④吸气阀泄漏；⑤汽缸或冷却器效果差；⑥进气带液。

（2）防止的措施：①检查并清理排气阀；②检查并清理入口过滤器，更换滤芯；③调整工艺参数，降低进气温度；④检查并清理排气阀；⑤检查冷却水系统，确认是否畅通，冷却器是否结垢或堵塞并清理；⑥检查进气带液情况，并采取措施消除带液。

22. 简述轴流式压缩机级中的流动损失。

答：①叶型损失：由于气体的黏性使靠近叶型壁面形成附面层；②环端面损失：由于气流沿汽缸及转子轮毂表面流动产生的摩擦和涡流；③二次流损失：在叶片顶部与根部附近存在二次流，扰乱了主流。

23. 简述活塞式压缩机的流量调节方法。

答：①定期停转调节；②改变转数调节；③控制吸入调节；④排气管与进气管联通调节；⑤压开吸气阀调节；⑥连接补助容器调节

24. 简述轴流式压缩机产生喘振的原因及喘振发生时所产生的危害。

答：当轴流压缩机处在非设计工况工作，在叶栅中发生了旋转失速时，若旋转失速进一步发展为比较强烈的失速，使叶片背弧气流严重脱离，通道受阻，而且与压缩机联网工作的管网容量又比较大，那就会出现整个压缩机–管网系统的气流周期性震荡现象，这就是压缩机的喘振。

发生喘振时，压缩机的气动参数会做纵向大幅脉动，整个压缩机发生强烈震动，会使压缩机转子与静子受交变应力而断裂，使级间压力失常，导致密封推力轴承损坏，使转子与静子相碰，可能导致整机损坏。

25. 简述转子不平衡按机理可分为几类及主要特征。

答：转子不平衡的种类按其机理可分为静不平衡、动不平衡、动静综合不平衡三类。

转子不平衡的特征：①振动的时域波形近似为正弦波；②频谱图中，谐波能量集中于基频，并且会出现较小的高次谐波，使整个频谱呈所谓的"枞树形"；③当 $\omega < \omega_n$ 时，即在临界转速下，振幅随着转速增大而增大；当 $\omega > \omega_n$ 时，即在临界转速以上，转速增加时振幅趋于一个较小的稳定值；当 ω 接近于 ω_n 时，即转速接近于临界转速时，发生共振，震幅具有最大峰值；④当工作转速一定时，相位稳定；⑤转子的轴心轨迹为椭圆；⑥从轴心轨迹观察其进动特征未同步正进动。

26. 简述提高关键机组运行经济性采取的措施及对关键机组的管理建议。

答：提高机组运行的经济性采取的措施：①及时优化操作参数，保持相对稳定，确保机组运行参数在设计最佳效率点附近；②根据机组的运行状况，增加在线监测系统，如出现故障，判断机组故障的危害程度，决定是否消缺检修，把费用和检修时间控制在最少；③采取先进的节能技术，如活塞式压缩机的余隙调节，级间冷却器采用高频防垢器提高冷却效率等；④对机组运行状态及时进行评估，提高经济运行参数，开展评比活动，降低汽耗电耗水耗率；⑤提高检修质量和标准，保证维护到位，检修各项技术指标符合规范和技术要求，确保机组完好和长周期运行；⑥加强巡检，随时掌握设备的运行状态，杜绝跑冒滴漏；⑦备件质量符合技术要求。

对关键机组的管理建议：①强化大机组的"机电仪管操"五位一体的巡检和专业管理；

②采用先进的监测和控制技术，淘汰落后的控制系统，提高机组的运行效率和平稳率，降低机组的故障率；③对技术专业管理人员和操作工进行理论、维护和操作知识培训，提高管理和故障诊断的水平；④加强对于管理经验和故障处理案例的交流学习，提升处理故障的能力；⑤建立机组备件集中储备，减少资金的占用；建立机组维修人员和技术人员专业储备，编织同类型的机组检修作业指导书，指导规范检修，确保机组维修质量的提升，保证机组长周期运行；树立"经营一元钱，节约一分钱"的意识，为建设一流能源化工公司而努力奋斗；⑥对机组进行调优，以最经济的控制参数稳定运行，向机组管理要效益；⑦强化润滑管理，加强润滑油的品质监控，掌握机组的磨损情况。

27. 简述关键压缩机组的巡检内容。

答：①每天查看机组轴瓦振动、温度数据，做好状态监测和故障诊断，及时发现存在问题，掌握发展趋势；②现场检测和查看机组及辅助系统机泵的振动、温度和压力值的变化；③查看和比对机组工艺运行参数的情况；④每天上下午按巡检路线按时巡检，做好记录，并现场挂牌；⑤查看检查润滑系统、冷却系统、真空系统等运行情况，发现问题及时处理并上报；⑥查看现场泄漏情况，保温情况、腐蚀情况；⑦查看温度、压力、液位、真空等指示仪表是否完好；⑧查看进气带液、过滤器前后压差、高位油箱油位等情况；⑨检查轴封系统（包括机械密封、干气密封、浮环密封、填料密封等）。

28. 简述离心式压缩机发生喘振的原因和防喘振的措施。

答：发生喘振的原因：压缩机在运行中，进口容积流量 Q_{in} 的降低，会使叶轮或有叶扩压器叶片非工作面上出现边界分离层，进而产生旋转脱离。若 Q_{in} 仍继续降低，旋转脱离会进一步扩大，并由若干个团组成一个大团。当压缩机的流道中几乎大部分为脱离区时，流动状况严重恶化，气体压力无法得到提高，造成压缩机的出口压力 P_{out} 突然下降。由于压缩机总是与管网联合工作，此时管网中压力来不及下降，管网压力高于压缩机出口压力，管网中的气体倒流回压缩机。压缩机因倒流而增加了流量，分离消失，恢复正常工作，并向管网送气。送气后，压缩机的 Q_{in} 又重新降低，管网中气体再次倒流。这样周而复始，整个系统即压缩机与管网产生了周期性低频、大幅度压力振荡，这种压力振荡会引起严重的噪音，并使机组发生强烈振动。

防喘振措施：①固定极限流量法：在一定的转速时，根据压缩机的特性曲线可以知道该转速下的最小安全流量 Q_{min}，运行时，释放喘振调节器的给定值 $Q_{给} = Q_{min}$，$Q_{min} > Q_C$，当流量小于 Q_{min} 时，开大回流阀，使实际流量一直不小于 Q_{min}，就不至于使压缩机进入喘振区；②可变极限流量法：为了减少压缩机的能量消耗，在压缩机转速变化时，防喘振控制系统的给定值也应随之变化，不会使压缩机进入喘振区，使循环气量最小，提高了压缩机的效率，降低了能耗；③出口放空法：报压缩机出口进行放空，把背压降低，达到防止喘振的目的，对于有毒、有害、易燃、易爆、污染气体等注意回收。

29. 喘振的特征是什么？

答：旋转失速严重时可以导致喘振，但二者并不是一回事。喘振除了与压缩机内部的气体流动情况有关之外，还同与之相连的管道网络系统的工作特性有密切的联系。压缩机总是和管网联合工作的，为了保证一定的流量通过管网，必须维持一定压力，用来克服管网的阻力。机组正常工作时的出口压力是与管网阻力相平衡的。但当压缩机的流量减少到某一值时，出口压力会很快下降，然而由于管网的容量较大，管网中的压力并不马上降低，于是，管网中的气体压力反而大于压缩机的出口压力，因此，管网中的气体就倒流回压缩机，一直到管网中的压力下降到低于压缩机出口压力为止。这时，压缩机又开始向管网供气，压缩机的流量增大，恢复到正常的工作状态。但当管网中的压力又回到原来的压力时，压缩机的流量又减少，系统中的流体又倒流。如此周而复始产生了气体强烈的低频脉动现象——喘振。

30. 如何识别喘振？

答：①产生喘振故障的对象为气体压缩机组或其他带长管道、容器的气体动力机械；②喘振发生时，机组的入口流量小于相应转速下的最小流量；③喘振时，振动的幅值会大幅度波动；④喘振时，振动的特征频率一般在 $1 \sim 15\mathrm{Hz}$ 之内；⑤机组及与之相连的管道等附着物及地面都发生强烈振动；⑥出口压力呈大幅度的波动；⑦压缩机的流量呈大幅度的波动；⑧电机驱动的压缩机组的电机电流呈周期性的变化；⑨喘振时伴有周期性的吼叫声。

31. 说明气流脉动对活塞式压缩机的运行影响和采取的减振措施。

答：①气流脉动对压缩机排气量的影响：进气管道的气流脉动将直接影响汽缸内吸气行程终点的压力，而汽缸内压缩的气体质量又与汽缸内吸气行程终点的压力有关，因此进气管道的气流脉动对压缩机排气量的增大或减少产生影响。②气流脉动对压缩机气阀的工作的影响：由于压缩机进气管道的气流脉动的影响，进气阀偏离了正常工作状态，或者是延迟关闭，或者是提前关闭。在气流反向压差的作用下，加剧了阀片与阀座的冲击，因此进气阀的损坏较为频繁，降低了气阀的使用寿命。③气流脉动对压缩机组功率消耗的影响：由于不均匀气流的阻力损失比稳定气流要大，气流沿管道流动又只占有循环的一部分时间，所以实际的气流速度比平均值要高，压力损失与速度的平方成正比，气阀排气的间歇性与管道气流脉动将引起相当大的压力损失和功率消耗；当气柱固有频率与激励频率相等发生共振时，脉动功率损失明显加大，如单个单作用汽缸发生一阶共振时，指示功率可比正常时高 10%；任意级的排气管道的压力脉动对功率损失的影响要比进气管强烈得多，共振时的脉动损失可达前级指示功的 70%。④其脉动对压缩机组管道震动的影响：活塞式压缩机组管道系统内的气流脉动的起因存在于整个系统中，是由整个系统综合因素决定的。压缩机汽缸变换交替地吸排气，汽缸的排列与间距，汽缸数目与彼此间的曲柄角关系，排气管、缓冲罐、分支管路以及系统管路等因素都有可能成为影响活塞式压缩机组管道系统内的气流脉动原因。脉动气流在管道内改变方向或遇到管道截面积发生变化时，将产生因管道振动的激励力，脉动能量转化为管道振动的机械能，管道的振动与管道气压力脉动值成正比。造成管道变形、开裂等，严重时机体变形、开裂等损坏。

减振措施：①合理布置汽缸，适当配置各级压力比；②设置缓冲器：合理配置缓冲罐的大小和结构形式；③设置声学消振器；④设置孔板：管道上应用孔板能使气流的压力脉动得到一定的缓和；⑤改变管道的长度；⑥加强管道的支撑。

32. 简述轴流式压缩机旋转失速与喘振的区别。

答：喘振的产生首先是由于变工况时，压缩机叶栅中气动参数与几何参数不协调，形成旋转失速所造成的。但旋转失速不一定导致喘振的发生。旋转失速是喘振发生的内因，使压缩机内部流动发生恶化。

主要区别：①旋转失速时，由于压缩机叶栅中一个或几个脱离团沿周向传播，气流的脉动是沿着压缩机圆周方向的，而喘振时的气流脉动是沿压缩机轴向的，即纵向脉动。喘振的流场是周向不对称的，旋转失速流畅基本上是周向对称的；②旋转失速时，沿压缩机叶栅周向上各点气流流量是随时间脉动的，但通过压缩机各截面的平均流量不随时间而变，而喘振时通过压缩机的平均流量随时间而变，因而压缩机所需的功率将有脉动；③旋转失速时，气流的脉动频率与振幅大小主要和叶栅本身的几何参数及转速有关，而与压缩机管网容量大小无关。而喘振时的频率与振幅与压缩机管网容量大小关系甚大；④通常轴流式压缩机旋转失速的脉动频率比喘振的要高得多；⑤旋转失速是压缩机的气动稳定性问题，喘振不是压缩机单独的问题，而是整个压缩机管网系统的稳定问题。

33. 压缩机汽缸过热及机体发生振动的主要原因有哪些?

答：汽缸过热的原因：①冷却水管不畅通或给水不足；②润滑油质量低劣或供油不足或中断；③汽缸与十字头滑道不同心，汽缸与活塞偏磨；④缸内有杂物或表面粗糙度过大；⑤活塞环间隙过大；⑥气阀窜气、活塞环窜气；⑦顶间隙过大、余气过多。

振动的原因：①地脚螺栓松动；②汽缸内有杂物；③轴承、连杆、十字道及滑道等部件配合间隙过大；④管路系统稳定性差，缓振措施不当；⑤机身、滑道、汽缸不同心及汽缸支承不良；⑥联轴节对中不良；⑦活塞杆、活塞锁紧螺母松动等。

34. 简述机组转子不对中的种类和不对中振动主要故障特征。

答：机组转子不对中包括轴承不对中和轴系不对中两种，其中轴系不对中又分为平行不对中、角度不对中和综合不对中三种。如图4-2-4所示。

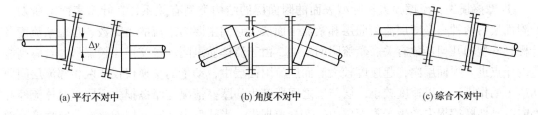

(a) 平行不对中　　　　　　　　(b) 角度不对中　　　　　　　　(c) 综合不对中

图4-2-4　轴系不对中种类

机组转子轴系不对中的故障特征：①角度不对中的特征频率为基频的1倍，平行不对中时为基频的2倍，综合不对中时为基频的1倍和2倍共存；②由不对中故障产生的对转子的激励力随转速的升高而加大，因此对高转速机械更应注重转子的对中要求；③激励力与不对中量成正比，随不对中量的增加，激励力线线性增大；④联轴器同一侧相互垂直的两个方向，2倍频的相位差是基频的2倍，联轴器两侧同一方向的相位差在平行位移不对中时为0°，在角位移不对中时相位差为180°，综合位移不对中时相位为0°~180°。⑤轴系转子在不对中情况下，中间齿套的轴心线相对于联轴器的轴心线产生相对运动，在平行位移不对中时的旋转轮廓为一圆柱体，角位移不对中时为一双锥体，综合不对中时是介于二者之间的形状，旋状体的旋转范围由不对中量决定；⑥轴系具有过大的不对中量时，会由于联轴器不符合其运动条件而使转子在运动中产生巨大的附加径向力和附加轴向力，使转子产生产生异常振动，轴承过早损坏，对转子系统具有较大的破坏性，振动方向以轴向为主；⑦转子不对中时轴心轨迹形状呈双椭圆形、香蕉形；⑧进动方向为正进动。

机组转子轴承不对中的故障机理：由于结构上的原因，轴承在水平方向和垂直方向上具有不同的刚性和阻尼，不对中的存在加大了这种差别，虽然油膜在一定程度上弥补不对中的影响，但不对中过大时，会使轴承的工作条件改变，在转子上产生附加的力和力矩，甚至使转子失稳或产生碰磨。轴承不对中同时又使轴颈中心和平衡位置发生变化，使轴系的载荷重新分配，负荷大的轴承油膜呈现非线性，在一定条件下出现高次谐波振动；负荷较轻的轴承易引起油膜涡动进而导致油膜振荡。支撑负荷的变化还会使轴系的临界转速和振型发生改变。

35. 简述机组遇到什么情况需紧急停车。

答：机组发生下列情况之一，应立即果断紧急停车，避免事态扩大，立即向相关部门和人员报告。

①机组转速升高至危急保安器该动作而未动作；②机组发生强烈振动而无法消除；③机组联轴器损坏或轴断裂；④油压过低而保护系统未动作；⑤油系统着火不能很快扑灭；⑥压缩机出现严重喘振而不能消除；⑦压缩机密封突然漏气，密封油系统故障不能消除；⑧油箱液位低或突然漏油，而使油泵不能正常工作；⑨工艺管道、润滑油管道等突然发生泄漏；⑩机组内发生明显异常声响，或轴封出现火花；⑪轴承断油、冒烟或油温急剧升高；⑫气（汽）体带液严重，机组振动加剧；⑬机组位移大幅度增加并通过报警值而不能消除；⑭机组调节系统、控制系统失灵而不能消除故障；⑮工艺系统发生故障或工艺要求紧急停车；⑯干气密封系统存在故障；⑰油冷器严重泄漏，润滑油串入冷却水系统；⑱发生其他危及机组和人身安全的情况。

36. 简述轴流式压缩机级中流动损失的基元级叶型损失。

答：基元级叶型损失可分为摩擦损失、分离损失和尾迹损失三部分。

① 摩擦损失：摩擦损失与叶型表面的附面层的结构类型有关系，在叶型表面上所发生的附面层有两种类型即层流附面层和紊流附面层。它们主要与来流的雷诺数、自由紊流度及叶栅、叶型的几何参数有关。紊流附面层中，由于流体质点间动量交换比较强烈，具有高能量的质点进入附面层内，起速度较大。而层流附面层中，动量的交换仅仅靠两相邻流层间剪切应力的作用，所以速度较小，层与层之间所产生的摩擦情况与摩擦损失不同。气体流经叶型时，黏性摩擦损失产生于附面层内。②分离损失：当叶型表面附面层增厚到一定程度，而逆向压力梯度又较大时，由于附面层中流速低，附面层内的动量不足以克服顺流压力的增加，因而会发生分离，而形成大的分离涡流损失。③尾迹损失：由于叶型上下表面附面层在叶型后缘汇合，形成停滞涡流区，动能转化为热能而产生损失。

37. 简述活塞式压缩机汽缸留有余隙的作用。

答：①压缩气体时，气体中可能有部分蒸汽凝结下来。因为液体是不可压缩的，如果汽缸不留余隙，压缩机汽缸或活塞不可避免的会遭损坏。因此压缩机汽缸中必须留有余隙。②余隙的存在及残留在余隙容积内的气体可以起到缓冲气垫的作用，避免了活塞与汽缸盖发生撞击而损坏。同时，为了装配和调节的需要，在汽缸盖与处于死点位置的活塞之间也必须留有一定的余隙。③压缩机上装有气阀，在气阀与汽缸之间及阀座本身的气道上都混有活塞赶不尽的余气，这些余气可以减缓气体对出口阀的冲击作用，同时也减缓了阀片对阀座及升程限制器的冲击作用。④由于金属的热膨胀，活塞杆、连杆在工作中，随着温度升高会发生膨胀而伸长。汽缸中留有余隙就能给压缩机的装配、操作和安全带来好处，但是对压缩机的工作带来不好的影响。所以在一般情况下，压缩机汽缸留有的余隙为汽缸工作容积的 3% ~ 8%。汽缸留有余隙不能过大，如果过大，将降低机组的运行效率。

38. 简述往复式压缩机振动的特点。

答：往复式压缩机的运动部件是一套曲柄连杆结构，这些部件在工作时既有旋转运动，又有往复运动，因此，压缩机工作时就存在两种惯性力，即曲柄旋转时产生的旋转惯性力和活塞组件往复运动时产生的往复惯性力，连杆运动则兼有这两种惯性力的作用。压缩机的主要运行部件以往复式运动为主，往复惯性力周期变化是压缩机产生振动的主要原因，激振力以往复惯性力、脉动活塞力、脉动气体压力为主，振动频率较低，而阀片的冲击、部件的碰磨又会产生高频的振动，因此，往复式压缩机的振动既具有低频高能量的特点，也具有高频冲击振动响应，压缩机间歇的吸气、排气，产生气流的压力脉动，引起管路的振动，进一步加剧了压缩机振动，使得振动特征十分复杂。

39. 说明机组转子永久性弯曲常用的直轴方法有几种，并说出热状态直轴法的具体方法。

答：转子永久性弯曲常用的直轴方法有四种，包括局部加热直轴法、机械直轴法、局部加热机械直轴法和热状态直轴法。

热状态直轴法的具体方法：松弛是金属在高温下的一种特性，即在一定的温度下，由于温度效应使金属部件的过盈水平有所降低，材料呈现松弛状态。松弛法直轴，就是在转子处于松弛状态下进行直轴，由于应力水平低，使直轴的危险性也降低了一些。为了使转子加热均匀，通常采用电感应加热法，对转子弯曲部位的整个圆周加热。一般当温度达到 580 ~ 650℃（采用多高的温度，取决于转子材料的化学成分，所控制的最高温度不得超过此种材料的回火温度）时，再对转子弯曲处的凸出侧加压，从而使转子得到矫正。这种方法还可以直接利用转子的冷却过程对转子进行退火处理，以达到消除参与应力的目的。

40. 简述活塞式压缩机常用的诊断方法及具体的诊断监测内容。

答：常用的诊断方法五种：热力性能参数监测、振动噪声监测、温度监测、介质金属法、示功图法。

诊断监测内容：①热力性能参数监测：通过监测压缩机在运行过程中的排气量、排气压力、排气温度、润滑油温度、润滑油压力等参数来进行故障诊断。这些参数可以及时、有效地判断出压缩机在工作中出现的问题，为故障诊断提供了有力的依据。但是应该注意到，这些参数对于故障的精确定位还是无能为力的，而且在故障的早期阶段，这些参数也是不敏感的；②振动；③温度监测：这里的温度不仅仅包含进、排气温度，润滑油温度等工艺参数，更主要的是指往复式压缩机的许多零部件，在有冲击、摩擦及磨损的状态下所表现出来的特定位置的温度变化，（例如，对于往复式压缩机的填料泄漏故障以及气阀故障，温度就是很好的诊断参数。）但是，由于压缩机结构的限制，在很多对温度比较敏感的故障部件上（例如，连杆的大、小头轴承位置），温度参数是很难测取的，在往复式压缩机的故障诊断中，温度往往作为诊断的依据和振动分析等其他方法结合使用；④介质金属法：由于往复式压缩机运动件含有多种材料的摩擦副，这些摩擦副在相对运动时必然会产生一定的损耗，而磨损掉的金属微粒会进入润滑液中，因此通过定期对润滑液中金属微粒的成分及含量进行测量，就可以对机体内部磨损程度和磨损部位做出判定，目前一般采用的测试手段有油液的铁谱分析、光谱分析、红外光谱和油品理化分析等，常用的是光谱分析和铁谱分析；⑤示功图法：对于往复式压缩机而言，其热力性能故障也是往复式压缩机故障诊断的一个主要内容。同时，某些机械性能故障也会通过热力性能表现出来，而热力性能的变化又常常通过示功图的变化表现出来。根据示功图可以确定指示功率、容积系数、多变指数等热力性能参数，此外，所有阀、阀簧、活塞环和填料函的工作情况也都反映在示功图上。因此，示功图诊断就成为往复压缩机所独有（对旋转机械而言）的，对一些故障辨识又十分有效的诊断方法。

41. 说明活塞式压缩机空负荷试车的目的及负荷试车的具体步骤。

答：空负荷试车的目的：①检查活塞式压缩机的运动部件是否运转灵活，起到"跑合"的作用；②使活塞杆和填料箱内密封环达到严密的"研合"；③检查润滑油和冷却系统工作的可靠性和严密性；④检查电气、仪表检测系统是否完好可靠；⑤查找问题，排除故障，为负荷试车创造条件。

负荷试车的具体步骤：①缸内通入介质，检查各密封部件应无泄漏；②盘车检查汽缸无撞击声音；③按操作规程起机，检查各传动部件及汽缸有无异常；④检查压缩机主轴承、滑道等部位温度是否正常；⑤检查各级吸排气阀温度是否正常；⑥检查各级汽缸进出口气体温度和冷却水回水温度是否正常；⑦检查各级排气压力是否符合设计要求；⑧检查填料密封机刮油环密封是否泄漏；⑨基础工作时振幅在允许值内：转速 <200r/min，振幅应 <0.25mm；转速 <200 ~ 400r/min，振幅应 <0.20mm；转速 >400r/min，振幅应 <0.15mm；⑩压缩机所属的电气、仪表及各联锁报警装置应达到各专业技术要求；⑪运转过程每 2h 记录一次机组运行参数，并及时处理运行过程中发现的问题；⑫运行 24h 后各项技术指标符合规定要求，试车结束交付生产。

42. 什么是离心式压缩机的"缸"？什么是离心式压缩机的"段"？各有何作用？

答：在离心式压缩机中，我们通常将一套转子、一个汽缸及相应的部件组装在一起，称为压缩机的一个"缸"，它是对气体进行压缩的场所。一台离心式压缩机一般有一到三个"缸"。

在离心式压缩机中，通常将气体送入缸体经一级或几级压缩后引出进行中间冷却，再进入缸体进行压缩，我们将其称为离心式压缩机的"段"。离心式压缩机之所以设置"段"，是由于气体在压缩过程中温度升高，而气体在高温下压缩，消耗功将增大，并且对压缩机的运行十分不利，于是就采用中间冷却，以减少压缩耗功。

43. 离心式压缩机和轴流式压缩机有何不同？各有什么特点？

答：离心式压缩机和轴流式压缩机都属于透平式压缩机，二者最大的不同就是气体流动方向不同，离心式压缩机中气体沿径向流动，轴流式压缩机中气体沿轴向流动。

离心式压缩机和轴流式压缩机的特点见表 4 - 2 - 1。

表 4 - 2 - 1　离心式压缩机和轴流式压缩机的特点

轴流式压缩机	离心式压缩机
(1) 气体沿轴向运动	(1) 气体沿径向运动
(2) 气体经动叶作用获得能量头并在静叶叶中减速增压	(2) 气体经叶轮作用获得能量头并在扩压器中减速增压
(3) 用于大流量、低压力场合，稳定情况窄	(3) 用于大流量、中高压力场合，稳定情况宽

44. 离心式压缩机上安装有几种轴承？各起什么作用？

答：离心式压缩机上的轴承分径向轴承和止推轴承两种。

径向轴承的作用是承受转子重量和其他附加径向力，保持转子转动中心和汽缸中心一致，并在一定转速下正常旋转。止推轴承的作用是承受转子的轴向力，限制转子的轴向窜动，保持转子在汽缸中的轴向位置。

45. 如何测量径向轴承间隙？

答：测量径向轴承间隙的常用方法如下：

(1) 压铅法：在瓦的顶部和瓦壳中分面上各放上铅丝，瓦顶部的铅丝沿轴向不少于两根，之后装上瓦上半部分，均匀上紧螺栓，用塞尺检查瓦壳结合面间隙，应均匀相等。最后打开上半瓦，测量铅丝厚度，顶部铅丝厚度平均值减去中分面铅丝厚度即为轴瓦顶隙。对正顶部无瓦块的轴承，如五油楔可倾瓦轴承，应把所测上部两块瓦与轴之间的间隙值乘以 1.1

的系数，换算成顶部间隙。

（2）抬轴法：轴颈上安装千分表，轴瓦外壳用千分表监视，用抬轴器将轴轻轻抬起直至接触上瓦，但不使瓦壳上移，此时轴颈上千分尺读数即为轴瓦顶隙。

（3）假轴法：加工与轴直径相同的假轴颈，垂直固定于比轴瓦直径稍大的平台上，装入轴瓦，沿水平方向推动轴瓦，用千分表测量出轴瓦直径间隙。在轴瓦实际安装的上下位置方向推动轴瓦时，所测得的直径方向的总间隙即为轴瓦安装位置顶部间隙。

对圆筒形和椭圆形轴瓦的侧隙常用塞尺测量，塞尺塞进间隙中的长度不应小于轴颈直径的 1/4。

46. 如何调整径向轴承间隙？

答：常用调整径向轴承间隙的方法如下：①对圆筒形和椭圆形轴瓦的间隙，可采用手工研刮或轴承中分面加垫车削后修刮的方法调整；②对圆筒形和椭圆形轴瓦的顶部，可采用手工研刮或情况允许时对轴承中分面加垫的方法调整；③对多油楔固定式轴瓦，原则上不允许修刮和调整轴瓦间隙，间隙不合适时应更换新瓦；④对多油楔固定式轴瓦，不允许修刮瓦块，间隙不合适时应更换新瓦。对厚度可调的瓦块，可通过在瓦背后调整块下加不锈钢垫，或减薄调整快厚度的方法调整瓦量。注意对多油楔可倾式轴瓦，同组瓦块间厚度误差应小于 0.01mm。

47. 如何测量止推轴承间隙？

答：止推轴承间隙通常用推轴法测量，先将转子推到一侧极限位置，在转子轴头上或其他部位架上千分表，记录表针指示值。然后将转子推到另一侧极限位置，并记录千分表指示值，两次千分表读数之差，即为止推轴承间隙。注意要来回多推几次转子，转子轴向移动要到位。

48. 填料函温度升高有哪些原因？

答：①制作质量差：填料函支承环、密封环、内外夹环以及接触面的表面硬度和光洁度达不到要求密封元件尺寸，规格不合适，对活塞杆的压紧力太大；②装配不佳：密封元件刮研不好配合不严，填料函中心与活塞杆不一或间隙太大，填料箱压盖螺丝拧得松紧不一等原因造成填料偏斜；③使用维护不当：填料环与活塞杆没有仔细磨合，活塞杆弯曲，磨损截面呈椭圆形，润滑油孔道堵塞或油压不足，密封元件磨损或损坏，损坏的零件未及时更换。

49. 活塞的结构和作用是什么？

答：活塞结构形式根据压缩机的形式与压力的不同而有所区别。一般有轻型、直通、筒型、盘型、差式和组合式活塞等多种。活塞上开有活塞环（涨圈）槽，供装活塞环（涨圈）之用。

在有些卧式压缩机中，为防止活塞摩擦表面与汽缸滑面的擦伤和减少磨损起见，在活塞下部浇铸巴氏合金。

50. 十字头的结构和作用是什么？

答：十字头有开式和闭式的两种。中型与大型的压缩机的十字头具有可分的滑板，借助于垫片在装配或滑板磨损时调整滑板与平行导轨之间的间隙。十字头本体材料常用 ZG 铸钢制造，以适应十字头在时而受压，时而受拉的交变负荷下工作。

51. 连杆的结构和作用是什么？

答：连杆由杆身、连杆大头和连杆小头组成，连杆大头和连杆小头内制有衬瓦，根据不同程度浇注巴氏合金、青铜或其他合金，同时设有专用有管加以润滑。连杆通常做成开式和闭式两种，连杆在使用中受力极为复杂，所以要求制作质量高，一般有 35#、40# 或 45# 碳素钢锻造或冲制而成。

连杆的作用是将连杆小头的一端活动地联接在十字头或直接联接在活塞上（在无十字头压缩中）；连杆大头活动地联接在压缩机的曲轴上，将曲轴的旋转运动变为十字头或活塞的往复直线运动。可分为开式连杆和闭式连杆。

52. 曲轴的结构和作用是什么？

答：曲轴是压缩机中最昂贵的比较复杂和重要的机件。曲轴依照它所带动的连杆数目具有一个或多个曲拐，曲拐位于两轴径之间，两曲拐相隔 90° 或 180°。常由两个或多个支撑，安装在压缩机的曲轴箱内。

曲轴是一个旋转度较大的运动件，要承受很大的旋转应力，常用 35#、40# 或 45# 碳素钢锻制而成。曲轴不允许有裂纹、毛刺和影响质量的夹杂物，其摩擦表面不允许有凹痕和碰伤。

曲轴的功能是将皮带轮（或原动机）的圆周运动经过曲轴曲拐的旋转运动变为连杆的曲线运动，因此就是说曲轴是连接连杆改变旋转运动为十字头和活塞等直线运动的起源点。

53. 压缩机日常维护的内容有哪些？

答：①认真检查各级汽缸和运动机件的动作声音，根据"听"辨别它的工作情况是否正常，如果发现不正常的声音立即停车检查；②注意各级压力表，储气罐及冷却器上的压力表和润滑油压力表的指示值是否在规定的范围内；③检查冷却水温度、流量是否正常，若为水冷式压缩机，断水后不能立即通入水要避免因冷热不均发生汽缸裂纹，在冬季停车后要放掉冷却水以免汽缸等处冻裂；④检查润滑油供情况，运动机构的润滑系统供油情况（有些压缩机在机身十字头导轨侧面装有有机玻璃挡板，可以直接看到十字头运动及润滑油的供应情况）；汽缸、填料可用单向阀作放油检查，可以检查注油器向汽缸中注油情况；⑤观察机身油池的油面和注油器中的润滑油是否低于刻度线，如低时应及时加足（用油尺的须停车检查）；⑥用手感触检查机身曲轴箱十字导轨处吸排气阀盖等处温度是否正常；⑦注意电机的温升、轴承温度和电压表、电流表指示情况是否正常，电流不得超过电动机额定电流，若超过时，要找原因或停车检查；⑧检查压缩机是否振动、地脚螺钉有无松动和脱落现象；⑨注意压缩机和所属设备和环境的卫生；⑩储气罐、冷却器、油水分离器都要经常放出油水。

54. 压缩机为什么要试车？

答：新装配或经过大修后的压缩机，在使用前都要进行试车。因为压缩机在装配或大修的过程中，所有的相互配合的运动面（如轴瓦和轴，十字头滑板和滑道）虽然经过精确的研刮，但它们的表面还是较粗糙和不平的，因此，在正式投入生产运转前，应先进行试车，使这些运动面相互研合，配合得更好。

压缩机在装配或大修过程中，配合部分及联接部件虽然都按质量要求进行装配和调整，但在检查过程中，总是包括一些主观因素，因此，压缩机内还可能隐藏一些毛病，这些毛病，通过试车才可以发现，并随时加以消除。

55. 螺杆空压机的止逆阀在什么位置？在系统内有什么作用？

答：止逆阀位于主机排气管到油气分离器之间，作用为机器停机后防止油倒灌到主机。

压缩机的最小压力阀也有止逆作用，最小压力阀位于油气分离器上方出口；其功能为：① 当起动时优先建立润滑油所需的循环压力，确保机器润滑。② 当压力超过设定压力时阀开启，可降低流过油气分离器的空气流速，除确保油气分离效果之外，并可以保护油气分离滤芯免因压差太大而受损。③防止空车泄放时外部管网压力回流。

56. 断油电磁阀有何作用？主机内部有一个临时的储气罐吗？进气和排气阀在主机的两端吗？当进气和排气阀坏时，如何修理？

答：断油电磁阀是防止机器停机后，切断供油。螺杆机器的主机中没有储气能力，进气、排气可假设在转子的两端，而进、排气阀门都是主机外设。进气阀只能进行调整，排气阀只是一个止逆阀，当进气阀和排气阀坏时，必须更换。

57. "发现分离器压差达到0.6bar以上（极限1bar）或压差开始有下降趋势时应停机更换分离芯。"是什么意思？此分离器是指油分离器还是水分离器？

答：分离器压差超过0.6bar必须更换油分离芯，这是因为机器卸载是以分离后压力作为定值，当压差超过上述值时，分离前压力将高于额定压力以上0.6bar，电机将超负荷而过载。这里所描述的都是油气分离器而非水分离器。

58. 为什么要对机组联轴器找正？

答：联轴器的找正是机组安装中的重要工作之一。找正的目的是在机组工作时使主动轴和从动轴两轴中心线在同一直线上。找正的精度关系到机组是否能正常运转，对高速旋转的机组尤为重要。两轴绝对准确的对中是难以达到的，对连续运转的机器要求始终保持准确的对中就更困难。各零部件的不均匀热膨胀，轴的挠曲，轴承的不均匀磨损，机器产生的位移及基础的不均匀下沉等，都是造成不易保持轴对中的原因。因此，在设计机器时规定两轴中心有一个允许偏差值，这也是安装联轴器时所需要的。从装配角度讲，只要能保证联轴器安全可靠地传递扭矩，两轴中心允许的偏差值愈大，安装时愈容易达到精确，机器的运转情况愈好，使用寿命愈长。所以，不能把联轴器安装时两轴对中的允许偏差看成是给安装者草率施工所留的余量。

59. 简述透平压缩机组安装的基本程序。

答：主冷凝器安装就位→基础检查处理→透平就位→压缩机及增速箱就位→透平找平→轴端距的测量，联轴器的套装，透平压缩机组的初步找正→透平及压缩机的一次灌浆→冷凝器套筒的焊接（弹簧支座型冷凝器的称重）→透平压缩机组的揭盖检查及各部分间隙的测量→透平压缩机组的二次找正及轴端距的复测→透平压缩机组的二次灌浆→机组油系统清洗验收→透平进口蒸汽管道吹扫及压缩机工艺管道吹扫→调速保安系统清洗与安装复位→最终找正→蒸汽及工艺管道复位→复查最终找正（换下假瓦），复查轴端距→径向、止推间隙的复查，轴承箱的清洗，各部滑销和膨胀间隙的测定及定位销的定位→仪表联锁系统调试→调速保安系统的静态调试→透平单体试车→透平压缩机机组试车。

60. 简述透平机组推力轴承正常工作应具备的条件。

答：推力轴承是动压轴承，要使轴承正常工作，应具备以下条件：①润滑油具有一定黏度；②动、静体之间有一定的相对速度；③相对运动的两表面倾斜，以形成油楔；④外载荷在规定范围之内；⑤足够的油量。

61. 离心式压缩机组的辅助设备包括哪些内容？

答：离心式压缩机组主机的平稳运行是以辅助系统设备的正常运行为前提的，辅助系统设备包括如下几方面的内容：润滑系统，润滑系统包括润滑油箱、润滑油泵、润滑油过滤器、冷却器和高位油罐等设备；密封油系统，密封油系统有密封油箱、密封油泵、密封油过滤器、冷却器以及密封油高位油罐等设备；真空复水系统，该系统包括复水泵、复水器以及两级抽汽器等设备；电气仪表系统，该系统有电控柜、仪表箱、电动机等设备以及调节控制元件。

62. 轴向力的危害是什么?

答:高速运行的转子始终作用着由高压端指向低压端的轴向力,转子在轴向力的作用下将沿轴向力的方向产生轴向位移,转子的轴向位移将使轴颈与轴瓦间产生相对滑动。因此有可能将轴瓦或轴颈拉伤,更严重的是由于转子位移将导致转子组件与定子组件的摩擦碰撞乃至机器损坏,由于转子轴向力有导致机件摩擦磨损碰撞乃至破坏机器的危害,因此应采用有效的技术措施予以平衡以提高机器运行的可靠性。

63. 多级离心式压缩机轴向力是怎样产生的,有哪些平衡方法?

答:在多级离心式压缩机中,由于每节叶轮量测气体的作用力大小不等,使转子受到一个指向低压端的轴向合力,这个合力就称轴向力。轴向力使转子产生轴向位移,严重时不仅会引起推力轴承磨损,甚至还会与缸体隔板相碰,造成灾难性事故,因此要设法平衡它。

平衡方法:多个叶轮顺排,轴向力为每级叶轮轴向力之和,累计后转子总的轴向力将很大。因此,只要在结构上允许,往往对称布置叶轮。为降低轴向力常采用平衡盘来平衡轴向

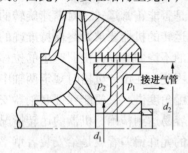

图 4 - 2 - 5　转子示意图

力,平衡盘总是设在转子的高压端处,平衡盘外缘与汽缸间设有迷宫密封,其一侧为压力最高的末级汽轮,另一侧与压力最低的进气管相通,见图。其两侧的压差是转子受到一个与叶轮轴向力相反的力,其大小决定于平衡盘的受力面积:$P = (\pi/4)(d_2{}^2 - d_1{}^2)(p_2 - p_1)$。如图 4 - 2 - 5 平衡盘可将大部分轴向力(大约 70% 的轴向力)平衡掉,但通常总要留下 10000N 左右的残余轴向力(大约 30% 的轴向力),由推力轴承承担,以防止转子产生轴向窜动。实践证明,保留一定的轴向力是提高转子平稳运行的有效措施。转子上的残余轴向力通过推力盘传给推力轴承上的推力瓦块实现力的平衡。

64. 离心式压缩机在生产运行中要定期检查和记录哪些参数?

答:离心式压缩机在生产运行中要定期检查和记录以下几方面的操作参数:汽轮机操作参数,主蒸汽压力温度,汽轮机排汽温度,汽轮机轴承进油压力和温度轴瓦温度,以及轴瓦回油温度、回油状况和汽轮机转速。

真空复水系统操作参数:复水器真空度,复水器液位,复水器上下水压力,复水泵运行状况以及两级抽气器使用情况。

压缩机操作参数:压缩机一段入口、一段出口、二段入口和二段出口温度,一段入口、一段出口以及二段出口压力,轴承进油压力和回油温度,轴瓦温度以及回油状况轴承振动和位移情况等。

润滑系统操作参数:润滑油泵出口压力,油冷却器出口油温,油过滤器压降,动力油压力,润滑油进轴承压力,油箱液位,高位油箱以及各轴承回油情况,润滑油泵运行状态等。

轴封系统操作参数:密封油泵出口压力,油冷却器出口油温,油过滤器压降,密封油与密封气压差油箱液位,密封油高位油箱和密封油的回油情况,密封油泵运行状态。

以上 5 个方面的操作参数必须按时进行巡回检查,但不一定所有参数都作记录,各企业可根据设备使用情况及需要摘录其中部分参数。

65. 简述离心式压缩机出现喘振特征及危害。

答:离心式压缩机一旦出现喘振现象,则机组和管网的运行状态具有以下明显特征:气

体介质的出口压力和入口流量大幅度变化，有时还可能产生气体倒流现象；气体介质由压缩机排出转为倒流，这是较危险的工况；管网有周期性振荡，振幅大、频率低，并伴有周期性吼叫声；压缩机振动强烈机壳轴承均有强烈振动，并发出强烈的周期性的气流声。由于振动强烈轴承液体润滑条件会遭到破坏，轴瓦会烧坏转子与定子会产生摩擦碰撞，密封元件将严重破坏。

66. 简述压缩机的润滑系统组成和功能。

答：一般压缩机的润滑系统由润滑油箱、主油泵、辅助油泵、油冷却器、油过滤器、高位油箱阀门以及管路等部分组成。润滑油箱：润滑油箱是润滑油供给回收沉降和储存设备，内部设有加热器，用以开车前润滑油加热升温，保证机组启动时润滑油温度能升至 35～45℃ 的范围，以满足机组启动运行的需要。回油口与泵的吸入口设在油箱的两侧，中间设有过滤档板使流经油箱的润滑油有杂质沉降和气体释放的时间，从而保证润滑油的品质，油箱侧壁设有液位指示器以监视油箱内润滑油的变化情况，以防机组运行中润滑油出现突变，影响机组的安全运行。

润滑油泵：润滑油泵一般均配置两台，一台主油泵，一台辅助油泵，机组运行所需润滑油由主油泵供给，辅助油泵系主油泵发生故障或油系统出现故障使系统油压降低时自动启动投入运行，为机组各润滑点提供适量的润滑油品，所配油泵流量一般为 200～350L/min，出口压力应不小于 0.5MPa，润滑油经减压使系统油压降至 0.08～0.15MPa 进轴承。

润滑油冷却器：润滑油冷却器用于反回油箱的油温有所升高的润滑油的冷却，以控制进机油温在 35～45℃ 的范围，油冷却器一般均配置两台，一台使用，另一台备用。当投入使用的冷却器其冷却效果不能满足生产要求时，切换至备用冷却器，维持生产运行并将停用冷却器解体检查、清除污垢后组装备用。

润滑油过滤器：润滑油过滤器装于泵的出口，用于进机润滑油的过滤，是保证润滑油质量的有效措施，为确保机组的安全运行，过滤器均配置两台，运行一台，备用一台。

高位油箱：油箱是一种保护性设施，机组正常运行时高位油箱之润滑油由底部进入而由顶部排出。

反回油箱：当主油泵发生故障，辅助油泵又未及时启动时，则高位油箱的润滑油将沿进油管靠重力作用流入润滑点，以维持机组惰走过程的润滑，需要高位油箱的储油量一般应维持不小于 5min 的供油时间。

67. 离心式压缩机常见的保护措施有哪些？

答：离心式压缩机的转子是在高速旋转的状态下进行工作的，高速旋转的转子一方面为气体介质的升压输送提供能量，同时也有造成超温超压振动以及磨损断轴等破坏性事故的可能，因此应设置有效的保护措施。常见的保护措施有以下几种：温度保护措施，压缩机缸段间进气温度保护、轴瓦工作温度保护、润滑油和密封油的进机温度保护以及油箱油温的保护等；压力保护措施，压缩机出口压力保护、润滑油和密封油供油压力保护以及冷却水压力的保护等；机械保护措施，压缩机转子、轴位移、轴振动以及转子超速等；以上所述的温度压力和机械等三个方面的保护措施是离心式压缩机长周期安全运行不可缺少的保护措施。

68. 转子为什么会产生轴向力？

答：转子在高速旋转的工作过程中，叶轮两侧充满着具有一定压力的气体介质。在内径至外径的环形面积上，轮盖与轮盘承受着大小相等，方向相反的压力盘盖，就是说此叶轮的这一环形面积上不产生轴向力。显然轴向力产生于所受压力不等的轮盖侧和轮盘侧的环形面积上，轮盖侧产生的轴向力有气体静压强、叶轮出口压强与叶轮进口压强，差值越大则叶轮产生的轴向力就越大。

当压缩机减负荷运行时，由于叶轮出口与进口压差增加，以及气流在进口的冲力减小，因此会导致轴向力增加。所以压缩机减负荷运行时要考虑推力瓦的承载能力。多级叶轮产生的轴向力为每级叶轮轴向力之和。

69. 压缩机的基本类型有哪几种？

答：压缩机按作用原理可分为：

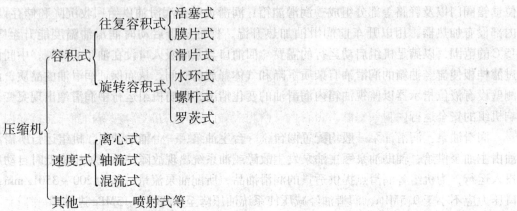

70. 压缩机的主要性能指标是什么？

答：主要性能指标有流量、压缩比（排气压力）、转速、功率、效率等。

71. 什么叫临界转速？

答：离心式压缩机、汽轮机和鼓风机等高速旋转机械的转子，由于受材质、加工及装配等方面的影响，不可能做到绝对平衡，其质心与轴心之间总存在一偏心距 e。在高速旋转时，由于偏心距 e 在转子中的不平衡质量就会产生周期性的干扰力和干扰力距，当作用于转子上的干扰力和干扰力距的频率等于或接近于转子的固有振动频率时，机器便会强烈的振动，此振动称之为共振，机器发生共振时的转速称之为临界转速。

72. 透平和压缩机在升速过程中为什么要快速通过临界转速？

答：在临界转速下，将发生强烈的转子共振，从而使得转子部件产生很大的附加应力，动静部分摩擦碰撞严重时会造成部件损坏、轴断裂、磨损加剧、密封损坏等，所以决不允许透平和压缩机在临界转速下长时间运转，升速过程中应快速通过，正常工作点应尽可能远离临界点。

73. 什么是喘振现象？什么是喘振流量？

答：当压缩机的气量减少到一定程度，由于体积流量不足，引起瞬时的周期性的气体回流，伴随着低沉的噪声和强烈的震动，使压缩机操作极不稳定，这种现象称为喘振或飞动。

具体解释如下：当进入叶轮的气量小于额定流量时，在流道内会形成旋涡，产生气流分离现象。在流量进一步减少到某一值时，气流的分离区扩大到整个流道，产生严重的旋转脱离，使压缩机的出口压力突然下降，无法向管路压送气体。这时，具有较高压力的管路气流就会倒流进入叶轮，直至两者的压力相等，压缩机又恢复正常工作，重新向管路压送气体，但这样又使叶轮流量减小，气流分离重新发生，管路气体又倒回来，再一次重复上述过程，如此，周而复始地进行，使压缩机和其后的连接管线产生周期性的气流震荡现象，引起转子动应力的增加，机组强烈振动和压缩机的不稳定运行。

压缩机发生喘振时的流量叫喘振流量，不同转速下其喘振流量不同。

74. 如何防止喘振现象发生?

答：①根据工艺要求，保证足够的流量，使压缩机处于稳定工况区；②根据工艺条件变化，及时调节转速，使压缩机远离喘振点；③采取出口放空或出入口之间增加旁路(反飞动阀)的措施，保证入口足够的气体流量。

75. 迷宫密封的原理是什么?

答：压缩机缸体的气体向外泄漏，其原因是机内压力高于外界压力，两者之间存在一个压差，Δp 越大，泄漏量越大，当 Δp 趋于零时，泄漏量也趋于零。当带压气体通过迷宫密封的第一个梳齿时，截面积突然减少，气体产生节流，在齿尖处的流速大大加快，气体的部分静压能转为动能，气体通过齿头后截面积突然增大，气体速度下降，气体的部分动能又转变为静压能，由于在齿尖处流通面积的突然缩小和扩大，阻力系数很大，高速气体通过时的压力损失也很大；同时，气流在两梳齿间的空腔内会产生旋涡，消耗部分动能。所以气体通过第一梳齿后的压力 p_2 必然小于缸内压力 p_1，同样道理，气体通过第二梳齿后，压力 $p_3 < p_2$，以此类推，当泄漏气体连续通过几个梳齿后，压力逐渐减少到等于大气压力，此时压差 Δp 趋向于零，以达到密封的目的。

76. 引起机组振动的原因有哪些?

答：①轴承油压下降，油温过高、过低或油质劣化；②喘振；③蒸汽带水，氢气带液；④主轴弯曲或叶轮与主轴结合处松动；⑤叶片断裂，动平衡破坏；⑥轴封破坏，迷宫梳齿之间碰撞或与轴发生摩擦；⑦因升降温不合适，热应力过大造成汽缸变形；⑧转子与定子之间有异物；⑨联轴节中心不对正或轴瓦间隙不合适；⑩机组基础螺栓及轴承座与基座之间联结栓松动。

77. 压缩机入口分液罐的作用是什么?

答：缓冲压力、沉降分离液体，防止压缩机产生液击而损坏叶片及汽缸部件。

78. 往复式压缩机的工作原理是什么?

答：活塞在汽缸中做周期性往复运动时，由于活塞与气阀相应的开启动作相配合，从而使缸内气体依次实现膨胀—吸气—压缩—排气四个过程。循环往复，承上启下，将低压气体升压而源源不断地输出。

79. 什么是活塞行程?

答：活塞距离曲轴中心最远的位置叫外止点。

活塞距离曲轴中心最近的位置叫内止点。

活塞内外止点之间的距离叫活塞行程，也叫冲程。

80. 什么是余隙容积? 为什么往复机要留有余隙容积?

答：当活塞处于止点时，活塞顶与汽缸之间所构成的容积叫余隙容积，一般情况下，余隙容积约为汽缸工作体积的 3%～8%。

① 由于压缩机运动摩擦发热会使连杆、活塞杆等发生伸长和各个连接部件松动，安装也有误差。当缸端留有余隙时不会使活塞与缸盖发生撞击而损坏。②气体压缩时，部分气体凝结下来，若无余隙容积时，会产生液击作用而损坏。③由于有了余隙容积，使残留在其中的气体容积发生膨胀作用，使压缩机吸入和排气过程中，对吸排气阀有缓冲作用。④方便调节和装配。余隙越大，占据的压缩空间越大，吸入气体时越少，因此改变余隙空间可调整负荷大小。⑤在气阀与汽缸之间及阀座本身的气道上会有活塞赶不尽的余气，这些余气可以减

缓气体对进出口气阀的冲击作用，同时也减缓阀片对阀座及升程限制器的冲击作用。

81. 入口卸荷器的工作原理是什么？

答：可理解成入口单向阀，只进不出，如果将单向阀阀板垫起来起不到单向阀的作用，在压缩过程中气体又返回入口，入口卸荷器就是根据此原理而设计的，卸荷器是由弹簧力推动活塞，然后由顶针将气阀阀板顶住，破坏了单向阀的作用，此时，处于卸荷状态；当不给风压时，活塞压缩弹簧顶针上移，气阀恢复单向阀作用，气体被压缩后排出，而不能回到入口，此时，处于加荷状态。

82. 影响往复式压缩机排气量的因素主要有哪些？

答：①余隙；②泄漏损失；③吸入气体的温度、压力；④吸入气阀的阻力。

83. 吸、排气阀有何区别？安装时注意什么？装反会出现什么问题？

答：吸气阀的阀座在汽缸外侧，排气阀的阀座在汽缸内侧，其他零件按照阀座位置装配。对于吸气阀，螺丝刀可以从阀的外侧顶开阀片；对于排气阀，螺丝刀可以从阀的内侧顶开阀片。

安装时，要确定吸、排气阀的位置。

如果装反，则无法吸入和排出气体。

84. 往复机主要组成部分有哪些？

答：主要有：机身、曲轴、十字头、连杆、中间连筒、汽缸、活塞及活塞杆、吸入卸荷器、密封填料、气阀、运动机构润滑油等。

85. 刮油环的结构及作用是什么？

答：用于阻止机身中的润滑油通过活塞杆进入汽缸。它装在接筒靠近机身一侧。刮油环由一个压盖、一个槽环、一个刮油环和一个密封环组成。

86. 活塞杆密封填料的结构及作用是什么？

答：密封元件由切向密封环、径向密封环和阻流环构成，是压缩机的重要部件之一，用来密封汽缸中高压气体沿活塞杆泄漏。

87. 往复压缩机产生液击有何现象和危害？如何处理？

答：当液体进入汽缸时，会产生激烈的液击声，汽缸和机身剧烈振动。同时，由于负荷大，会使电流增大并波动，汽缸中的液体被活塞推动，剧烈地向汽缸盖上冲击，可能将汽缸盖击碎，而其反作用力将导致活塞杆弯曲，严重时会将压缩机全部损坏，威胁装置及人身安全。

造成液击主要原因是工艺气体带液，入口缓冲罐、级间排凝液位超高，另外，输送介质组分发生变化也有可能。

处理：加强排凝，若液击严重，可立即停车。

88. 新安装或大修后的往复压缩机开机前要进行哪些检查？

答：①确认新安装或大修的机组是否经过试运合格；②检查所有的保护装置是否正常，做这一试验时必须将压缩机驱动电机的电源切断。在每一装置检查完成后，重设控制板；③检查所有电机是否转动正常；④联系电工检查电机绝缘电阻并送电，更换开、停牌，电机及各项电器设备处于良好状态，接地良好；⑤检查确认压缩机气阀安装的位置是否正确，也就是说，吸气阀装在吸入阀腔内，排气阀装在排出阀腔内；⑥全面检查整台压缩机，特别是顶部部分，确认无松动部件、无杂物或工具在上面，以防引起损坏（落入马达或其他附属设备上），确认自安装以来未搞错什么地方；⑦检查所有外螺母和螺栓扭矩或紧固是否正确；

⑧检查所有的管线连接是否松动、阀门是否按要求开启或关闭、盲板是否按要求复位；⑨检查曲轴箱油池、注油器油箱、电机轴承箱、盘车器的轴承箱及减速箱是否已清洗干净，并加入合格的润滑油至规定油位；⑩检查并清洗干净润滑油过滤器；⑪检查确认各机的各旁路压控阀、排火炬的压控阀、排燃料气的压控阀、分液罐的液控阀全部处于开的位置并关闭其副线阀；⑫确认机组所属仪表已经调校并投用。

89. 往复压缩机开车以后，应做哪些检查？

答：①检查汽缸内有无冲击、碰撞等不正常现象；②检查润滑冷却情况；③检查出口压力，排气量是否符合工艺要求；④检查各部位温度是否符合规定要求，各级排气温度是否在规定值内；⑤检查各部泄漏情况，各连接处松动情况；⑥各部分振动值在允许范围内。

90. 往复压缩机组有哪些附属设备？作用是什么？

答：①液气分离器：安装在填料漏气回管路上，其作用是从填料漏气中分离出所含填料润滑油，以保证回收管路畅通；②脉动缓冲器：缓冲压缩机的脉动压力，变为连续压力，减少振动提高气阀的使用寿命；③气体管道过滤器：在总进口管道上设有过滤器，用以净化从工艺系统来的不洁气体；④润滑油系统：向压缩机提供润滑油；⑤盘车装置：用于压缩机开车前和停车后盘车时用。

91. 容积式压缩机与速度式压缩机有何区别？

答：容积式压缩机利用在汽缸内做往复运动的活塞改变工作容积从而使气体体积缩小，提高气体压力。速度式压缩机是靠高速旋转的叶轮的作用，提高气体压力和速度，然后在扩压器中使速度能进一步转变为压能。

92. 温度对往复式压缩机有何影响？

答：①吸入气体温度过高，会减少排气量；②压缩过程中气体温度过高，会增大功耗，降低机器效率；③润滑油温度过高，会降低黏度和油压，影响润滑效果；④汽缸温度过高，会使润滑油烧枯，失去润滑作用，同时，还会使活塞、活塞环和气阀等机件工作不良，增大磨损；⑤轴承温度过高，会烧坏轴瓦；⑥冷却水温度过高，会失去冷却作用；⑦电机温度过高，会有烧毁的危险；⑧其他机件过热，会降低机件强度，甚至变形。

但是，某些温度也不宜过低，冷却水低于0℃冻凝而影响水的循环，润滑油温度过低，使黏度变大而影响润滑，因此，我们从各个部位温度变化情况来判断压缩机工况是否正常，并将各部温度控制在规定范围内，以保持机组正常运转。

93. 对压缩机出口反飞动阀的要求是什么？

答：当压缩机流量小于喘振流量时，应立即打开出口反飞动阀，使一部分气体返回入口以增加流量，避免压缩机在喘振工况下运转，要求该阀动作迅速、灵敏、阀位与信号成线性关系。关闭时，泄漏量小，具有较高的稳定性。

94. 什么是轴位移？有什么危害？

答：压缩机与汽轮机在运转中，转子沿着主轴方向的串动称为轴向位移，轴位移变化说明机组的动、静部分相互位置发生变化，如果位移值接近或超过动、静部分的最小轴向间隙时，将发生摩擦碰撞，损坏机器。

95. 油气分离器的作用是什么？

答：从内浮环流出的密封油含有工艺气体，必须经油气分离器处理后才能排放，若气体不放空，将导致B室内压力不断上升，最后与压机侧压力平衡。B室内的封油在温度和轴的扰动作用下，会形成油雾，油雾将沿迷宫密封扩散到汽缸内，污染工艺气体，为防止油雾扩散到汽缸内，应当使缸内气体以一定的速度通过迷宫密封向 B 室泄漏，油气分离器的作用就是通过气体排空进行减压，排气速度由排气管上的限流孔板来控制，排气量控制在压缩机气量的 $0.05\% \sim 0.1\%$。

96. 简述低速动平衡的选择原则。

答：①刚性转子、准刚性转子找动平衡，应采用低速动平衡进行校正；②挠性转子、半挠性转子找动平衡，应采用高速动平衡进行校正；③对于未归类的转子找动平衡，为妥善起见，应采用高速动平衡进行校正。

97. 往复压缩机轴承温度高的原因是什么？

答：轴瓦与轴颈贴合不均匀；轴瓦间隙过小；轴承偏斜；主轴弯曲；润滑油供给不足；润滑油质太脏或变质；润滑油进油温度过高。

98. 离心式压缩机组空运转的目的是什么？

答：检验、调整机组的技术性能，消除设计制造、检修中的问题；检验、调整机组各部的运动机构，并得到良好的跑合；检验、调整机组电器、仪表自动控制系统及其附属装置的灵敏性和可靠性；检验机组各部的振动情况，消除异常振动和噪声；检验机组润滑系统、冷却系统、工艺管路系统及附属装置的正确性和严密性。

99. 离心压缩机轴承温度过高的原因是什么？

答：油压低、进油量小；轴瓦间隙不符合要求；轴瓦装反或损坏；轴承进油温度高；润滑油变质；转子对中偏差大；转子不平衡。

100. 离心压缩机润滑油压力下降的原因？

答：润滑油过滤器堵；主油泵磨损严重，间隙超标；回油调节阀失效；油冷却器管束内泄漏；轴瓦损坏、间隙严重超标；油温过高，润滑油黏度下降。

101. 离心压缩机出口流量低的主要原因有哪些？

答：密封间隙过大；静密封点泄漏；进气管道上气体除尘器堵塞；介质温度过高；压缩机反转；压力计或流量计失灵。

102. 简述活塞压缩机活塞杆过热的原因及处理方法。

答：①活塞杆与填料盒有偏斜，造成相互有局部摩擦，应进行调整；②填料环的抱紧弹簧过紧，摩擦力大，应适当调整；③填料环轴向间隙过小，应按规定要求调整轴向间隙；④给油量不足，应适当增大油量；⑤活塞杆与填料环磨合不良，应在配研同时加压磨合；⑥气和油中混入夹杂物，应进行清洗并保持干净；⑦活塞杆表面粗糙，应重新磨杆，超精加工。

103. 简述汽缸发出撞击声的原因及处理方法。

答：①活塞或活塞环磨损，应处理或更换；②活塞与汽缸间隙过大，应更换缸套；③曲轴连杆机构与汽缸的中心线不一致，应按要求规定找好同心；④汽缸余隙容积过小，应适当调整余隙容积；⑤活塞杆弯曲或连接螺母松动，应进行修复或更换活塞杆，并拧紧连接螺母；⑥润滑油过多或污垢会使活塞与汽缸的磨损加大，要适当调整供油量或更换润滑油；⑦吸、排气阀断裂或顶丝松动，应进行修复或更换。

104. 简述吸、排气阀发出敲击声的原因及处理方法？

答：①阀片折短，应更换新的阀片；②弹簧松软或折短，应更换适当强度的弹簧；③阀座深入汽缸与活塞相碰，加垫片使阀座升高；④阀座在装配时顶丝松动；⑤气阀的紧固螺栓松动；⑥阀片的起落高度太大。

105. 简述离心压缩机径向轴承的几种间隙测量方法。

答：①压铅法：在轴颈和轴承中间分别放上铅丝，放好铅丝后装上上半轴承，均匀上紧螺栓，使铅丝压扁，取下铅丝，用外径千分尺测量铅丝压剩尺寸。

② 抬轴法：用两支百分表，一个放在轴最高点，一个放在轴承盖上最高点，用适当工具松轴，直到轴承盖上最高的表读数产生 0.005 的读数为止，另一表的读数即为径向间隙。

106. 离心压缩机的主要特点是什么？

答：①结构简单，易损件少，运转可靠，一般能连续运转两年以上；②转速高，生产能力大，体积小，投资少；③供气量均匀，有利稳定生产，气体纯度高；④多采用汽轮机驱动，节约能源。

107. 活塞压缩机的主要缺点是什么？

答：①气体带油污；②惯性大，所以转速不能过高，外形尺寸和基础占地面积大；③排气量不连续，气压有波动；④易损件较多，维修量大。

108. 为什么第一级汽缸直径一定要比第二级汽缸直径大？它们之间的关系怎样？

答：因为经第一级压缩后，气体的压力增大，容积减小，当气体进入第二级汽缸时，气量没有第一级那么大，故第二级汽缸要比第一级汽缸直径小。另外，如有中间抽气，或蒸汽冷凝，则下一级汽缸尺寸必然比前一级汽缸小。

109. 怎样判别各级气阀有故障？

答：当一级入口阀有故障时，一级出口压力低其他各级也受到影响。可以用气阀盖上的温度来判断哪一个气阀有故障。因为气阀发生故障时，温度升高。此外，还可以用金属棒察听来识别，如果气阀漏气重，还会发出吱吱的声音。二、三级入口气阀发生故障时可借助下一级压力升高来判断。

110. 简述活塞压缩机的日常维护。

答：①定时巡检并做好记录；②定时检修各部轴承温度；③定时检查润滑情况；④定时检查冷却室温度；⑤定时检查各密封部位是否泄漏；⑥检查各运动部件有无异常声响，各紧固件有无松动。

111. 活塞式压缩机汽缸和运动部件发生异常声音的故障原因有哪些？

答：①气阀有故障；②气阀余隙容积太小；③汽缸内有异物；④汽缸内进入液体；⑤汽缸套松动或断裂；⑥活塞杆螺母松动或断裂；⑦连杆螺栓、轴承盖螺栓、十字头螺母松动或断裂；⑧主轴变形发生裂纹或断裂。

112. 简述往复式压缩机的工作原理。

答：往复式压缩机是活塞式压缩机，它是依靠汽缸内活塞的往复运动来压缩气体，根据所需压力的高低，它可以做成单级或多级；为了使机器受载均衡，它还可以做成单列多列。

113. 简述回转式压缩机的工作原理。

答：回转式压缩机内无往复运动件，它依靠机内转子回转时产生容积变化而实现气体的压缩。按照结构形式的不同，又可分滑片式和螺杆式两种。滑片式压缩机内转子偏心装在机壳内，转子上开有若干径向滑槽，槽内装有滑片，当转子转动时，滑片与机壳内壁间所形成的压缩腔容积不断缩小，从而使气体受到压缩。

114. 简述轴流式压缩机的工作原理。

答：轴流式压缩机与离心式相同，也是靠转动的叶片对气流作功，不过它的气体流动方向与主轴的轴线平行。

115. 离心压缩机的主要构件有哪些？

答：①叶轮：它是离心压缩机中唯一的作功部件。气体进入叶轮后，在叶轮片的推动下随叶轮旋转，由于叶轮对气体作功，增加了气体的能量，因此气体流出叶轮时，压力和速度均有增加。②扩压器：气体由叶轮流出的速度很高，为了充分利用这部分能量，常常在叶轮后部设置流通截面逐渐扩大的扩压器，以便将速度能转化为静压能。一般常用的扩压器是一个环状通道，其中装有叶片扩压器，不装叶片的是无叶片扩压器。③弯道：为了把扩压器的气流引导到下一级叶轮去进行压缩，在扩压器后设置了使气流由离心方向改变为向心方向的弯道。④回流器：为了使气流以一定方向均匀地进入下一级叶轮进口，所以设置了回流器，在回流器中一般装有导叶。⑤蜗壳：其主要作用是将需要压缩的气流汇集起来引出机器。此外，由于蜗壳的外径及流通截面积逐渐扩大，也起到了降速扩压的作用。⑥吸气室：其作用是将需要压缩的气流，由进气管（或中间冷却器出口）均匀的导入叶轮去进行增压。因此，在每一段的第一级前都置有吸气室。

在离心式压缩机中，一般把叶轮与轴的组件称为转子，而将扩压器、弯道、蜗壳、吸气室等称为固定元件。

116. 简述离心式压缩机的工作原理。

答：机壳内主轴上装有若干个叶轮，每个叶轮与其相配合的固定原件构成一个级。工作时气体被吸入，逐级沿叶轮上的流道流动，在提高了气流速度能后，进入扩压器（静止件），进一步把速度能转换成所需的压力能，最后由排出口排出。

117. 离心式压缩机的润滑油系统包括哪些部分？

答：具体组成如下：①润滑油站：由油箱、油泵、冷却器、油过滤器、调压器、阀门及连接管路组成，全部组成共用一个底座，构成整体式供油系统。②高位油箱：当机组因故停车时，由于转子的惯性很大，要经过一段时间才能停下来，因此要有足够的油量来供给轴承润滑。这些油在机组工作时贮备在高位油箱里，油箱底部到压缩机中心线的距离一般在6m以上。

118. 离心式压缩机完好标准是什么？

答：(1) 运转正常，效能良好：①设备出力能满足正常生产需要或达到铭牌能力的90%以上；②润滑系统、封油系统、冷却系统、气体密封、平衡管等畅通好用，润滑油、封油选用各个领域规定，滑动或滚动轴承温度符合设计要求；③润滑油及封油的高位箱、轴向位移控制系统、防喘振措施及压力、流量控制、油、气差压控制齐全好用；报警及停机控制应灵敏准确；④运转平稳无杂音，轴位移符合设计规定，振动符合标准要求。

(2) 内部机件无损，质量符合要求：①机件材质选用符合设计要求；②转子径向、轴向跳动量，各部安装配合，磨损极限，均应符合规程规定。

(3) 主体整洁，零附件齐全好用：①压力表、真空表、转速表、温度计、传感器、测振探头、安全阀应定期校验，灵敏准确；安全护罩、联轴器零部件及盘车机构齐全好用；②主体完整，稳钉、机体排污、放水阀门齐全好用；③基础、机座坚固完整，地脚螺栓及各部连接螺栓应满扣、齐整、紧固；④进出口管线、阀门及附属管线安装合理，不堵不漏；⑤机体整洁，内外表面无敲、打、铲、咬的痕迹，保温、油漆完整美观。

(4) 技术资料齐全准确，应具有：①设备档案，并符合石化企业设备管理制度要求；②定期状态监测记录；③润滑油定期分析记录；④设备结构图及易损配件图。

119. 往复式压缩机完好标准是什么？

答：（1）运转正常，效能良好：①设备出力能满足正常生产需要或达到铭牌能力的90%以上；②压力润滑和注油系统完整好用，注油部位（轴承、十字头、汽缸等）油路畅通；油压、油位、润滑油指标及选用均应符合规定；③运转平稳无杂音，机体及管系振幅符合设计规定；④运转参数（温度、压力）等符合规定；各部轴承、十字头等温度正常；⑤轴封无严重泄漏，如系有害气体，其泄漏应采取措施排除；⑥段间管系振动符合规定。

（2）内部机件无损，质量符合要求：各零部件材质选用，以及活塞、十字头、轴瓦、阀片等安装配合，磨损极限以及严密性，均应符合规程规定。

（3）主体整洁，零附件齐全好用：①安全阀、压力表、温度计、自动调压系统控制及自启动系统应定期校验，灵敏准确；安全护罩、对轮螺栓、锁片等齐全好用；②主体完整，稳钉、安全销等齐全好用；③基础、机座坚固完整，地脚螺栓及各部连接螺栓应满扣、齐整、紧固；④进出口阀门及润滑、冷却系统，安装合理，不堵不漏；⑤机体整洁，油漆完整美观。

（4）技术资料齐全准确，应具有：①设备档案，并符合石化企业设备管理制度要求；②定期状态监测记录；③基础沉降测试记录；④设备结构图及易损配件图。

120. 垂直剖分离心式压缩机大修有哪些内容？

答：①检查、清理油过滤网；②消除水、电、汽、油系统的管线、阀门和接头的跑、冒、漏；③定期对润滑、密封、油箱中的油进行分析化验，根据分析结果决定是否换油；④检查径向轴承和止推轴承、测量各轴承间隙、检查轴颈、止推盘磨损状况及跳动值、必要时进行调整或更换；⑤检查或更换机械密封；⑥检查、调校各仪表传感器、联锁及报警系统；⑦检查、清洗联轴器，调整机组同轴度；⑧检查、紧固各部件的连接螺栓；⑨抽出内缸，解体检查测量内缸与转子迷宫密封的间隙，清理迷宫式密封上的积焦和污物，必要时更换迷宫密封；⑩检查、清理转子，对转子进行无损探伤；⑪检查转子各部位的跳动值，测量几何尺寸；⑫转子做动平衡校验；⑬检查、修理隔板及外缸上的裂纹、破损及其他有害缺陷，清理隔板上的积焦；⑭检查、清理吸入管线上的油喷嘴；⑮检查、清理入口管线上的过滤网和出、入口管线内的积焦。

121. 垂直剖分离心式压缩机大修后试车与验收注意事项有哪些？

答：（1）试车前的准备：①确认各项检修工作已完成，检修记录齐全，检修质量符合相关规定，有试车方案。②仪表及联锁装置齐全、准确、灵敏、可靠。③油系统按规定油运合格，冷却水系统畅通无阻。④蒸汽透平机单机试车合格。⑤各项工艺准备完毕，具备试车条件。⑥盘车自如无卡涩。

（2）试车：①按照压缩机的开停车操作规程启动压缩机。②启动压缩机时，注意观察压缩机的轴振动、轴位移。③检查压缩机的操作条件是否满足要求（压力、温度、排气量等）。④检查仪表指示是否灵敏、准确。⑤检查水、气、油管线是否泄漏。⑥检查轴振动、轴位移、轴承温度、油气压差、油油压差、泄漏气压力是否正常。

（3）验收：①机组连续运行24h后，各项技术指标达到设计要求或能满足生产需要；②设备达到完好标准；③检修记录齐全、准确，按规定办理验收手续。

122. 垂直剖分离心式压缩机日常维护内容有哪些？

答：①定时巡回检查，并作好记录。②定期监测机组声响和振动情况，如发现不正常声响或振动值明显增大时，应及时采取措施，排除故障。③定期分析润滑油，保持设备润滑良好。④机组严禁在临界转速下运行。⑤定时检查润滑油温度和压力，油过滤器前后压差超过规定值时，要及时切换清洗过滤器芯或更换过滤器芯。⑥检查润滑油密封油液位，液位下降时应及时补充新油。⑦定时检查轴承、冷却水温度、油油压差、油气压差。⑧检查各动静密封部位，及时处理泄漏。

（三）汽轮机部分

1. 炼化企业为什么可以采用汽轮机来驱动各种转动机械？

答：①炼厂内有经济的蒸汽生产，通过汽轮机可以将不同压力等级的蒸汽减压，同时利用减压过程产生的动力来驱动泵或压缩机，比电动机驱动成本低。②利用汽轮机固有的调速系统，可使泵或压缩机在很宽的转速范围内运行，往往不需要变速装置。③汽轮机可独立的驱动泵或压缩机，不受电源和配电系统的限制。④汽轮机装置没有火花产生，可以用来拖动任何危险环境下的泵或压缩机。⑤汽轮机可以很方便的利用辅助汽阀提供额外的蒸汽流量，从而加大启动转矩，并且不会降低汽轮机在额定功率下的运行效率。有利于泵、机的快速启动和平稳运行。⑥汽轮机具有自动调节其输出功率的特性。运行中，当转到机械的负载超过汽轮机产生的转矩时，汽轮机的转速就会相应降低，使其产生的转矩与转动机械的负载相匹配，而无需专门设置防超载保护机构。⑦与其他形式驱动机相比操作灵活。⑧可提高装置的独立性，减少对电网的依赖性，提高开工率。

2. 工业汽轮机有哪些特点？

答：工业汽轮机的应用范围十分广泛，使用场合各不相同，对进排汽参数、功率、转速以及布置型式和调节特性等方面，也都有各种不同的要求，因此工业汽轮机的用途广泛，品种繁杂，型式多样，规格参数范围宽广。既有驱动离心式压缩机、往复式压缩机的，又有驱动风机、泵和发电机的；既有凝汽式、背压式，又有抽汽式或多压式；既有高压机组、又有中、低压机组。

工业汽轮机多采用积木块式结构，产品已系列化生产，最大程度地满足用户对工业汽轮机的需求，其特点是：①使用领域宽广，易实现转速调节，具有较大的转速调节范围，通常为额定转速的 -10% ~ +15%，特殊情况可达额定转速的 -40% ~ +30%，增加了调节手段或操作的灵活性。②汽轮机的转速高，转速范围大。转速范围可达 3000~16000r/min，可用来直接驱动工作机械(压缩机、风机、泵)或发电机；驱动发电机的汽轮机转速多为 3000r/min(定转速)。而驱动工作机械的多为高转速，一般为 5000~16000r/min。③多数机组还采用了变转速运行，其转速变化范围一般为工作转速的 80% ~105%，以便适应石油化工生产工艺对工作机械工作流量或压力的不同需要。④适用于各种工作环境，满足机组防尘、防爆和防腐蚀等的特殊要求，无易燃、易爆危险。⑤工业汽轮机组运行参数，多根据用户生产工艺的实际需要而确定。一般进汽压力为 1.0~14MPa，进汽温度为 200~535℃，功率为 10~50000kW。根据用户的要求，有不同的转速、功率，有不同的进、抽和排汽参数，可选择不同的机组布置方式。⑥具有高效的自动控制链锁系统并适用于有较高自动化要求的工业流程。⑦运行安全、平稳、可靠，效率高，蒸汽来源稳定并能利用工厂的余热。

3. 工业汽轮机装置由哪些设备组成？

答：工业汽轮机装置由锅炉、汽轮机、凝汽器、给水泵等设备组成，如图 4-3-1 所示。水在锅炉中被加热成蒸汽，再经过过热器使蒸汽加热后变成过热蒸汽，过热蒸汽通过主蒸汽管道进入汽轮机；过热蒸汽在汽轮机中不断膨胀，高速流动的蒸汽冲动汽轮机动叶片，使汽轮机的转子转动；由汽轮机的轴端输出，用于驱动压缩机、风机、泵以及自备电站发电机等工作机械；蒸汽通过汽轮机后排入凝汽器并被冷却水冷却凝结成水，凝结水再由锅炉给水泵加压后送入锅炉。

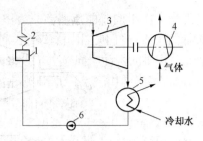

图 4 - 3 - 1   工业汽轮机装置
1—锅炉；2—过热器；3—汽轮机；
4—离心式压缩机或发电机；
5—凝汽器；6—锅炉给水泵

4. 什么是静平衡？什么是动平衡？它们之间有什么关系？

答：转子在静止状态时的平衡情况称为静平衡。

转子在转动状态时的平衡情况称为动平衡。

对单位叶轮而言，达到静平衡，即达到动平衡，对多个叶轮而言，静平衡不能等于动平衡。静平衡试验检验径向平面内的质量是否分布均匀。动平衡试验检验轴向和径向平面内的质量是否分布均匀。

5. 工业汽轮机包括哪些汽轮机？

答：从工业汽轮机定义（工业汽轮机是指工业企业中驱动用汽轮机与自备电站发电用汽轮机的总称，即指除公用电站汽轮机和船舶推进汽轮机以外的各种类型的汽轮机）可以看出，它包括：①工厂企业的自备供热发电汽轮机；②石油化工、冶金行业中驱动压缩机、鼓风机、泵等工作机械的汽轮机；③舰船蒸汽动力装置中驱动各种辅机和发电机的汽轮机；④公用电站中驱动给水泵和风机的汽轮机。

6. 工业汽轮机按热力特性如何分类？

答：工业汽轮机按热力特性分类如下：

（1）凝汽式汽轮机。

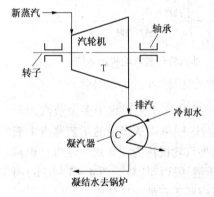

凝汽式汽轮机如图 4 - 3 - 2 所示，蒸汽在汽轮机中作功后，全部排入凝汽器，排汽在低于大气压力的真空状态下凝结成水。凝汽式汽轮机有一套真空系统和凝汽设备，而且只输出动力不向外界供气，常称为纯凝汽式汽轮机，这类汽轮机广泛应用于石油化工、冶金、电力行业。

（2）抽汽凝汽式汽轮机。

抽汽凝汽式汽轮机如图 4 - 3 - 3 所示，在抽汽式汽轮机中作过部分功的蒸汽，从中间某一级抽出进入热力管网供给工业或热用户使用，其余大部分蒸汽在汽轮机后面几级继续膨胀作功后排入凝汽器。

图 4 - 3 - 2   凝汽式汽轮机示意图

若抽汽压力可以在某一范围内进行调节时，称为调节抽汽汽轮机。这类汽轮机可以通过调节进汽和未抽出的蒸汽，保持抽汽压力恒定，而且抽汽压力可在一定范围内进行调整。这类汽轮机广泛应用于石油化工装置。生产用抽汽压力一般为 0.78 ~ 1.56MPa；生活用抽汽压力一般为 0.68 ~ 2.45MPa。

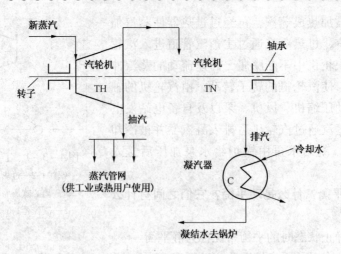

图 4-3-3　抽汽凝汽式汽轮机示意图

（3）背压式汽轮机。

背压式汽轮机如图 4-3-4 所示，蒸汽进入汽轮机膨胀作功后，在大于一个大气压的压力下排出汽缸。排汽进入蒸汽管网，可供工业或其他热用户或压力较低的汽轮机用汽。

（4）抽汽背压式汽轮机。

抽汽背压式汽轮机如图 4-3-5 所示，为了满足不同用户的需要，在抽汽背压式汽轮机中间某一级抽出部分压力较高的蒸汽，进入热力管网供给工业用户使用，其余大部分蒸汽在汽轮机后面几级继续膨胀作功后，以较低的压力排入管网。

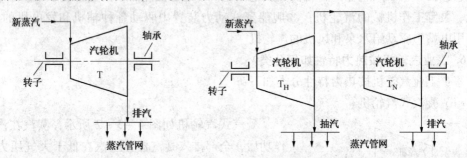

图 4-3-4　背压式汽轮机示意图　　　图 4-3-5　抽汽背压式汽轮机示意图

（5）混压（多压）式汽轮机。

混压式汽轮机如图 4-3-6 所示，除引进新蒸汽外，还将生产工艺过程中多余蒸汽用管路注入汽轮机中的某个中间级内，与原来的蒸汽一起工作。这样可以从多余的工艺蒸汽中获得能量，得到一部分有用功，实现蒸汽热量的综合利用，这种汽轮机称为注入式汽轮机，也称为多压式或混压式汽轮机。如图 4-3-6（a）所示汽轮机属于混压式汽轮机，图 4-3-6（b）所示汽轮机为同时具有抽汽和注汽汽轮机。这种汽轮机也广泛应用于石油化工装置。

7. 工业汽轮机按工作原理如何分类？

答：工业汽轮机按工作原理分类如下：

（1）冲动式汽轮机：蒸汽仅在喷嘴叶栅（或静叶栅）中进行膨胀，而在动叶栅中只有少量的膨胀；

（2）反动式汽轮机：蒸汽在喷嘴叶栅（静叶栅）和动叶栅中都进行膨胀，且膨胀程度相同。

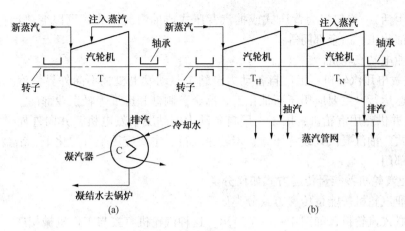

图4-3-6 多压式汽轮机示意图

8. 工业汽轮机按结构型式如何分类?

答:工业汽轮机按结构型式分类如下:

(1)单级汽轮机:汽轮机通流部分只有一个级(单列、双列、三列)组成的汽轮机称为单级汽轮机。单级汽轮机功率小、效率低、结构简单、尺寸小、成本低,便于安装和操作。广泛应用于石油化工、冶金、轻纺、制糖等部门。常作为背压式汽轮机,一般用来驱动泵、风机等辅助机械。

(2)多级汽轮机:这种汽轮机通流部分由两个以上的级组成的汽轮机称为多级汽轮机。由于其功率大,转速高,效率高,广泛应用于石油化工、冶金、轻纺、制糖等部门。可作为背压式、凝汽式、抽汽背压式、抽汽凝汽式和混压式汽轮机。

9. 工业汽轮机按新蒸汽的参数如何分类?

答:(1)低压汽轮机,新蒸汽压力为1.2~1.5MPa;

(2)中压汽轮机,新蒸汽压力为2~4MPa;

(3)高压汽轮机,新蒸汽压力为6~10MPa;

(4)超高压汽轮机,新蒸汽压力为12~14MPa;

(5)亚临界汽轮机,新蒸汽压力为16~18MPa;

(6)超临界汽轮机,新蒸汽压力超过22.2MPa。

10. 工业汽轮机按汽流方向如何分类?

答:工业汽轮机按汽流方向分类如下:

(1)轴流式汽轮机:蒸汽在汽轮机内基本上沿轴向流动,流动总体方向大致与转子相平行。

(2)辐流式汽轮机:蒸汽在汽轮机内基本上沿幅向(径向)流动,流动的总体方向大致与转子垂直。

(3)周流(回流)式汽轮机:蒸汽在汽轮机内大致沿轮周方向流动的小功率汽轮机。

11. 工业汽轮机按用途如何分类?

答:工业汽轮机按用途分类如下:

(1)工业驱动汽轮机。

① 单纯驱动用汽轮机:仅用来驱动各种工业机械,不向外界供汽。汽轮机多为凝汽式,可以变转速运行。主要用于石油化工、冶金和自备电站锅炉给水泵等。

② 驱动并供热汽轮机:用来驱动各种工业机械,同时向外界供汽,以满足其他用途(动

力、工艺或生活）。汽轮机为背压式或抽汽背压式或抽汽凝汽式，可以变速运行的汽轮机。主要用于石油化工、冶金部门等。

（2）工业电站汽轮机。

① 单纯发电用汽轮机：工厂自备动力电站中驱动发电机，不向外界供汽。汽轮机为凝汽式，定转速运行。主要应用于石油化工、冶金、制糖和造纸等轻工业部门。

② 发电并供热用汽轮机：用于工厂自备动力电站驱动发电机，并向外界供汽。汽轮机为抽汽背压式、抽汽凝汽式或背压式，定转速运行。主要应用于石油化工、冶金、制糖和造纸等轻工业部门。

12. 工业汽轮机按能量传递方式如何分类?

答：工业汽轮机按能量传递方式分类如下：

（1）直联式汽轮机，如图4-3-7所示，这种汽轮机直接与工作机械相连。

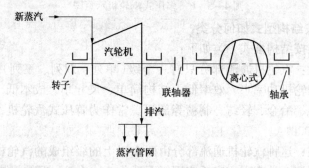

图4-3-7　直联式驱动离心压缩机的汽轮机组示意图

（2）带变速齿轮箱的汽轮机，如图4-3-8所示，这种汽轮机通过变速齿轮箱与工作机械相连。图4-3-8(a)为带减速齿轮箱的汽轮发动机组，图4-3-8(b)为带增速齿轮箱的驱动离心式压缩机的汽轮机组。

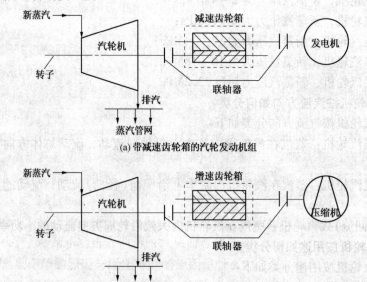

(a)带减速齿轮箱的汽轮发动机组

(b)带增速齿轮箱的驱动离心式压缩机的汽轮机组

图4-3-8　带变速齿轮箱机组示意图

13. 工业汽轮机按蒸汽流道数目如何分类？

答：工业汽轮机按蒸汽流道数目分类如下：①单流道汽轮机：全部排汽都通过末级的汽轮机；②双流道或多流道汽轮机：蒸汽在两个或多个并列的汽流流道中分流的汽轮机。

14. 汽轮机是如何将热能转变为机械能的？

答：在汽轮机中，能量转换的主要部件是喷嘴和动叶片。在冲动式汽轮机中，蒸汽流过固定的喷嘴后，压力和温度降低，体积膨胀，流速增加，热能在喷嘴内转变为汽流动能。高速汽流冲击着动叶片，动叶片受力带动转子转动，蒸汽从动叶片流出后流速降低，动能转变为机械能。在反动式汽轮机中，蒸汽在动叶膨胀部分，直接由热能转变为机械能。

15. 我国国产单级工业汽轮机型号是如何表示的？

答：我国国产的单级工业汽轮机的规格型号已标准化，其表示如下：

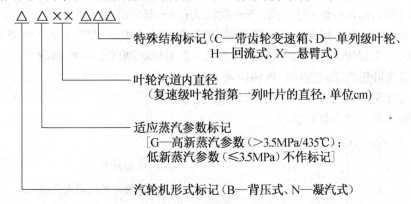

特殊结构标记（C—带齿轮变速箱、D—单列级叶轮、H—回流式、X—悬臂式）

叶轮汽道内直径（复速级叶轮指第一列叶片的直径，单位cm）

适应蒸汽参数标记〔G—高新蒸汽参数（>3.5MPa/435℃）；低新蒸汽参数（≤3.5MPa）不作标记〕

汽轮机形式标记（B—背压式、N—凝汽式）

16. 我国国产的多级工业汽轮机型号有哪几种表示方式？是如何表示的？

答：多级工业汽轮机型号表示方式有以下两种：

第一种：

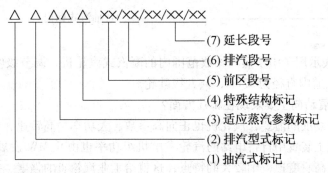

(7) 延长段号
(6) 排汽段号
(5) 前区段号
(4) 特殊结构标记
(3) 适应蒸汽参数标记
(2) 排汽型式标记
(1) 抽汽式标记

（1）抽汽式标记：C。

（2）排汽型式标记：B—背压式；N—凝汽式；S—双分流凝汽式。

（3）适应蒸汽参数标记：G—高新蒸汽参数，连续运行可能的最大值为 14MPa/535℃；Z—中新蒸汽参数，连续运行可能的最大值为 8MPa/510℃；GZ—G 和 Z 类的区段组合，适应高新蒸汽参数；低新蒸汽参数不作标记。

（4）特殊结构标记：D—各级为叶轮整体电解成型叶片的转子；T—采用了非标准区段或部套。

（5）前区段号：用外缸轮室部分的内半径表示，双分流式用内缸轮室内半径表示。

（6）排汽段号：一般用转子末级叶轮汽道内半径表示，为了区分扭叶类型，允许段号有小调整。

（7）延长段号：用延长段长度表示，有几个延长段便标出几段的段号，无延长段时以"0"表示。

例：

CNG240/63/20/25/28 表示用于 G 及 Z 类区段组合，适应高新蒸汽参数的抽汽凝汽式汽轮机，前区段号为40，排汽段号为63，三个延长段号分别为20，25，28。

BGD25/20/0 表示适应高新蒸汽参数的电解叶片转子结构的背压式汽轮机，前区段号为25，排汽段号为20，无延长段。

第二种：

（1）抽汽式标记：C。

（2）排汽型式标记：B—背压式；N—凝汽式；S—双分流凝汽式。

（3）适应蒸汽参数标记：G—高新蒸汽参数 > 3.5MPa/435℃；Z—中新蒸汽参数，2.4MPa/390℃ ~ 3.5MPa/435℃；低新蒸汽参数 < 2.4MPa/390℃，不作标记。

（4）调节级叶轮汽道内直径：取两位数表示。

（5）末级叶轮汽道内直径：取两位数表示。

（6）叶轮级数：取两位数表示。

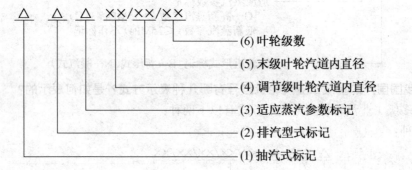

例：

NZ70/52/09 表示用于中新蒸汽参数范围内的凝汽式汽轮机，调节级叶轮汽道内直径为70cm，末级叶轮汽道内直径为52cm，共九级叶轮。

17. 汽轮机发展动向主要表现在哪几方面？

由于工业迅速发展的需要，汽轮机也正向高参数、大功率、高转速，自动控制和多品种方向发展，石油化工装置中自备电站的汽轮发电机组功率也由几MW发展到100MW。由于工业汽轮机转速较高、变速范围较大的特点，这就给工业汽轮机的强度、振动以及由于转速较高所引起的极限功率低等方面带来新的问题。

汽轮机发展动向主要表现在：①增大单机功率。可以迅速发展电力、石油化工、冶金等行业，并可降低单位功率投资成本，有利于提高机组的热经济性；②提高蒸汽初参数。提高蒸汽初参数是提高热效率的重要途径，同时也可提高单机功率；③提高效率；④提高汽轮机运行的可靠性。现代大型机组均增设和改善了调节、保安系统和状态监测系统，有的机组还配置了智能化故障诊断系统，提高了机组运行、维护和检修水平，增强了机组运行的可靠性，并保证汽轮机组设备的规定使用寿命。

18. 积木块系列工业汽轮机的基本类型、型号是如何表示的？

答：我国杭州汽轮机厂和意大利新比隆等厂，都是引进德国西门子（SIEMNS）公司维塞尔(WESEL)厂的三系列工业汽轮机技术的设计、制造技术，用德文字母代表汽轮机的特性。积木块工业汽轮机中最常见的有下列几种机型：NK；ENK；NG；ENG；HG 型。

积木块系列工业汽轮机型号含义如下：

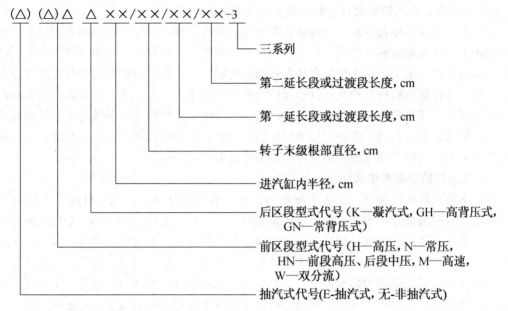

H—高压进汽[8～14MPa(A)/535℃]外缸受高压

N—常压进汽[0.1～8MPa(A)/510℃]外缸受常压

K—凝汽式

G—背压式

E—抽汽式

19. 积木块系列工业汽轮机分为哪三个主要区段？

答：按西门子公司引进技术设计、制造的三系列多级工业汽轮机也称为积木块系列汽轮机，它是用积木块原理(构造法)对多级工业汽轮机来实现系列化，这种方法将汽轮机分成若干个结构区段，例如分成进汽区段、中间区段(包括减压段、延长段、过渡段和法兰段)及排汽区段，每种区段各有若干尺寸的部件，然后根据用户要求，通过热力和强度计算，利用这些部件，将所需区段组合起来，再配上相应的标准部套，就可构成各种不同类型、规格的汽轮机。如图4-3-9。

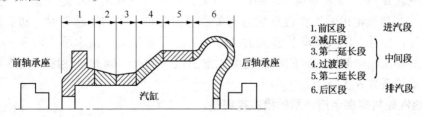

图4-3-9 积木块系列工业汽轮机区段及汽缸区段划分示意图

进汽区段：有调节系统，前轴承座以及包括速关阀(自动主汽阀)，喷嘴室，调节级轮室和前汽封的外缸前部。进汽区段的部套尺寸的选择由新蒸汽参数和机组容量而定。

中间区段：包括转子、叶片和外缸的中间部分。中间区段的设计由所选择的进汽区段和排汽区段以及汽轮机的转速而定。

排汽区段：包括汽封、外缸后部和后轴承座。排汽区段分为背压式和凝汽式两种。

背压式排汽区段的尺寸由排汽压力和排汽量而定；凝汽式排汽区段的尺寸由末级叶片的尺寸和强度而定。

20. 为什么要将汽轮机设计、制作成多级汽轮机？

答：由级的工作原理可知，级只有在最佳速比附近工作，才能获得较高的级效率，圆周速度和级的直径也必须相应增大。但是级的直径和圆周速度的增大是有限度的，它受到叶轮和叶片材料强度的限制，由于级的直径和圆周速度增大后，旋转着的叶轮和叶片的离心力将增大，所以为保证汽轮机有较高的效率和较大的单机功率，就必须将汽轮机设计成多级汽轮机，即相当于许多单机汽轮机的串联，蒸汽依次在各级中膨胀做功，各级均按照最佳速比选择适当的焓降，根据总的焓降确定多级汽轮机的级数，这样既能利用很大的焓降，又能保证较高的级效率。所以，功率稍大的汽轮机都制作成多级汽轮机。

21. 多级汽轮机有哪些优缺点？

答：多级汽轮机的优点：①由于级数多，每一级的焓降小，可在材料强度允许的条件下，保证各级在最佳速比附近工作，使各级和整个汽轮机均有较高的效率。②在保持最佳速比的前提下，可使级的平均直径减小，可将静叶和动叶的出口高度相应增大，因而使叶高损失减小，有利于级效率的提高。③除了调节级，在有抽汽口处和最末一级外，多级汽轮机的上一级余速动能可全部或大部分被下一级所利用，从而提高级的相对内效率。④多级汽轮机参数高、功率大，在提高经济性的同时，降低了单位千瓦容量的制造成本和运行费用。⑤将多级汽轮机中设计成调节抽汽式或非调节抽汽式，提供工业或生活用蒸汽实现热能的综合利用，从而提高了汽轮机的经济性。⑥由于重热现象的存在，多级汽轮机前面级的损失可以部分地被后面各级所利用，使整机的相对内效率提高。

其缺点：①多级汽轮机结构复杂、零部件多、机组尺寸大、重量大，需要较多的优质合金材料，价格昂贵。②多级汽轮机由于结构和工作过程的特点，会产生一些附加损失，如级内的漏汽损失、末几级的湿汽损失等。

22. 什么是多级汽轮机的重热现象？重热系数 α 的大小与哪些因素有关？

答：(1)在多级汽轮机中，前面级的损失可以在以后级中部分的得到利用，这种现象称为多级汽轮机的重热现象。(2)重热系数 α 的大小与下列因素有关：①与多级汽轮机的级数有关。级数越多，前面级的损失被后面级中利用的可能性越大，重热系数 α 越大。②与多级汽轮机各级的级效率有关。当级的效率为1，即各级没有损失时，后面的级也无损失可利用，则重热系数 $\alpha=0$。级效率越低，则损失越大，被后面级利用的可能性越多，则重热系数 α 也越大。③与汽轮机的工作蒸汽状态有关。当初温越高，初压越低时，初态的熵值较大，使膨胀过程接近等压线间渐扩较大的部分，重热系数较大。由水蒸气的 $h-s$ 图可知，过热蒸汽区的等压线向熵增方向的扩散程度比湿蒸汽区的大，因此过热区的重热系数 α 要比湿汽区的重热系数 α 大。

23. 多级汽轮机实现余速利用的措施有哪些？

答：在多级汽轮机中，只要在下一级结构上采取适当措施，就可以全部或大部分利用上一级的余速损失，从而提高级的和整机汽轮机的效率。因此，实现余速利用应采取如下措施：①相邻两级的平均直径应接近相等。蒸汽从前一级流向后一级时没有较大的径向方向变化，过渡平滑。②后一级喷嘴的进汽方向应与前一级动叶的排汽方向一致。汽轮机在变工况运行时，动叶的排汽方向会有较大的变化，所以喷嘴的进汽边一般都加工成圆角，以适应进汽角度在较大的范围变化。③相邻两级之间的轴向间隙应尽可能小，而且在此间隙内汽流不发生扰动。④相邻两级均为全周进汽。

24. 多级汽轮机的损失有哪些?

答：多级汽轮机在完成蒸汽的热能转变为机械能的过程中，不仅会产生各种级内损失，而且还会产生全机损失。例如，汽轮机进排汽机构中的节流损失、前后端轴封的漏汽损失及机械损失等。汽轮机所有损失可分为两大类，即内部损失和外部损失。

25. 什么是多级汽轮机内部损失? 包括哪些损失? 与哪些因素有关?

答：蒸汽热力过程和状态发生变化而造成的损失，称为内部损失。其包括进汽机构节流损失、排汽管的压力损失和级内损失三种。①进汽节流损失：由锅炉来的新蒸汽在进入汽轮机第一级喷嘴室之前，首先要经过主汽阀和调节汽阀，蒸汽流经这些阀门时要受到阀门的节流的作用，使蒸汽压力降低，使蒸汽的可用焓值减少，从而降低了蒸汽在汽轮机内的能力，通常将这种损失称为节流损失。②排汽管中的压力损失：蒸汽在最末一级动叶排出后，经由排汽管道送至凝汽器，蒸汽在排汽管道流动时，存在着摩擦、撞击和涡流等损失，使压力降低，即汽轮机末级动叶后的压力高于凝汽器的压力，由于这部分压力降并未用于作功，而用于克服流动阻力，故将这种损失称为排汽管压力损失。

与损失相关的因素：①进汽机构节流损失与汽流速度、阀门型线、汽室形状及管道长度等因素有关。为了减少进汽机构节流损失，设计时使蒸汽流过汽阀和管道的流速 $\leqslant 40 \sim 60 \text{m/s}$，并选用流动特性良好的阀门。将压力降控制在 $(0.03 \sim 0.05) p_0$ 的范围内。②排汽管压力损失的大小取决于排汽管中蒸汽的流速、排汽管的结构形式和它的型线等。为了减少排汽管的压力损失，提高机组的热经济性，通常将排汽管设计成扩压效率较高的缩放形状的扩压管，利用排汽本身的动能转变为压力能，来补偿排汽管中的压力损失。

26. 什么是多级汽轮机外部损失? 包括哪些损失?

答：不直接影响蒸汽状态的损失，称为外部损失。汽轮机外部损失包括机械损失和端部轴封漏汽损失及汽缸散热损失。

（1）机械损失：多级汽轮机运行时，为克服轴承的机械摩擦阻力消耗一部分有用功及带动调速器、主油泵等也要消耗一部分有用功，这些能量损失称为机械损失，用 ΔN_m 表示。机械损失的大小与汽轮机转速有关，并随转速增大而增大。一般机械损失约占汽轮机额定功率的 $0.5\% \sim 1\%$。具有减速装置的汽轮机的机械损失会更大一些。

（2）轴端轴封漏汽损失：汽轮机转子从汽缸前后两端穿出，为了防止动、静部分的摩擦，转子与汽缸之间留有一定的径向间隙，不可避免地要泄漏一定数量的蒸汽。由于汽缸内外的压差较大，在高压段有部分蒸汽由里向外漏出，这部分漏汽不再参与级内作功，造成能量损失；低压端处于高真空状态，有部分空气将从低压端轴封处漏入汽缸内，引起真空下降，这些损失称为轴端轴封漏汽损失。

27. 什么是汽轮机的相对内效率、机械效率? 它们的大小表明了什么?

答：汽轮机的有效焓降与理想焓降之比，称为汽轮机的相对内效率，常用 η_i 表示。汽轮机的相对内效率反映了蒸汽在汽轮机膨胀做功时所有内部损失的大小，因此 η_i 的高低表明了汽轮机热力过程的完善程度。汽轮机的相对内效率越高，说明其内部损失越小，一般汽轮机的相对内效率为 $78\% \sim 90\%$。

机械损失后汽轮机联轴器端的输出功率（轴端功率）与汽轮机内功率之比，称为汽轮机的机械效率，用符号 η_m 表示。机械效率反映了机械损失的大小，对于中、小功率汽轮机的

机械效率 η_m 一般在96% ~98%之间；大功率的汽轮机的机械效率 $\eta_m = 99\%$ 。

28. 汽轮发电机组热经济性指标有哪些？各经济指标的意义是什么？

答：汽轮发电机组热经济性指标主要有汽耗率和热耗率。

（1）汽轮发电机组每生产1kW·h 的电能所消耗的蒸汽量，称为汽轮发电组的汽耗率，用符号 d 表示，单位为 kg/kW·h。

（2）汽轮发电机组每生产1kW·h 电能所消耗的热量，称为热耗率，用符号 q 表示，单位为 kJ/kW·h。热耗率是评价不同参数机组的热经济性，热耗率是反映经济性较好的指标。热耗率不仅取决于汽轮发电机组的效率，而且与装置循环的热系统的完善性有关。热耗率越低，经济性越好，装置循环越完善。

29. 多级汽轮机的轴向推力有哪几种平衡措施？

答：多级汽轮机的轴向推力与机组型式、容量、参数和结构有关，现代多级汽轮机常在结构上采取措施，使轴向推力大部分平衡掉，常用平衡轴向推力的措施有：①平衡活塞法。增大转子高压端轴封第一段轴封套的直径，使其端面上产生与轴向推力相反的推力，即起到平衡活塞的作用。在平衡活塞两侧压力差作用下，形成反向的轴向平衡力。若选择合适的平衡活塞面积和平衡活塞两侧的压力，则可使转子上的轴向推力得到平衡。这种平衡方法的缺点是平衡活塞直径增大后，将使轴封间隙面积增大，漏汽量增加，使机组效率降低。平衡活塞法主要用于反动式汽轮机。②叶轮上开设平衡孔。一般在冲动式汽轮机的叶轮上开设5 ~7 个平衡孔。平衡孔使轮盘两侧蒸汽流动，减少叶轮前后的压力差，从而减少汽轮机转子的轴向推力。平衡孔一般设计为奇数，避免在叶轮的同一直径上有对称的平衡孔而影响叶轮的强度，并且对叶轮的振动情况有好的影响。③相反流动布置法。若汽轮机设计为多汽缸时，可采用相反流动布置方法，使蒸汽在汽缸内作相反的方向流动，使其产生的轴向推力方向相反，以自动平衡轴向推力。④采用推力轴承。轴向推力经上述措施平衡后，剩余部分的轴向推力由推力轴承来承担，并确定转子的轴向位置。以保证在各种运行工况下，轴向推力方向不变，使机组能平稳地运行而不发生窜轴现象。

30. 什么是汽轮机的设计工况、经济工况、变工况？研究汽轮机变工况的目的是什么？

答：汽轮机在运行时，如果各种参数都保持设计值，这种工况称为汽轮机的设计工况。

汽轮机在设计工况下运行，不仅效率最高而且安全可靠，故汽轮机设计工况又称为汽轮机的经济工况。

汽轮机的运行时，负荷、功率、转速、蒸汽初终参数等都始终不能保持设计值不变，这种参数偏离设计值的工况称为汽轮机的变工况，或称非设计工况。

研究汽轮机变工况的目的，在于分析汽轮机在不同工况下的效率，各项热经济指标及主要零部件的受力情况；设法确保汽轮机在变工况下安全、经济地运行。

31. 画出渐缩喷嘴流量曲线图，并说明其关系曲线？

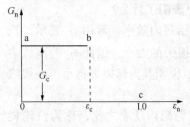

图4－3－10　渐缩喷嘴流量曲线

答：图示为渐缩喷嘴流量曲线，表明了喷嘴初压 p_0 不变时，流经喷嘴的流量只与喷嘴背压 G_n 有关，其关系曲线如图4－3－10中 abc 曲线所示。

（1）当 $\varepsilon_n \leqslant \varepsilon_c$ 时，$\alpha = 1$，通过喷嘴的流量达到临界流量，即 $G_n = G_c$，相应于图中的水平段 ab。

（2）当 $\varepsilon_n > \varepsilon_c$ 时，$\alpha < 1$，通过喷嘴的流量小于临界流量，即 $G_n < G_c$，如图曲线段 bc 所示。

32. 凝汽式汽轮机变工况时各级的焓降是怎样变化的？

答：调节级：凝汽式汽轮机调节级前的蒸汽压力、温度主要取决于锅炉的运行情况，一般情况下其变化较小，可以认为近似不变。对调节级而言，其初压 p_0 与背压 p_2 较为复杂，取决于调节汽阀在一定工况下的开启程度。在蒸汽流量变化过程中，调节汽阀的开启程度不同，喷嘴组的焓降也是不同的。当调节汽阀全开时，调节级后的压力与蒸汽流量成正比，即蒸汽流量增加时，调节级后压力增大，调节级压力比增加，故调节级的焓降减小。反之，蒸汽流量减少时，调节级的压力比减小，焓降增大，而在第一个调节汽阀全开，第二个调节汽阀未开时，调节级焓降达到最大。

中间级：凝汽式汽轮机各中间级，无论级组是否处于临界状态，其各级级前的压力均与级组的流量成正比。在工况变动时，凝汽式汽轮机各中间级的压力比不变，各中间级的理想焓降也不变。对于发电用汽轮机，在定转速下，由于各级的圆周速度不变，因此级的速比也不变，故级内效率亦不变。所以各中间级的内功率与流量成正比。

末级：凝汽式汽轮机最末级，由于其背压 p_z 取决于凝汽器工况和排汽管的压力损失，不与流量成正比，故其压比 p_z/p_{z1} 随流量的变化而变化，当流量增加时，压比减少，末级的焓降增加，反之，当流量减少时，级的焓降亦减少。由此可知，工况变动时，凝汽式汽轮机末级的焓降、速比、效率及内功率等也相应发生变化。

33. 背压式汽轮机在变工况时各级焓降与流量的关系是怎样的？

答：如果背压式汽轮机的末级在不同工况下均处于临界状态，则各级的级前压力与流量成正比。在此情况下，中间各级的焓降、速比、效率和功率的变化规律，亦与凝汽式汽轮机的中间级一样。但是，背压式汽轮机的末级一般不会达到临界状态，若不考虑级前温度变化，级前压力与流量的关系为：当流量减少时，级内理想焓降减少；反之，当流量增大时，级内理想焓降增加。

34. 汽轮机在变工况运行时，效率会发生怎样的变化？焓降变化时级内反动度是如何变化的？

答：汽轮机在变工况运行时，效率会降低。而且流量（负荷）变化越大，效率会降低越多。喷嘴调节的凝汽式汽轮机效率的降低，主要发生在调节级和最末一级。背压式汽轮机，除调节级外，最后几级效率都将降低；采用节流调节的凝汽式汽轮机没有调节级，所以效率的降低主要是由于节流损失增大和最末级效率降低引起的。

汽轮机变工况引起级内焓降变化时，级的反动度也将随之变化。若变工况时级的焓降减少，喷嘴出口速度 c_1 相应减少。①工况变动后由喷嘴流出的汽流速度相对较大，而流入动叶的速度相对较小，不能使喷嘴中流出的蒸汽全部进入动叶内，并使动叶出口速度也偏小，动叶对汽流形成阻塞作用。结果使动叶前的压力升高，动叶的焓降增大，使动叶汽流得到额外加速，同时由于动叶前压力亦即喷嘴后的压力升高，使喷嘴焓降减少，喷嘴出口速度也减小，直到调节符合级内连续流动的要求。在此过程中，动叶焓降增加而喷嘴焓降减少，即级内反动度增加；②若工况变动时级内的焓降增大，工况变动后喷嘴的出口速度相对偏小，而动叶的进口速度相对偏大，从而引起动叶的出口速度也偏大，使喷嘴流出的蒸汽不能充满动叶汽道，动叶前的压力降低，动叶的焓降减小而喷嘴的焓降增大，直到调节到符合连续流动的要求，将使级内的反动度减小。

35. 工业汽轮机进汽量常用的调节方式有哪几种？

答：汽轮机进汽量常用的调节方式有：节流调节、喷嘴调节、旁通调节和滑压调节（滑参数调节)四种。旁通调节是一种汽轮机过负荷的辅助调节方式，它不能单独使用，只能与喷嘴调节或节流调节结合使用。

（1）节流调节：节流调节是指进入汽轮机的蒸汽都经过一个或几个同时启闭的调节汽阀，然后进入第一级喷嘴。这种调节方式主要通过控制调节汽阀的开度对蒸汽进行节流，使进入汽轮机的蒸汽流量及焓降改变，从而调整汽轮机功率，以适应外界负荷的改变。

（2）喷嘴调节：调节级的喷嘴分为若干组，每个调节汽阀控制一组喷嘴，当汽轮机负荷变化时，依次开启或关闭调节汽阀，改变调节级的通流面积，从而控制汽轮机的进汽量，这种调节进汽的方法称为喷嘴调节。

（3）旁通调节：操纵旁通阀来调节汽轮机功率的调节方式，称为旁通调节。当主节流阀完全开启时，通常达到最经济功率。要想达到额定功率以下的功率，可开启旁通阀，将新蒸汽引至后面几级叶片中去，增加后几级的蒸汽流量和压力，以调节汽轮机的功率。

（4）滑压调节：滑压调节是指单元制机组中，汽轮机第一级为全周进汽，汽轮机的调节汽阀保持全开或基本全开的状态，可通过改变锅炉新蒸汽压力的方法(新蒸汽温度保持不变)，达到改变蒸汽流量以实现汽轮机负荷的变化。

36. 节流调节有哪些特点？节流调节一般用于哪些机组？

答：节流调节结构简单，制造成本低；由于采用全周进汽，因而汽缸加热均匀；与喷嘴调节相比较在负荷变化时级前温度变化较小，提高了机组运行的可靠性和对负荷变化的适应性等优点。但节流调节的汽轮机除最大负荷工况外，调节汽阀均在部分开启状态，蒸汽受到节流，使级组低负荷的热经济性较差，限制了它的使用范围。

节流调节适用于如下机组：①辅助性的小功率机组，使调节系统简单；②带基本负荷的大型电站凝汽式汽轮机组，由于经常在满负荷下运行，故能保证有较高的效率。

37. 喷嘴调节有何特点？采用喷嘴调节时，调节汽阀是如何动作的？

答：进入汽轮机的新蒸汽，通过几个依次启闭的调节汽阀，进入第一级(调节级)喷嘴调整汽轮机的负荷。调节级的喷嘴不是整圈布置的，而是分成若干个独立的组，由于组与组之间用隔离块隔开，所以调节级总是部分进汽的。

喷嘴调节在任意工况下，仅一个调节汽阀处于部分开启状态，其余各调节汽阀均为全开或全关位置，所以进入汽轮机的总流量中，只有流过部分开启的调节汽阀的那部分蒸汽受到节流，从而改善机组在低负荷下运行的经济性。

当带负荷时，先开启第一个调节汽阀，然后随着负荷的增加，依次开启其他各调节汽阀，并且只有当前一个调节汽阀完全开启或接近全开时，后一个调节汽阀才开启。反之，当负荷减少时，各调节汽阀按相反的顺序依次关闭。所以，喷嘴调节在任意工况下，仅一个调节汽阀处于部分开启状态，其余各调节汽阀均为全开或全关位置，所以进入汽轮机的总流量中，只有流过部分开启的调节汽阀的那部分蒸汽受到节流，存在节流损失，从而改善机组在低负荷下运行的经济性。故在部分负荷时，机组的效率高于节流调节机组。

38. 旁通调节有哪些特点？旁通调节一般用于什么汽轮机？

答：旁通调节的优点是在经济(设计)负荷时运行效率最高，节流损失最少。其缺点是当超过经济负荷时，旁通进汽，优质金属材料的比例相应提高，其效率也因旁通阀的节流损失和旁通室压力升高而下降。

旁通调节一般用于节流调节的汽轮机，特别是反动式汽轮机应用较多。

39. 滑压调节有哪些特点？

答：（1）增加了机组运行的可靠性和对负荷的适应性。

滑压调节无部分进汽的调节级，负荷变化时，汽轮机各级温度几乎不变。另外，部分负荷时新汽压力相应降低，使锅炉和汽轮机高温零部件的应力状态得到改善，从而明显地提高机组运行可靠性和延长机组的使用寿命。

（2）提高了机组在部分负荷下运行的经济性。

按滑压调节设计的汽轮机一般无部分进汽的调节级，使机组的满负荷经济性较高，在低负荷时调节汽阀处于全开位置，无节流损失。滑压调节时高压缸各级效率基本不变，改善了汽轮机低负荷的效率。当在部分负荷下运行时锅炉给水压力降低，用变速调节给水泵可降低给水泵耗功；但部分负荷时新汽压力减小，降低了循环热效率。

但是，锅炉参数必须随汽轮机参数变化而变化，这给锅炉的运行也带来许多不便。从汽轮机负荷变化信号输入锅炉，到新蒸汽压力改变有一个时滞，即不能对负荷变化快速响应；滑压调节时，调节汽阀全开，没有调节手段，故此调节难于适应负荷频繁变动工况；另外，调节汽阀长期处于全开状态，易积垢和卡涩。这种调节一般只适用于大型单元制机组，一炉一机运行。

40. 汽轮机转子上的轴向推力产生的原因有哪些？

答：汽轮机转子上轴向推力产生的主要原因：①由于汽轮机每一级都有压降，在动叶前后存在压差，将会产生轴向力；②汽轮机运行中，隔板汽封间隙中漏汽将会使叶轮前后产生压差，从而产生与汽流同向推力；③蒸汽进入汽轮机膨胀作功。除了产生圆周力推动转子旋转外，还将产生与蒸汽流向相反的轴向推力；④汽轮机在运行时，通流部分结垢及产生水冲击或负荷急剧变化等均会引起轴向推力的变化；⑤制造、安装和检修安装质量对轴向推力也有影响，例如喷嘴和动叶出汽角与设计不符，通流部分间隙调整不当或轴对中不良时，均会改变轴向推力值变化。

41. 蒸汽流量变化时凝汽式汽轮机轴向推力是如何变化的？

答：根据对多级汽轮机轴向推力的分析可知，若不考虑级间漏汽的影响，作用在某一级上的轴向推力，取决于级前后的压差和级的反动度。当蒸汽流量变化时，凝汽式汽轮机各中间级焓降基本不变，因而反动度也不变，而级的压差与流量成正比，因此汽轮机级的轴向推力与流量成正比。

汽轮机的轴向推力等于各级轴向推力之和，而最末级的级内压力不与流量成正比关系，且级内的反动度也是变化的。但最末级的轴向推力值占汽轮机总轴向推力值比例较小，可以认为包括末级在内的各压力级总的轴向推力将随负荷增大而增加，并在最大负荷时达到最大值。

42. 采用喷嘴调节的凝汽式汽轮机，调节级轴向推力是如何变化的？

答：调节级轴向推力的变化较复杂，它与反动度、部分进汽度和级前后压力差等因素有关。一般调节级有较大的通道，使调节级叶轮两侧的压力平衡，故不可计作用在叶轮面上的轴向推力。因此，调节级的轴向推力主要是动叶上的轴向推力，而且调节级动叶上的最大轴向推力发生在最大负荷时。虽然，调节级前后压差最小，但级的部分进汽度和反动度最大，随着流量的减少，其压差增大，反动度减小，部分进汽度亦随调节汽阀的一次关闭而减小，故轴向推力亦随之减小。当流量减少到第一个调节汽阀全开，第二个调节汽阀部分开启时，由于这时调节级后的压力已很低，导致动叶内达到临界状态。此后再降低流量，反动度反而会增加，轴向推力也随之增加。从第一个调节汽阀开始关闭起，汽轮机转入节流调节，此时调节级的轴向推力与其他各级一样随流量成正比地减少。因此，在变工况时，调节级的轴向推力呈折线变化。

凝汽式汽轮机各中间级推力和端部轴封反向作用力均与流量正比变化，调节级和末级一样，其轴向推力在总轴向推力中所占的比例较小，因此一般可近似认为，凝汽式汽轮机总的轴向推力与流量正比变化，且最大负荷时轴向推力达最大值。

43. 背压式汽轮机轴向推力是怎样变化的？

答：背压式机组非调节级（压力级）在工况变动时，因级前、后压力与流量不成正比，级内焓降和反动度随流量变化而变化，因此级的轴向推力也不与流量成正比。例如，当流量增加时，虽然各级的压差增大，但由于级的焓降增大，其反动度却下降，故各级轴向推力并不一定增加。反之，当流量减少时，各级的轴向推力并不一定减小，有时可能反而增大。因此，背压式汽轮机通流部分总的轴向推力的最大值并非在最大功率，而是在某一中间功率时达到。因此，对于背压式汽轮机，当轴向推力过大时，用减小负荷的方法不见得能减小轴向推力，有时反而会增大轴向推力。

44. 轴流式汽轮机级的分类方法有哪些？

答：（1）冲动级和反动级。根据反动度的不同，级可分为：①纯冲动级：反动度为0的级为纯冲动级，其特点是蒸汽只在喷嘴中膨胀，而在动叶中不膨胀只改变其流动方向；②反动级：反动度为0.5的级为反动级，其特点是蒸汽膨胀一半在喷嘴叶栅中进行，另一半在动叶栅中进行；③带反动度的冲动级：蒸汽膨胀大部分在喷嘴叶栅中进行，只有一小部分在动叶栅中进行；④速度级：又称复速级或寇蒂斯级。

（2）压力级和速度级。①压力级是以利用级组中合理分配的压力降和焓降为主的级，又称单列级；②蒸汽在喷嘴叶栅中膨胀产生的动能，分次在动叶中进行利用的级，称为速度级。

（3）调节级和非调节级。①在采用喷嘴调节的汽轮机中，第一级的通流面积是能随负荷变化而改变的，这种改变的另一个原因是采用部分进汽，称它为调节级；②通常通流面积不随负荷变化而改变的级称为非调节级。

45. 汽轮机的级内损失包括哪些内容？

答：①喷嘴损失和动叶损失（喷嘴损失和动叶损失统称为叶栅损失）；②余速损失：蒸汽离开动叶时，仍具有一定的速度即余速，也就是蒸汽在本级内并没有将动能全部转换为机械能，而是存在着余速损失，这种排汽动能损失称为余速损失；③叶高损失：静动叶栅端部的损失称为叶高损失；④扇形损失：由于沿叶高的栅距、圆周速度及汽流参数的变化而引起的损失，称为扇形损失；⑤叶轮摩擦损失：叶轮在蒸汽中高速旋转时，克服摩擦而消耗的功，称为叶轮摩擦损失；⑥部分进汽损失（包括鼓风损失和斥汽损失）：由于采用部分进汽而产生的附加损失；⑦湿汽损失：凝汽式多级汽轮机的末几级在湿蒸汽区域内工作而产生的附加损失称为湿汽损失；⑧漏汽损失：蒸汽通过汽轮机转子与静子动、静部分之间的间隙产生泄漏而引起的损失，称为漏汽损失。

46. 汽缸的作用是什么？

答：汽缸是汽轮机的外壳。汽缸的主要作用是包容转子，将汽轮机的通流部分（喷嘴、导叶持环、叶轮及转子等）与大气隔开，形成内密封腔室，并与蒸气室、导叶持环构成汽轮机通流部分容纳并通过蒸汽，保证蒸汽在汽轮机内完成热能转成机械能的过程。此外，它还支承汽轮机的某些静止部件(隔板、导叶持环、汽封套等),承受它们的重量,还要承受由于沿汽缸轴向、径向温度分布不均而产生的热应力。同时作为蒸气室、喷嘴室、导叶持环、汽封、主汽阀、调节气阀等部件的连接躯体。

47. 汽轮机的汽缸可分为哪些种类?

答:汽轮机的汽缸一般制成水平对分式,即分上汽缸和下汽缸。为合理利用钢材,中小型汽轮机汽缸常以一个或两个垂直结合面分为高压段、中压段和低压段。大功率的汽轮机根据工作特点分别设置高压缸、中压缸和低压缸。高压高温采用双层汽缸结构后,汽缸分内缸和外缸。汽轮机末级叶片以后将蒸汽排入凝汽器,这部分汽缸称排汽缸。

48. 下缸猫爪支承方式有什么优缺点?

答:中、低参数汽轮机的高压缸通常是利用下汽缸前端伸出的猫爪作为承力面,支承在前轴承座上。这种支承方式较简单,安装检修也较方便,但是由于承力面低于汽缸中心线(相差下缸猫爪的高度数值),当汽缸受热后,猫爪温度升高,汽缸中心线向上抬起,而此时支持在轴承上的转子中心线未变,结果将使转子与下汽缸的径向间隙减小,与上汽缸径向间隙增大。对高参数、大功率汽轮机来说,由于法兰很厚,温度很高,猫爪膨胀的影响是不能忽视的。

49. 上缸猫爪支承法的主要优点是什么?

答:上缸猫爪支承方式亦称中分面(指汽缸中分面)支承方式,主要的优点是由于以上缸猫爪为承力面,其承力面与汽缸中分面在同一水平面上,受热膨胀后,汽缸中心仍与转子中心保持一致。当采用上缸猫爪支承方式时,上缸猫爪也叫工作猫爪。下缸猫爪叫安装猫爪,只在安装时起支承作用,下面的安装垫铁在检修和安装时起作用,安装完毕后,安装猫爪不再承力,这时上缸猫爪支承在工作垫铁上,承担汽缸重量。

50. 汽封的作用是什么?结构型式都有哪些?

答:为了避免动、静部件之间的碰撞,必须留有适当的间隙,这些间隙的存在势必导致漏汽,为此必须加装密封装置——汽封。根据汽封在汽轮机中所处位置可分为:轴端汽封(简称轴封)、隔板汽封和围带汽封(通流部分汽封)三类。

汽封的结构形式有很多种,主要由有迷宫式、炭精式及水封式。迷宫式汽封中梳齿形(平齿、高低齿)和枞树形两种应用最广泛。

51. 汽轮机联轴器起什么作用?有哪些种类?各有何优缺点?

答:联轴器又叫靠背轮。汽轮机联轴器是用来连接汽轮发电机组的各个转子,并把汽轮机的功率传给发电机。

汽轮机联轴器可分为刚性联轴器、半挠性联轴器和挠性联轴器。

各联轴器的优缺点:①刚性联轴器:优点是构造简单、尺寸小、造价低、不需要润滑油。缺点是转子的振动、热膨胀都能相互传递,找正要求高。②半挠性联轴器:优点是能适当弥补刚性靠背轮的缺点,校中心要求稍低。缺点是制造复杂、造价较大。③挠性联轴器:优点是转子振动和热膨胀不互相传递,允许两个转子中心线稍有偏差。缺点是要多装一道推力轴承,并且一定要有润滑油,直径大,成本高,检修工艺要求高。大机组一般高低压转子之间采用刚性联轴器,低压转子与发电机转子之间采用半挠性联轴器。

52. 汽轮机喷嘴、隔板、静叶片的定义是什么?

答:喷嘴是由两个相邻静叶片构成的不动汽道,是将蒸汽的热能转换为动能并对气流起导向作用的结构元件。其作用是将蒸汽的热能转变成动能。

隔板是汽轮机各级的间壁，用以固定静叶片和阻止级间漏气，并将汽轮机通流部分分隔成若干个级。其作用是将汽缸分隔成若干个蒸汽参数不同的腔室，每个汽室有一个静叶栅和转子上相应的叶轮上的动叶栅组成一个压力级。

静叶片是指安装在隔板导叶持环和汽缸等部件上静止不动的叶片。

53. 防止油膜振荡的措施有哪些？

答：①避开共振区域运行；②增加轴承比压；③降低润滑油的黏度；④改变轴承内孔形状；⑤选用稳定性好的轴瓦。

54. 多油楔轴承的特点是什么？

答：①抗振性能好，运行稳定，能减少转子由于动不平衡或制造、安装原因造成的振动；②在不同的负荷下，多油楔轴承中轴颈的偏心度比圆周性轴承小得多，保证了转子的对中性；③当负荷与转速发生变化时，瓦块能自由摆动调节位置，可以防止油膜振荡，确保转子在高速轻载时可靠运行。

55. 汽轮机的盘车装置起什么作用？有几种盘车装置？

答：作用：汽轮机冲动转子前或停机后，进入或积存在汽缸内的蒸汽使上缸温度比下缸温度高，从而使转子不均匀受热或冷却，产生弯曲变形。因而在冲转前和停机后，必须使转子以一定的速度连续转动，以保证其均匀受热或冷却。换句话说，冲转前和停机后盘车可以消除转子热弯曲。同时还有减小上下汽缸的温差和减少冲转力矩的功用，还可在启动前检查汽轮机动静之间是否有摩擦及润滑系统工作是否正常。

分类：①按盘动转子时的转速不同，可分为低速盘车和高速盘车。②按传动齿轮的种类，可分为涡轮、蜗杆传动的盘车装置及直齿轮的盘车装置。③按脱扣装置的结构，可分为螺旋传动及摆轮传动。④按驱动方式不同可分为：手动盘车装置、电动盘车装置、液压盘车装置。

56. 凝汽设备主要由哪些部件组成？

答：由凝汽器、抽气设备、凝结水泵、循环水泵、循环冷却设备以及这些部件连接的管道和管件等组成。

57. 凝气设备的作用什么？

答：①建立并维持汽轮机的排汽口规定的高度真空，使蒸汽的排出压力尽可能的降低，从而使蒸汽在汽轮机中的可用焓降达到最大，以提高汽轮机的循环热效率；②将在汽轮机内作完功的排气凝结成水，再由凝结水泵送至除氧器，作为供给锅炉的给水循环利用；③在正常运行中，凝汽设备还有一定的真空除氧作用，除去凝结水中所含的氧，从而提高凝结水的质量，防止设备腐蚀。

58. 影响凝汽器压力和凝汽器工作的因素有哪些？

答：①冷却水进口温度；②冷却水温升、冷却倍率；③终端温度差；凝汽器内空气的影响；④凝汽器的汽阻；⑤凝汽器的水阻；⑥凝结水的过冷却。

59. 空气进入真空系统后，将给凝汽器工作带来什么危害？

答：①降低了凝汽器的真空度、使排气压力、温度升高，降低了汽轮机的经济性；②增加了凝汽器内空气的分压力，因而增加了空气在水中的溶解度，使凝汽器凝结水中的含氧量增加，增强了从凝汽器到除氧装置之间给水管道的腐蚀；③由于空气的传热性不好，因此空气漏入凝汽器后，将增大蒸汽与铜管间的传热热阻，致使终端温度差加大；④空气漏入真空系统后，增大凝结水的过冷却度。

60. 简述对汽轮机调节系统的要求。

答：汽轮机调节系统应满足下列运行要求：①调节系统应保证机组在额定的参数下，安全、平稳地满负荷运行。当参数和频率在允许范围内变动时，调节系统应能使机组平稳地在满负荷至零负荷范围内运行，保证汽轮发电机组能顺利地并网和解列。②汽轮机在运行时的负荷摆动值应在允许范围内。当运行工况变化时，调节系统应能保证机组平稳地从一个工况过渡到另一个工况，而不发生较大的和长时间的负荷摆动（摆动值不大于额定负荷的2%），保证汽轮机在设计范围内的任何工况下都能安全、平稳地运行。③由满负荷突然降到空负荷时，能使汽轮机转速控制在危急保安器动作转速范围内。④同步器的工作范围是空负荷的转速应保证在额定转速的95%～107%范围内，调节系统的速度变化率一般在4%～6%范围内；迟缓率应在0.5%以内。⑤当危急保安装置动作后，应保证主汽阀、调节汽阀迅速关闭，主汽阀的关闭时间应不大于1s。

61. 简述汽轮机保护系统与调节系统的区别，汽轮机保护系统的作用和功能。

答：保护系统与调节系统的区别：调节系统是根据参数的给定值进行调节，使被调节量始终维持在给定值附近；保护系统只有当保护参数超过给定值或机组发生异常情况时，才使执行机构动作，报警甚至停机。

保护系统作用：汽轮机是高速回转机械，各种转动零部件在转动过程中产生很大的离心力，因而使材料受到很大的应力。离心力与转速的平方成正比，若转速增加10%，其应力约增加21%，若转速增加20%，其应力约增加42%，此时转动部件将发生松动，同时应力将超过材料允许强度极限而使部件损坏。由此可见，汽轮机除了正常运行外，还应考虑到非正常的个别运行状态，例如超速、轴位移过大、振动过大等。因此，为了保护机组设备和运行人员安全，工业汽轮机具有较高的自动调节系统，还有各种保护元件对各主要运行参数进行监视，当这些参数超过允许范围时，保护装置及时动作，迅速的关闭主汽阀和调节汽阀来切断汽轮机的进汽，使汽轮机停止运转，避免损坏设备。

保护系统功能：①超速保护：当汽轮机转速超过规定值10%～12%时，危急保安器动作，通过液压元件迅速关闭主蒸汽阀、调节汽阀，使汽轮机停止运行。②轴向位移和胀差保护：当轴向位移或胀差超过规定值时，通过联锁动作或危急保安器动作，使汽轮机停止运行。③热应力保护：当汽轮机转子或汽缸应力超过一定安全范围时，限制汽轮机功率或转速的变化速度。④振动保护：当汽轮机机体或轴振动超过安全值时，发出警报；当振动超过一定安全范围时，发出停机联锁信号，使汽轮机停止运行。⑤低油压保护：当润滑油压或控制油压低于某一整定值时，发出声光报警信号；当油压继续降低到某一整定值时，启动辅助油泵；当油压继续降低，发出停机联锁信号，使汽轮机停止运行。⑥低汽压保护：当主蒸汽压力低于某一整定值时，开始减少汽轮机功率；当主蒸汽进一步降低到某一整定值时，发出停机联锁信号，使汽轮机停止运行。⑦低真空保护：当汽轮机真空低于某一规定值时，发出声光报警信号；当真空低到极限值时，发出停机联锁信号，使汽轮机停止运行。

62. 汽轮机的保护元件有哪些?

答：汽轮机的保护系统元件主要包括：①主汽阀：使主蒸汽进入汽轮机并能迅速关闭的阀门称为主汽阀。②超速保护装置：汽轮机转速超过额定转速一定值时，使汽轮机组紧急停机的各类保护装置。通常由危机保安器及危急遮断油门组成。③轴向位移保护装置：级组运行过程中，当转子轴向位移超过规定值时，控制仪表自动报警并使汽轮机停止运行的保安装置，称为轴向位移保护装置。④机械振动保护装置：设置机械振动保护装置，当振动超过允许值时，必须经过声光报警信号，必要时联锁动作停机。⑤低油压保护装置：设置低油压保护装置，以便在油压过低时发生报警信号，启动辅助油泵，脱口停机及停止盘车。⑥低真空保护装置：设置低油压保护装置，当真空降低到某一整定值时，发生报警信号，真空降至设计规定的最低允许值时，自动关闭主汽阀和调节汽阀，使汽轮机自动停机。⑦防火油门。

63. 对主汽阀的要求有哪些？

答：为了保证机组安全、平稳运行，主汽阀应满足以下要求：①在任何紧急情况下，特别是油源断绝时，自动主汽阀仍能动作迅速关闭并严密。因此，自动主汽阀一般多采用双弹簧结构来进行关闭。②有足够大的关闭力和迅速性。一般要求主汽阀全关以后，弹簧对汽阀的压紧力应留有 5000 ~ 8000N 的裕量，从保护装置动作到主汽阀全关闭的时间应小于 0.5 ~ 0.8s。③有隔热防火措施。④设置汽轮机正常运行中活动自动主汽阀的装置，以防自动主汽阀长期不活动而造成卡涩现象。⑤有良好的严密性。在正常进排汽参数情况下，调节阀全开，主汽阀关闭后，汽轮机转速应能降低到 1000r/min 以下。⑥有足够的强度。由于主汽阀在高温、高压下工作，要求有足够的强度。⑦具有良好的型线，以减少节能损失。采用预启阀的阀芯，可以减少开启主汽阀时所需的提升力。

64. 超速保护装置通常由哪两部分组成？工作原理是什么？

答：超速保护装置通常由危急保安器及危急折断油门组成。

危急保安器只有通过遮断油门才能达到紧急停机的目的。这两者工作原理相同，是当汽轮机转速升高到额定转速的 110% ~ 112% 时，离心飞锤飞出，打击脱扣杠杆，使危急遮断油门动作，关闭主汽阀和调节汽阀，使汽轮机迅速停机。

65. 轴向位移保护装置的作用是什么？

答：轴向位移保护装置是为防止汽轮机转子因轴向位移超过规定的数值，而发生汽轮机内部动、静部分摩擦和碰撞，发生设备严重损坏事故，故机组上装设了轴向位移保护装置。其作用是当转子轴向位移超过规定第一极限值时，自动报警；若转子轴向位移超过规定第二极限值时，轴向位移保护装置便自动动作，使主汽阀和调节汽阀迅速关闭并停机，以保护机组的安全。

66. 简述工业汽轮机低油压保护装置的作用及低油压保护装置形式的种类。

答：作用：①润滑油压低于允许值时，应及时发出报警信号，提醒操作人员注意并及时采取措施。②润滑油压力继续降低到某一整定值时，自动启动辅助油泵，提高油系统油压。③辅助油泵启动后，若油压仍继续下降到某一整定值后，应立即手动停机，再继续降低到某一数值时，应停止盘车。

种类：低油压保护装置有活塞弹簧式、压力继电器式和电接点压力表式三种。

67. 油系统的作用有哪些？由哪些部件组成？

答：作用：①向机组各轴承提供润滑油，在轴颈与轴承之间形成油膜，以减少摩擦损失，同时带走轴承因摩擦所产生的热量及由转子传来的热量。②向调节系统和保护系统提供工业用油，向盘车装置和顶轴装置提供用油。③提供给机组各传动机构的润滑用油。④对输送原料汽、合成汽、氨汽等可燃或有毒汽体的压缩机，提供密封用油组成。工业汽轮机油系统主要由油泵、冷油器、油过滤器、邮箱、高位油箱、蓄能器、安全阀、截止阀、管道等组成。

68. 简述高位油箱及蓄能器的作用。

答：高位油箱安装在距离机组中心线高 5~8m 处。当机组发生停电、停汽或停机事故时，高位油箱内的润滑油应保证各润滑部位有一定的润滑油，其容量应保证 5min 以上的供油，以保证机组各润滑部位的润滑油。

在润滑油系统中设有蓄能器，它的作用就是稳定润滑油压力，当主油泵需切换时，主油泵停机、备用油泵启动的瞬间能保持一定的润滑油压，使机组不因油泵的正常切换而停机。蓄能器是一种将液体储存在内压容器里，待需要时将其释放出来的能量储存装置。蓄能器是液压系统中的主要附件，对于保证系统正常运行、改变其动态品质、保持工作稳定性、延长寿命、降低噪音等起着重要的作用。

69. 速关组件包括哪些部件？运行时的注意事项有哪些？

答：速关组件主要由速关油换向阀、启动油速关阀、停机电磁阀、速关组件体、电液转换器、手动停机阀、试验用手阀及速关油回路和停机回路插装阀等组成。

注意事项：①启动前应确认压力油 P 及 DN40 拆装阀上腔油压正常。②启动前应确认电磁阀状态(带电或不带电)，应符合要求。③启动时，启动油换向阀 1842、1843 的复位顺序应符合要求，不得调换。速关阀开启后，不允许再操作启动油换向阀 1842、1843。④启动后，启动油 F 油压应为 0。

70. 简述转速传感器的工作原理。

答：速度传感器径向安装在前轴承箱上，转速传感器由测速齿轮、磁钢、和线圈等组成，测速齿轮装配在汽轮机转子上。磁钢与齿轮之间的间隙一般为 0.5~1.0mm。当测速齿轮随汽轮机转子旋转时，齿轮的齿经过磁钢、铁芯与测速齿轮之间的间隙交替发生变化，每经过一个齿，气隙磁阻就交变一次，相应的线圈中的磁通量就交变一次，从而在线圈两端感应出交流电动势。此电动势是测速探头输出信号，交流电动势的频率 f 与齿轮的转速 n 和齿数 Z 成正比，即 $f=nZ/60$。由于测速齿轮的齿数是固定的，因而频率 f 与转速 n 是单值关系，即 $f=n$，即交流电动势每秒的频率等于齿数每秒的转速，可将频率 f 代替转速 n 作为信号。

71. 汽轮机启动前的准备工作有哪些？

答：①与汽轮机运行有关的电气、仪表的各项调试、联锁试验等工作已完成，危急保安装置动作应灵活、准确、可靠；检查和试验通讯设备和联络信号应准确、可靠。②油箱油位、油温应正常，若油温低于25℃应投入加热器，保持油温在25℃以上。将油冷却器、油过滤器充满润滑油，空气排放干净；检查油冷器的冷却水系统，油冷器、油过滤器的切换阀的位置应准确无误；向蓄能器充干燥氮气，其压力应符合制造厂技术文件的规定。③检查转子轴向位移指示值、汽缸热膨胀、相对膨胀指示值、测振仪指示值、热井液位指示值和上下汽缸温度等原始值并进行确认，准确、无误并记录。④检查汽、水系统和油系统，其系统阀门开、关位置应符合技术文件要求，并运行正常；油冷器进出口阀应全开启，进水阀应关闭(使启动时油温能迅速上升到规定值)，出水阀关闭；交流、直流电动润滑油泵入口阀应开启，出口阀应关闭(若使用齿轮油泵应打开出口阀门)。⑤启动前，启动装置手轮应在"下限"位置；同步器手轮应在"下限"位置；调压器手轮应在"0"位；危机保安装置手柄应在"遮断"位置；手击快速停机手柄应在"投运"位置；危急保安装置应在"投运"位置；磁力断路油门应在"投运"位置。⑥汽缸、新蒸汽管道和抽汽管道上的排大气疏水阀和防腐蚀汽阀应开启，排大汽阀应关闭严密。⑦盘车装置动作应准确、可靠。⑧汽轮机与工作机械之间的联轴器已脱开。⑨油系统投入运行，检查油系统油压、油温、高位油槽油位及回油情况，从轴承回油管道窥视镜检查径向轴承和推力轴承回油情况。

72. 汽轮机超速试验（危急保安器动作试验）的注意事项有哪些？

答：当汽轮机转速达到额定转速的 110%～112% 时，检验危急保安器动作转速的准确性的试验，称为超速试验。一般规定汽轮机在安装或大修后，以及停机一个月以上，或者机组连续运行 2000h 以上，调速系统或危急保安器检修后再启动时，必须进行超速试验。此项试验必须在手击危急遮断器试验合格后方可进行。

做超速试验时：①应统一指挥，明确分工，严密监视；②汽轮机上的转速表及外接转速表（包括手持转速表）均应校验合格；③必须有一名操作人员负责手动脱扣按钮操作，一旦有超过动作转速仍不动作时，立即手打危急遮断装置停机，以防造成飞车事故；④严密监视机组转速和轴振动，当超过极限值时应立即紧急停机；⑤升速应平稳，严禁在超速状态下停留。

下列情况之一出现时禁止做超速试验：①未经手动危急遮断装置试验或手动试验不合格；②自动主汽阀和调节汽阀开闭有卡涩现象或蒸汽严密性试验不合格；③在额定转速下任意轴承振动异常；④任意轴承温度高于极限值。

73. 汽轮机运行中的注意事项有哪些？

答：①汽轮机运行时，应统一组织、统一指挥，分工明确。②汽轮机第一次冷态启动时，冲转前应连续盘车 4h 以上，冲转后暖机时间一般应比运行规程中的时间稍长一些。③冲转前油冷器的出口温度应大于 35℃，真空应不低于 60kPa（450mmHg），轴承进口温度应控制在 40℃±5℃。④冲转后应倾听汽轮机内动静部分及轴承等有无异常声响，若一切正常时进行升速。⑤汽轮机在运行过程中，若发生异常振动以及轴承振动超过 0.04mm 时，应立即紧急停机，进行连续盘车，并查找原因，禁止降速暖机。⑥机组通过临界转速时应平稳迅速，各轴承的振动值应符合制造厂技术文件的规定，并不得任意强行通过临界转速。⑦汽轮机稳定在额定转速运行时，各轴承的振动值应符合制造厂技术文件的规定，轴承的振动值应不大于 0.03mm。⑧高压汽轮机各部分温差、差胀值以及汽缸内壁升温率应符合制造厂的规定，一般高压缸上、下外缸温差不应大于 50℃，高压缸上、下内缸温差不应大于 35℃。⑨检查汽缸膨胀值应在正常范围内，不应出现不对称和卡涩现象。⑩径向轴承、推力轴承温度均应符合制造厂的规定，如无规定时，其温度应小于 100℃，回油温度不应大于 65℃，回油温升不应大于 28℃。

74. 造成汽轮机无需破坏真空进行紧急停机的情况有哪些？

答：①主蒸汽温度超出给定值的上限或下限的急骤变动。②真空度下降至低于允许值。③低压缸排大气阀薄膜破裂。④机组设备无蒸汽运行工况的时间超过给定值。⑤出现无法消除的漏油。⑥发电机或励磁机冒烟。

75. 简述主蒸汽压力和温度对汽轮机的影响及影响主蒸汽温度的原因。

答：主蒸汽压力允许在规定额定压力 ±0.05MPa 范围内变化。在机组突然失去全部或大部分负荷时，虽然锅炉安全阀动作，汽轮机仍会短时间超压。汽轮机调节系统的反应使调节汽阀瞬时关闭，然后稍微开启，故超压主要冲击调节汽阀以前的管道系统。运行中由于锅炉调节不当引起的超压会影响到汽轮机内部。当主蒸汽压力超过上限值时，应予以调整。蒸汽压力过高时，可关小隔离汽阀（或总汽阀）进行节流降压。当蒸汽压力降低时，应按操作规程规定降低负荷，但蒸汽压力降低不能影响用汽的辅助设备（如抽气器等）运行。

主蒸汽温度也应控制在额定温度 ±5℃（或 +5 ~10℃）范围以内，当数值超过上述变化范围时，应予以调整。当超过极限值时，就应按照运行操作规程规定减低负荷或停机，并应加强蒸汽管道和汽缸疏水，及时提高温度。当蒸汽温度过高时，会使金属部件的机械强度降低，引起金属的蠕变，导致设备的损坏，缩短设备的使用寿命。所以，在高温下长期运行是极其危险的，一般规定在允许上限温度下连续运行不得超过 30min，全年累计时间不得超过 20h。

主蒸汽温度变化的原因是：锅炉燃烧调整不当，减温水失控，过炉给水质量不合格而引起汽水共腾和锅炉满水。燃烧调整一般对汽温的影响不太大，可由减温器予以部分或全部补偿。减温水失控能引起汽温的剧烈变化，也能引起汽轮机的一定程度的水击。若能及时发现减温水过高或过低，就容易及时纠正，而由于锅炉汽水共腾或满水引起的气温骤降却是难以迅速恢复的。

76. 机组振动的危害有哪些?

答：（1）动静部分摩擦。随着机组容量和参数的提高，为提高效率，汽轮机通流部分间隙要求较小，再加上热膨胀和热变形，通流部分间隙在运行中还会减小。因此，在机组振动过大时，就会产生动静部分摩擦，严重磨损时还会造成转子弯曲等故障。

（2）动静部分磨损。机组振动过大，将会加速轴端部轴封及隔板汽封磨损、推力轴承、径向轴承、联轴器以及滑销系统的磨损。滑销系统的磨损将会引起机组膨胀受阻。

（3）造成紧固件的断裂和松脱。机组振动过大，会造成地脚螺栓，法兰连接螺栓断裂、松脱和一些零部件的松动，并进一步加大机组的振动，以致造成机器严重损坏。

（4）造成部件的疲劳损坏。机组振动过大，会造成轴承巴氏合金层破裂，还会通过转子传到叶轮、叶片，并加速这些零部件的疲劳损坏。

（5）损坏基础和周围建筑物。振动过大会造成基础裂纹、二次灌浆层松动，有的机组的振动还会传递到附近的建筑物或引起共振，造成建筑物的损坏。

（6）直接造成运行事故。机组振动过大还会引起危急保安装置的误动作，而造成停机事故。

（7）降低机组的经济性。机组过大的振动，造成汽封等通流部分间隙增大，使汽封片磨损，漏汽损失增加，机组运行的经济性降低，由于振动过大的危害性很大，所以要求汽轮机组不仅在额定转速下尽可能降低机组的振幅，而且在启动过程中，包括临界转速，都应将振幅控制在允许范围以内。

77. 简述汽轮机超速事故处理方法。

答：汽轮机超速是严重的恶性事故之一，若处理不当，会造成汽轮机或工作机械转子上的零部件由于离心力过大而松脱损坏，甚至造成更大的事故。

（1）汽轮机运行中，当转子转速超过额定转速 12% 以上时，危急保安器仍未动作，应立即手击打危急遮断器手柄，破坏真空紧急停机。

（2）若汽轮机超速时，危急保安器动作，而自动主汽阀、调节汽阀或抽汽逆止阀阀杆由于结垢、卡涩而关闭不严密时，应采取措施关闭以上各汽阀或立即关闭抽汽调节汽阀。

（3）若采取措施后汽轮机组转速仍过高不下降时，应迅速关闭主汽阀（或总汽阀），或与汽轮机相连接的蒸汽阀门，迅速切断进入汽轮机的汽源。

（4）机组停机后，应全面检查、调整调节系统和危急保安器，消除缺陷。重新启动时，在加负荷前应作危急保安器超速动作试验，确认超速动作转速符合设计文件规定后，方可将转速升至额定转速加负荷投入运行。

78. 汽轮机寿命检测系统包括哪些?

答:(1)在线监测。将转子几何尺寸、蒸汽参数、机组转速或负荷等参数转化为数字信号输入计算机,计算机将按预先整定的数学模型以时间为第二变量进行追踪计算,求出监测部位的热应力和相应的寿命损耗率,随时将计算结果输送到终端或在荧屏上显示及打印机打印,实时指导操作人员进行参数的调整,保证汽轮机长周期、安全运行。

(2)离线检测。应定期地对汽轮机转子的蠕变损耗进行统计计算,并在每次启、停之后或负荷大幅度(或快速)变动之后,根据调节级出口的蒸汽温度变化曲线,查取各阶段的温度变化量和温度变化率,计算其热应力及寿命损耗率或直接在转子寿命曲线上查取极限疲劳循环周次,从而计算出寿命损耗率。

79. 汽轮机调节系统试验的目的是什么?静态试验主要检测的项目有哪些?

答:目的:①确定调节系统的静态特性、速度变化率、迟缓率及动态特性等,可以全面确定调节系统的工作性能;②通过实验发现正常运行中不易发现的缺陷,并正确分析其原因,为消除缺陷提供必要的、可靠的依据。

静态试验检测项目:①调速器与油动机行程、二次油压间的关系;②油动机行程与各调节阀开度的关系;③调速器滑套及油动机的工作行程;④同步器的工作范围;⑤传动放大机构的迟缓率。

80. 转子产生不平衡的原因是什么?

答:(1)加工制造上的原因:①毛坯制造过程中产生壁厚不均匀、材料密度不均;在机械加工时产生不圆度和不同轴度;在热处理时产生金相组织的不均匀等。②设计或加工的键槽、销和孔位置不对称而引起的不平衡。

(2)装配上的原因:装配质量误差使转子的质心与旋转中心线不重合。

(3)运行上的原因:运行过程中因操作不当使转子产生变形,如动静部分磨损不均匀,转子在工作应力和温度应力的作用下产生弯曲变形等。

81. 汽轮机转速感受机构的作用是什么?汽轮机调节系统的任务是什么?

答:转速感受机构又称为调速器。转速感受机构的作用是将速度信号转变为以此控制信号的元件。它直接感受汽轮机转速的变化,输出一个比例于转速变化的物理量(如位移、油压或电信号),送至传动放大机构。

汽轮机调速系统的任务:①在外界负荷与机组功率相适应时,保持机组稳定运行;②当外界负荷或机组负荷发生变化时,调速系统能相应的改变汽轮机的功率,使之与外界负荷相适应,建立新的平衡,并保持汽轮机的工作转速在规定范围内变化;③调节系统应满足工艺系统的要求,保证机组定转速和变转速运行。

82. 工业汽轮机在何种情况下应做超速试验?试验时为什么要特别加强对气温和气压的监视?

答:应做超速试验的几种情况:①新安装或大修后机组;②危机保安器检修后启动;③汽轮机运行超过两千小时;④汽轮机停运一个月后启动;⑤机组正常运行中危机保安其误动作。

对气温气压的监视:①超速试验时对气温气压的变化,都会使过热蒸汽的过热度下降;②易发生水击事故。

83. 提高汽轮机组运行经济性要注意哪些方面？

答：①维持额定蒸汽初参数；②维持额定再热蒸汽参数；③保持最有利真空；④保持最小的凝结水过冷度；⑤充分利用加热设备，提高给水温度；⑥注意降低厂用电率；⑦降低新蒸汽的压力损失；⑧保持汽轮机最佳效率；⑨确定合理的运行方式；⑩注意汽轮机负荷的经济分配.

84. 简述凝汽式汽轮机紧急停车的方法。

答：当机组运行过程中发生故障时，为了消除对人身和设备的危害，防止事故的继续扩大，应采取紧急停机措施，立即打闸停机。汽轮机紧急停机有两种方法：破坏真空和不破坏真空两种。

破坏真空的停机方式用于紧急停机，立即打开真空破坏阀，向凝汽器内输入空气，然后停运抽气器，破坏凝汽器真空，以增加鼓风摩擦损失，从而减少转子的惰走时间。破坏真空的停机方法，适当空气进入汽轮机和凝汽器，摩擦损失和鼓风损失要增加许多倍，增加了制动因素，汽轮机的停机时间要比不破坏真空停机时间缩短一倍。其缺点是汽轮机打闸紧急停机破坏凝汽器真空时，大量的空气进入汽轮机低压段和凝汽器，会引起转子和汽缸内表面急剧冷却，也对冷凝器冷却水管应力及胀管不利。因此，若无特殊需要，不宜采用破坏真空停机。只有当汽轮机事故扩大时，才不得不采用此方法。

一般事故停机不采用破坏真空停机，汽轮机转子惰走时间长（一般为 20～30min）。其原因是当主汽阀和调节阀关闭后，汽轮机汽缸处于真空状态，转子在密度非常低的工质里转动。一般事故停机的惰走过程与正常停机一样，在低转速或凝汽器真空为零时，才打开真空阀破坏。

85. 凝汽式汽轮机真空急剧下降时，应采取哪些措施？

答：真空急剧下降时，应采取如下措施：①检查冷却水泵损坏原因，应立即启动备用泵；②及时找出真空下降的原因，在条件允许的情况下进行维护；如不能恢复应停车处理；③凝结水泵存在问题，迅速启动备用凝结水泵，尽快恢复真空和水位；④根据汽缸排气温度指示，确定压力绝对上升情况，然后打开抽气器汽阀或启动备用抽气器，以维持汽轮机真空；⑤设法降低负荷，使被驱动机负荷下降或转速下降，如果负荷已经减到最低，绝对压力还在升高时，应启动抽气器维持汽轮机真空，采取许多措施仍不能消除缺陷，真空度继续下降到厂家规定值或真空度下降到 0.041MPa 以下时，必须停车。

86. 工业汽轮机停机前应做哪些准备工作？停机过程应注意哪些事项？

答：工业汽轮机停机前应做准备工作：①与主控室及相关部门（电气、仪表、锅炉）联系，协作配合，说明停机时间和注意事项。②进行辅助油泵试验，试验后处于备用状态，保证转子惰走和盘车过程中轴承润滑和冷却润滑油的流量。③盘车装置动作应准确、可靠，保证转子静止时能立即投入使用。④检查主汽阀（速关阀）的活塞动作灵敏，无卡涩现象。⑤检查确认压缩机各段及管网阀门的开度，各放空阀或回流阀、流量控制阀。⑥防喘振装置应处于正常状态。

停机过程应注意事项：①在减负荷过程中，必须严格控制汽缸、法兰金属温降速度和各部温差的变化，减负荷速度应满足金属降温速度不应超过 1.5～2℃/min。②为使汽缸和转子热应力、热变形和胀差在允许范围内，每当减少一定负荷后应停留一段时间，使汽缸和转子温度均匀，缓慢降低，减少各部件间温差。③在减负荷时，必须调整轴封供汽，以减少胀差和保持真空。④在减负荷过程中，不应在低负荷和空负荷下停留时间过长，关小调节汽阀导致节流调节级温度大幅度降低，而空负荷时由于转子的鼓风作用，排气温度上升较快，使汽缸和转子的热应力增大。⑤在减负荷过程中，系统切换和附属设备的停用应根据各机组的情况按操作规程规定进行。⑥减负荷时，应注意凝结水系统的调整，保持凝汽器的液位。⑦停止汽轮机进汽时，应先关小自动主汽阀，以减少打闸时对自动主汽阀的冲击，然后手动拍危急遮断器，检查自动主汽阀和调节汽阀的关闭情况。

87. 汽轮机调节系统的任务是什么？调节系统由哪几部分组成？

答：调节系统的任务是在外界负荷与机组功率相适应时，保持汽轮机稳定运行；当外界负荷发生变化或机组负荷变化时，汽轮机的调节系统能相应的改变汽轮机的功率，使之与外界或机组负荷相适应，建立新的平衡，并保持汽轮机的工作转速在规定范围内；对于抽汽式汽轮机，当工况发生变化时，调整抽汽压力在规定范围内。汽轮机的调节系统，除接受汽轮机的转速变化信号外，还应接受被驱动机械所发的信号，即具有双脉冲调节装置。调节系统还应满足工艺系统的要求，保证机组定转速运行和变转速运行。

调节系统一般由转速感受机构、传动放大机构、执行机构和反馈机构四部分组成。

88. 工业汽轮机执行机构的作用是什么？反馈机构的作用是什么？

答：执行机构（配汽机构）：能接受传动放大机构传来的信号，并以此改变汽轮机的进汽量。

反馈机构（反馈装置）：调节系统完成一次调节过程后，建立新的平衡状态（错油门滑阀回到中间位置）。

89. 什么是汽轮机液压传动机构断流式错油门的盖度？盖度的存在对汽轮机调速系统有什么影响？

答：为了关闭严密，不致于因其他振动而将油口打开，造成调速系统摆动，所以错油门滑阀上的凸肩高度比油窗口的高度稍高，将窗口过度封严，凸肩高过油窗口的部分数值称为盖度。

由于盖度的存在，所以只有当滑阀移动距离大于盖度后，才能使油动机进油，油动机活塞才能动作，因此降低了调节系统的灵敏度。但是，由于盖度存在，有效地克服或减少了由于各种原因引起的滑阀上下微小摆动而产生油动机活塞和负荷或转速的晃动。如果盖度过大，调节过程中会动作迟缓，使调速系统迟缓率增加。如果没有盖度或盖度太小，就会漏油，容易造成调速系统摆动。

90. 影响汽轮机转子临界转速的因素是什么？

答：①支承刚性的影响；②叶轮回转力矩的影响；③转子外伸段的影响；④温度的影响；⑤阻尼的影响；⑥轴系的临界转速的影响。

91. 汽缸的工作及受力条件是什么？

答：①因为汽缸内外的压力差，汽缸受到沿轴向逐渐减少的轴向应力，高压段内的蒸汽压力大于大气压力，汽缸壁受着由内向外的张力；而凝汽式汽轮机的低压段内的压力低于大气压力，汽缸壁受着由外向内的压缩力。②喷嘴和导叶持环或隔板对汽缸的作用力，当蒸汽流过喷嘴组和隔板上的喷嘴或导叶持环上的导向叶片时，产生反作用力使汽缸受到一个与转子旋转方向相反的力矩。③由蒸汽压力所产生汽缸的轴向拉应力。④承受汽缸本身以及固定在汽缸上的零部件的重量。⑤在大多数汽轮机的结构中，凝汽式汽轮机低压段后轴承是支持在排汽缸上的，因此汽缸还要承受转子的部分重量及轴承传来的振动。⑥汽缸外面连接着速关阀及蒸汽管道，因此汽缸受到速关阀及蒸汽管道的牵制，特别是汽轮机在启动、停机时也会对汽缸产生作用力。⑦汽轮机运行时，汽缸除受到上述各种力的作用外，还因温差而引起的热应力。

92. 什么是调节气阀的重叠度？其重叠度为多少？

答：为了使汽轮机调节功率时变化均匀而连续，在安排各调节汽阀的开启顺序时，通常当前一个调节汽阀尚未完全开启时，就让后一个调节汽阀提前开启，这个提前的开启量称为调节汽阀的重叠度。

重叠度的选取一般以前一阀开至阀前、后蒸汽压比为 0.85～0.90 时，下一个阀便开始开启较为合适。阀前后压比为 0.85～0.90 时，调节汽阀重叠度为 15%～10%。

93. 简述汽轮机调节系统中执行机构的传动机构的种类及其组成。

答：(1)杠杆式传动机构：杠杆的一端为活动支点，另一端由油动机活塞杆带动上、下摆动，杠杆通过销轴与各调节汽阀阀杆的椭圆形吊环相铰接，椭圆吊环的长度确定了各调节汽阀的开启顺序。

(2)凸轮式传动机构：油动机活塞的位移是通过杠杆和齿条带动齿轮转动使凸轮轴转动，再由凸轮推动杠杆控制调节汽阀启、闭，调节汽阀的开启顺序是由凸轮型线所控制的。调节汽阀的开启是靠油动机活塞产生的提升力，而关闭调节汽阀是靠调节上部的弹簧的向下作用力来完成的。

(3)提板式传动机构：用一个油动机可以同时控制几个调节汽阀。调节汽阀的开启顺序由横梁与每个调节汽阀杆上的螺母之间的间隙所决定，调节汽阀的关闭是依靠调节汽阀本身的自重和蒸汽作用力。

94. 简述汽轮机全液压调节系统错油门的工作原理。

答：二次油压的变化会导致错油门滑阀相应的位移(上、下移动)，当二次油压升高时，错油门滑阀随着二次油压增加向上移动，从而使压力油从接口进入油动机的上油室，而油动机活塞的下油室则与回油口相通，油动机活塞在油压差的作用下向下运动，并通过调节杠杆使调节阀的开度增大。与此同时，使反馈导板向下移动，由于反馈导板有一定的斜度，推动弯曲杠杆将活塞的运动传递给杠杆，杠杆便产生与滑阀逆时针方向的转动，使杠杆的右端向下，作用在压缩弹簧上，增加反馈弹簧的压力，使错油门滑阀向下移动又回到中间位置。

95. 什么是调节系统的速度变动率？

答：汽轮机空负荷与额定负荷时的转速差值与额定转速之比，称为调节系统的速度变动率。速度变动率表明汽轮机从空负荷到满负荷转速的变化程度。速度变动率越大，汽轮机由于负荷变化所引起的转速变化也就越大，反映在静态曲线上就是曲线越陡；反之，速度变动率越小，汽轮机由于负荷变化所引起的转速变化也就越小，其静态特性也就越趋近平缓，速度变动率越大则调节系统的稳定性越好，但是速度变动率越大，动态超速也越大，静态特性曲线越陡，会使汽轮机在甩负荷时转速上升过多，发生超速以致影响汽轮机的安全运行。速度变动率越小则调节系统的稳定性越差，若速度变动率过小，又会使静态特性曲线过于平缓，并列运行时易引起负荷摆动等调节系统不稳定现象。速度变动率一般 4%～6%。

96. 工业汽轮机调节系统迟缓现象产生的原因有哪些？

答：在调节过程中，调节系统的动作滞后于汽轮机转速的变化现象称为迟缓现象。调节系统中除了各部件本身的摩擦造成系统的迟缓外，还有很多因素增加；还有很多因素，如错油门滑阀的重叠度，滑阀和传动杠杆铰链处有松旷和磨损；压力变换器、错油门滑阀与衬套偏心卡涩及油质中的杂质和空气含量增加所引起的运动受阻产生卡涩等。

97. 简述汽轮机调节系统同步器的型式及其工作特点。

答：（1）改变弹簧初紧力的同步器。在径向钻孔泵调节系统中，在压力变换器活塞顶部弹簧上，设置改变器初紧力的同步器时，便可在同一转速和径向出口压力条件下改变控制油泄油口面积，从而使控制油压改变，油动机动作，改变调节汽阀的开度，平移调节系统静态特性曲线。

（2）改变支点位置的同步器。在高速弹性调速器的调节系统中，设置了改变杠杆支点位置的同步器。

（3）改变调节系统中传动机构的静态特性的同步器。在全液压调节系统中，同步器是通过改变传动机构的静态特性来平移调节系统静态特性的。

（4）改变调节系统中感受机构的静态特性的同步器。在半液压调节系统中，同步器是通过改变感受机构的静态特性来平移调节系统静态特性的。

98. 汽轮机超速保护装置危急保安器的动作原理及要求是什么？

答：动作原理：偏心飞锤在旋转时产生离心力，其离心力有使飞锤向外飞出的趋势。在正常转速时，偏速升高时，离心力增大，刚开始离心力小于弹簧力，飞锤位置不会改变。当机组转速超过脱口转速（超过额定转速的10%～20%）时，偏心飞锤的离心力增大，飞锤的离心力大于弹簧力，飞锤迅速向外飞出。飞锤一旦动作飞出后，偏心距将随之增大，离心力和弹簧力都相应增加，但由于飞锤的离心力大于弹簧力，所以飞锤必然加速走完全部行程。飞锤飞出后打击脱扣杠杆上，使危急保安装置滑阀动作，迅速关闭主汽阀和调节汽阀，切断汽轮机进汽，使汽轮机迅速停机。飞锤飞出的最大行程一般为4～6mm。

要求：新安装的汽轮机试运行时或运行规定时间后，危急保安器都应进行超速托扣试验，脱扣转速为额定转速的110%，超速脱扣试验应连续做三次，每次试验的实际脱扣转速数值相差不应超过脱扣转速的1%；若实际脱扣转速不符合规定时，应进行停机，并按制造厂技术文件要求进行调整，调整后再次进行试验，应取三次试验实际转速的平均值作为超速脱扣转速的数值。

99. 汽轮机为什么要设置轴向位移保护装置？轴向位移保护装置有几种形式？

答：为防止汽轮机转子因转向位移超过规定的数值，而发生汽轮机内部动、静部分摩擦和碰撞，发生设备严重损坏事故，故机组上装设了轴向位移保护装置。其作用是当转子轴向位移量超过规定第一极限值时，自动报警；若转载轴向位移量超过规定第二极限值时，轴向位移保护装置便自动动作，使主汽阀和调节汽阀迅速关闭并停机，以保护机组的安全。

轴向位移保护装置按其感受元件结构，可分为机械式、液压式、电气（电感式）式和涡流式。

100. 汽轮机为什么要设置机械振动保护装置？

答：工业汽轮机是一种高速旋转机械，驱动工作机械（泵、风机、压缩机和发电机）运行。运行中不可避免地产生振动，当振动超过允许值时，它能引起机组动静部件之间的摩擦、碰撞、疲劳断裂和紧固件的松脱等设备事故。因此，汽轮机组应设置机械振动保护装置，当振动超过允许值时，必须经过声光报警信号，必要时联锁动作停机。

101. 工业汽轮机为什么会设置低真空保护系统？

答：凝汽式汽轮机运行中，由于各种原因会使凝汽器内真空降低。当真空降低较多时还会引起排汽温度升高、轴向推力增加、机组振动等，影响汽轮机经济性和安全运行。所以，较大功率汽轮机均设置低真空保护装置。

102. 说明润滑油系统设置蓄能器的作用和工作原理。

答：在润滑油系统中设有蓄能器，它的作用就是稳定润滑油压力，当主油泵需切换时，主油泵停机、备用油泵启动的瞬间，能保持一定的润滑油压，使机组不因油泵的正常切换而停机。

液压油是不可压缩液体，因此利用液压油是无法蓄积压力能的，必须依靠其他介质蓄积压力能。例如，利用氮气的可缩性质研制的皮囊和蓄能器就是一种蓄积液压油压力能的装置。皮囊式蓄能器是由液压部分和带有气密封件的气体部分组成，与位于皮囊周围的油液回路接通。当压力升高时，油液进入蓄能器，气体被压缩，系统管路压力不再上升；当系统管路压力下降时，压缩氮气膨胀，将有液压入回路，从而减缓管路压力的下降。

103. 说明伍德瓦特 PG – PL 型调速器的作用和工作原理。

答：作用：当汽轮机采用伍德瓦特调速器时，调速系统是一种无差调节系统，即只要给定值不改变，则无论机组负荷如何变化，机组转速保持不变。

工作原理：调速器是由一个与汽轮机转速成比例的轴所驱动。可以采用气动或手动调节转速。当选择气动调节时，最小气动信号（一般为 0.02MPa）与汽轮机最低转速相对应。气动信号与汽轮机转速之间的比例关系是可以调整的，当选择手动调节时，启动信号需切断或限定在最小值。调速器杠杆是可转动的支承在启动装置的下端，调速器的输出（位移）作用于杠杆的一端，相应在杠杆另一端的放大器套筒也产生对应的位移，这样放大器套筒和随动活塞之间的回油窗口开度就发生了变化，即二次油压发生了变化。二次油压通过阻尼器进入错油门滑阀 – 油动机中，控制调节汽阀的开度。

104. 简述工业汽轮机速度传感器的组成及其工作原理。

答：速度传感器径向安装在前轴承箱上，转速传感器由测速齿轮、磁钢和线圈等组成。

工作原理：测速齿轮装配在汽轮机转子上，磁钢与齿轮之间的间隙一般为 0.5 ～ 1.0mm。当测速齿轮随汽轮机转子旋转时，齿轮的齿经过磁钢，铁芯与测速齿轮之间的间隙交替发生变化，每经过一个齿，气隙磁阻就交变一次，相应的线圈中的磁通量就交变一次，从而在线圈两端感应出交流电动势。此电动势是测速探头输出信号，交流电动势的频率 f 与齿轮的转速 n 和齿数 Z 成正比，即 $f = nZ/60$。由于测速齿轮的齿数是固定的，因而频率 f 与转速 n 是单值关系，则 $f = n$，即交流电动势每秒的频率等于齿数每秒的转速，可将频率 f 代替转速 n 作为信号。因此，当它用于指示仪表时，只要用数字式频率计测量出交流电动势的每秒频率数，即可直接读出齿轮每分钟的转速。

105. 说明影响汽轮机胀差的因素及控制胀差的措施。

答：（1）汽轮机滑销系统卡涩或滑动面润滑不良的影响。汽轮机运行中应经常往滑动面之间注油，保证滑动面之间润滑及自由移动。

（2）蒸汽温度和流量变化的速度的影响。因为产生胀差的根本原因是汽缸与转子存在温差，蒸汽的温升或流量变化速度大，转子与汽缸温差也大，引起胀差也大。因此，在汽轮机启动、停机过程中，控制蒸汽温度和流量变化速度，就可以达到控制胀差的目的。

（3）轴封供汽温度和供汽时间的影响。由于轴封供汽直接与汽轮机转子接触，故其温度变化直接影响转子的伸缩。采取措施为：冷态启动时，为了不使胀差值过大，应选择温度较低的汽源，并尽量缩短冲转前向轴封供汽的时间；热态启动时，应合理使用高温汽源，防止向轴封供汽后胀差出现负胀差。根据工况变化，适时投入不同温度的轴封供汽汽源，可以控制汽轮机胀差。

（4）汽缸法兰、螺栓加热装置的影响。法兰加热装置若使用不当，可能会造成两侧加热不均匀或蒸汽在法兰内凝结。对于采用双层汽缸的机组，高压夹层的蒸汽如果温度和压力控制不当，可能造成法兰变形和泄漏。因此汽轮机在启动、停机过程中，应正确使用汽缸法兰和螺栓加热装置，这样可以提高或降低汽缸法兰和螺栓的温度，有效地减小汽缸内外壁、法兰内外壁，外缸与法兰、法兰与螺栓之间的温差，加快汽缸的膨胀或收缩，起到控制胀差的目的。

（5）凝汽器真空的影响。不同的机组、不同的工况，凝汽器真空变化对汽轮机胀差的影响过程和程度也是不相同的。在汽轮机启动过程中，当机组维持一定转速或负荷时，改变凝汽器真空可以在一定范围内调整胀差。

（6）汽缸保温和疏水的影响。由于汽缸保温质量不佳，可能会造成汽缸温度分布不均匀且偏低，从而影响汽缸的充分膨胀，使汽缸膨胀差增大；汽缸疏水不畅可能造成下汽缸温度偏低，影响汽缸膨胀，并容易引起汽缸变形。

106. 工业汽轮机启动前为什么要保持一定的油温？

答：盘车前应投入润滑油系统，油温控制在 35～45℃ 之间，这样可以在轴承中建立油膜。如果油温过低，油的黏度增大会使油膜过厚，使油膜不但承载能力下降，而且工作不稳定。油温也不能过高，否则油的黏度过低，以致难以建立油膜，失去润滑作用。

107. 工业汽轮机启动前和停车后为什么要进行盘车？

答：汽轮机启动前和停机后，利用盘车装置使转子连续不断或断续的低速转动，称为盘车。盘车是减少转子弯曲变形的良好方法，对设有盘车装置的机组，启动时应先进行连续盘车，然后再向轴封供汽。停机时汽轮机转子完全停止转动后，必须立即投入盘车装置。停机时间不长需再次启动的机组，应在转子完全停止转动到下一次冲动转子前的一段时间内进行连续盘车。连续盘车时间对高压机组一般不少于 3～8h，中压机组不应少于 1～2h，在此之后可改为定期盘车。在启动之前应再改为连续盘车，一般机组应在冲动转子前 2h 进行连续盘车。

108. 凝气式汽轮机启动真空过高或过低对机组有何影响？真空度有何要求？

答：凝汽式汽轮机启动时，要求凝汽系统建立一定的真空，因为凝汽系统的真空度高低对启动过程有很大的影响。启动中保持一定的真空，可使汽缸内气体的密度减小，转子转动时与气体摩擦鼓风损失也减小，可增大进汽作功的能力，减少蒸汽汽耗量，并使低压缸的排汽压力降低，相应的排汽温度也降低。

凝汽式汽轮机要求冲动转子时的真空度一般为 450～500mmHg 左右。真空过低，转子转动时就需要较多的新鲜蒸汽，排汽缸进汽量突然增加，凝汽器内压力瞬间升高很多（正常启动冲动转子时，真空度也要下降 100～200mmHg），可能使凝汽器内形成正压，造成排气安全阀动作或排气温度过高，使凝汽器铜管急剧膨胀，造成胀口松弛，导致凝汽器漏水，同时也会对汽缸和转子造成较大的热冲击。若真空度过高，不仅要加长建立真空度的时间，也因为通过汽轮机的蒸汽量较少，放热系数也小，使得汽轮机加热缓慢，转速也不稳定，从而延长启动时间。

109. 汽轮机转子在静态时为什么严禁向轴封供气？

答：汽轮机转子在静止状态下一般严禁向轴封供汽。因为在转子静止状态下向轴封供汽，不仅会使转子轴封处局部不均匀受热，产生弯曲变形，而且蒸汽从轴封处漏入汽缸也会造成汽缸不均匀膨胀，产生较大的热应力和热变形，从而使转子产生弯曲变形，致使在暖机和升速过程中发生动、静部分碰撞或振动，严重时会造成汽轮机损坏。

110. 什么是暖机？暖机的目的是什么？暖机时的转速和时间与哪些因素有关？

答：低速转动汽轮机并送入少量新蒸汽使其各部件均匀受热的操作过程，称为暖机。

暖机的目的是使汽轮机各部件金属温度得到充分的预热，使温度均匀上升，减少汽缸法兰内外壁的温差、法兰与螺栓之间的温差及转子与汽缸的温差，从而减少金属内部应力，使汽缸、法兰及转子均匀膨胀，保证通流部分的热膨胀、热应力、热变形都能够在安全范围内，保证汽轮机内部的动静间隙不至于消失而发生摩擦，并使加负荷的速度加快，缩短加负荷所需的时间。

暖机时的转速和时间随着机组参数、功率和结构的不同而不同。暖机时间是由汽轮机的金属温度、温升率及汽缸膨胀值、胀差值决定。

111. 工业汽轮机驱动离心式压缩机组通过临界转速前、后和过程当中时应注意哪些事项？

答：在升速通流过临界转速区域前，应先稳定运行 $15\sim30min$ 左右，检查蒸汽参数、真空系统、油系统、喘振系统、轴振动、热膨胀值、胀差值、机组内部声响及回油温度、油压、回油窥视窗的油流情况、油箱的油位等。待一切正常后，以每分钟 $1000\sim1500r/min$ 的升速速度通过临界转速区，应在 $2\sim3min$ 内迅速通过，在临界转速区域内不得停留。

通过临界转速后，机组应稳定运行 $15\sim30min$，对机组进行全面检查。特别应注意监视转速、振动和轴向位移，观察机组在通过临界转速时振动是否增大，如果发现机组振动异常，应暂停升速，查明原因并消除。另外，通过临界转速时，因升速较快，蒸汽流量有较大的变化，金属部件也容易产生较大的温差。为了避免金属部件温差过大，膨胀不均匀，产生过大的热应力和机组振动，通过临界转速后，应使机组在适当的转速下停留，使各部分的金属温度趋于一致、温差减小。

112. 说明汽轮机进行超速试验的要求。

答：一般规定汽轮机在安装或大修后，已经停机一个月以上，或者机组连续运行 $2000h$ 以上，调速系统或危急保安器检修后再启动时，必须进行超速试验。此项试验必须在手击危急遮断器试验合格后方可进行。做超速试验时：①应统一指挥，明确分工，严密监视；②汽轮机上的转速表及外接转速表（包括手持转速表）均应校验合格；③必须有一名操作人员负责脱扣按钮操作，一旦有超过动作转速仍不动作时，立即手打危急遮断装置停机，以防造成飞车事故；④严密监视机组转速和轴振动，当超过极限值时应立即紧急停机；⑤升速应平稳，严禁在超速状态下停留。

113. 说明汽轮机的热启动前应具备的条件。

答：①上、下汽缸温差在允许范围内：一般要求中、高压汽缸上、下外壁温差均不应大于$50℃$，双层汽缸内缸上下温差应不大于$35℃$。②转子热弯曲在允许范围内：一般要求汽轮机启动前，转子的最大弯曲值应小于 $0.03\sim0.04mm$。③启动时蒸汽温度与金属温度的匹配：汽轮机热态启动时，各部件的金属温度都很高，为了避免汽轮机进汽时引起金属部件产生冷却，一般要求新蒸汽温度高于调节级蒸汽室上缸内壁金属温度 $50\sim100℃$，过热度不低于$50℃$。

114. 说明凝汽式汽轮机额定参数停机和滑参数停机的过程。

答：汽轮机减负荷停机时，应按照操作规程的规定进行。在减负荷过程中，必须严格控制汽缸、法兰金属温降速度不应超过 $1.5\sim2℃/min$ 的要求。为保证这一降温速度，每当减少一定负荷后，应停留一段时间，使汽缸和转子的温度均匀、缓慢地降低，减少各部件间的温差。在减负荷过程中，必须注意调整轴封供汽，以减少胀差和保持真空度。一旦负胀差过大时，应停止减负荷，待负胀差减小后再减负荷。另外，在减负荷和停机过程中，不应在低负荷和空负荷下停留时间过长，因为额定参数停机是通过关小调节汽阀来控制进汽量的，在负荷很低及空负荷时，调节汽阀节流较大，将引起调节级温度大幅降低，而在空负荷时，由于转子的鼓风作用，排汽温度上升较快，使汽缸和转子的热应力增大。减负荷过程中，系统切换和附属设备的停用应根据各机组的情况按操作规定进行。减负荷时，应注意凝结水系统的调整，保持凝汽器的水位。停止汽轮机进汽时，应先关小自动主汽阀，以减少打闸时对自动主汽阀的冲击，然后手动拍击危急遮断器手柄，检查自动主汽阀、调节汽阀关闭情况。

滑参数减负荷停机时，通常先在额定参数下减负荷至80%左右，然后新蒸汽参数开始滑降，随着蒸汽参数的下降逐渐开大调节汽阀以维持原有的负荷，直到调节汽阀全开，继续降低蒸汽参数，负荷相应下降。对新蒸汽的滑降应符合规定，一般高压机组新蒸汽的平均降压速度为 0.02 ~ 0.03MPa/min，平均降温速度为 1.2 ~ 1.5℃/min。较高参数时，降温、降压速度可稍快一些；在较低参数时，降温、降压速度可稍慢一些。滑参数减负荷时，新蒸汽温度的下降率以取得选定的汽缸金属温度下降率为前提，压力下降率则要考虑锅炉汽包壁上下温差，以设在低温阶段保证蒸汽有适当的过热度（一般不小于 50℃，在最后阶段不小于 30℃），以保证蒸汽不带水。具有法兰、螺栓加热系统的机组，可在汽缸内壁温度下降到等于或稍低于法兰外壁温度时，投入法兰加热装置，以减少法兰内外壁的温差和汽轮机的胀差。高、低压加热器在滑参数停机时应随机滑停。

115. 凝汽式汽轮机正常停机前有哪些要求？

答：① 与主控制室及有关部门（电气、仪表、锅炉）联系、协作配合，说明停机时间及注意事项。② 进行辅助油泵试验，试验后处于联动备用状态，保证转子惰走和盘车过程中轴承润滑和轴颈冷却用油的供应。③ 盘车装置动作应准确、可靠，保证停机转子静止时，能立即投入联锁盘车，使转子不致于产生热弯曲。④ 检查速关阀的试验活塞动作灵敏、无卡涩现象。⑤ 检查、确认压缩机各段及管网阀门的开度，各放空阀或回流阀、流量控制阀和防喘振装置等应处于正常状态。

116. 驱动离心式压缩机的汽轮机在什么情况下需破坏真空进行紧急停车？

答：① 汽轮机转速上升超过额定转速112%时，危急保安装置未动作。② 汽轮机发生剧烈振动。③ 轴承或端部轴封出现火花或冒浓烟。④ 汽轮机通流部分、离心式压缩机内部有明显的金属撞击、摩擦声和其他异常声响。⑤ 汽轮机或离心式压缩机转子的轴向位移超过规定的极限值。⑥ 转子胀差超过规定的极限值。⑦ 凝汽器真空迅速下降到规定的极限值 60kPa 以下。⑧ 油箱油位下降至超过规定的极限。⑨ 润滑油系统油压下降至最低值（一般为 0.06MPa）以下。⑩ 轴承温度突然升至90℃以上，或推力轴承温度突然升至105℃以上。⑪ 润滑油系统或调速系统油着火，而不能很快破灭时。⑫主蒸汽、工艺、凝结水、给水、抽汽管道及油系统管道等附件破裂、严重泄漏时。⑬汽轮机发生水冲击。⑭离心式压缩机产生喘振并不能立即消除。⑮离心式压缩机轴封系统突然漏气或密封油系统故障不能立即排除。⑯离心式压缩机工艺系统和控制仪表系统发生严重故障而不能立即排除，影响机组继续运行。⑰工艺管道发生着火、爆炸等恶性事故。⑱机组调节系统发生严重故障，使机组失控而不能继续运行。⑲厂用电突然中断且无法立即恢复。

117. 汽轮机运行应监视哪些参数？

答：① 新蒸汽温度；② 压力；③ 凝汽器真空；④ 监视段压力；⑤ 轴位移；⑥ 热膨

胀；⑦ 轴振动；⑧ 排汽压力等。

118. 汽轮机运行中，轴向位移指示增大的原因有哪些?

答：汽轮机运行中，当轴向位移指示异常时，应立即找出原因，检查影响汽轮机轴向推力增大的因素。

① 负荷增加，则主蒸汽流量增大，各级蒸汽压差随之增大，使汽轮机轴向推力增加。② 主蒸汽参数降低，各级的反动度都将增加，轴向推力也随之增大。③ 隔板汽封磨损，漏汽量增加，使级间压差增大。④ 当通流部分因新蒸汽品质不佳而结垢时，相应级的叶片和叶轮前后压差将增大，汽轮机轴向推力增加。⑤ 当发生水冲击事故时，汽轮机的轴向推力将增大。⑥ 凝汽器排汽压力下降(真空下降)，汽轮机的轴向推力也将增大。

119. 汽轮机重大事故处理的原则是什么?

答：① 根据仪表指示，安全报警装置和机器外部征象，判断事故发生的原因。② 迅速消除对人身和机器的危险，必要时立即将发生故障机器紧急停机，以防事故扩大。③ 迅速清查故障的地点、性质和损伤范围。④ 保证所有未受损害的机组正常运行。⑤ 保证故障的每一阶段，都应尽可能迅速地上报给有关部门负责人，以便及时采取更正确的对策，防止事故蔓延。⑥ 事故处理中运行人员不得擅自离开工作岗位。如果事故发生在交接班时间，不得进行交接班，接班人员应协助运行人员消除故障，只有在事故处理完毕或告一段落后，经上级领导同意方可进行交接班。⑦ 故障消除后，运行人员应将观察到的现象、故障发生的过程和时间、所采取消除故障的措施等正确的记录在运行工作日记上。⑧ 应及时写出书面报告，上报有关部门。

120. 工业汽轮机发生水击的征象有哪些? 发生的原因有哪些?

答：发生水击的征象有：① 主蒸汽温度在10min内急剧下降50℃或50℃以上；② 从主蒸汽管道法兰、轴承信号管、调节气阀阀杆、气缸剖分面、轴承等处冒出白色湿蒸汽或溅出水滴；③ 主蒸汽管道或抽汽管道内有清楚的水击声和强烈振动；④ 汽轮机内发出水冲击金属响声，使汽轮机振动加剧；⑤ 转子轴向位移增大，推力轴承温度和回油温度急剧升高；各机组发生水冲击的原因各不相同，上述征象并不一定同时出现。

产生水冲击的原因：① 由于运行人员的误操作或自动装置失灵设备误动作，锅炉汽包水位或蒸汽温度失去控制，引起锅炉内水位升高，造成水或蒸汽从锅炉经主蒸汽管道进入汽轮机。② 当机组升负荷速率过快时，将引起新蒸汽压力瞬间下降，这时锅炉汽包内的水温将高于已降低了压力的饱和温度，一部分水就立即变为蒸汽。由于内汽泡数量增加，锅炉内的水位也急剧上升，致使锅炉满水，引起锅炉汽水共腾，使大量水被带入过热器和主蒸汽管道而进入汽轮机。③ 由于抽汽系统逆止阀泄漏或保护装置失灵时，回热系统加热器水管破裂(尤其是高压热水器水管破裂)或加热器疏水系统故障使加热器满水，都会使水或冷蒸汽经抽汽管道倒入汽轮机，造成水冲击。④ 汽轮机启动时，轴封系统蒸汽管道未能充分暖管和疏水，使轴封蒸汽带水进入轴封内。⑤ 锅炉减温器泄漏或调整不当，操作人员调整减温器时，误操作造成锅炉满水。⑥ 汽轮机的疏水系统不良和疏水操作不当。⑦ 除氧气水位控制发生故障或误操作，造成满水，会引起汽封进水或加热器地抽汽逆止阀不严密。⑧ 设计缺陷，将不同压力的疏水连接到同一个联箱上，压力大的疏水就有可能从低压疏水管返到汽缸内。

121. 汽轮机发生水击时的危害是什么?

答：汽轮机运行时突然发生水冲击事故，将使高温下工作的蒸汽室、汽缸、转子等金属部件骤然冷却，而产生很大的热应力和热变形，导致汽缸拱背变形，产生裂纹，并使汽缸水平剖分面法兰漏汽，负胀差增大，造成汽轮机动静部分摩擦或碰撞、转子发生弯曲等，引起机组发生剧烈振动。当发生水击时，将使叶轮前后的压差增大，导致轴向推力急剧增加，如果不及时紧急停机，甚至会使推力轴承的巴氏合金熔化，造成通流部分的严重磨损和碰撞。

122. 说明推力轴承的作用和工作原理。

答：作用：推力轴承的作用是承受蒸汽作用在转子上的轴向推力，确定转子在汽缸内的轴向位置，从而保证动静部分之间的轴向间隙在设计文件规定范围内。

工作原理：推力轴承是借助于轴承上的若干个推力瓦块与推力盘之间构成楔形间隙建立液体摩擦的。当转子处于静止状态时，推力瓦块的工作面与推力盘是平行的。当转子转动后，由于推力盘转动而带入推力盘与推力瓦块间的油量随转速的升高而不断增加，同时转子的轴向推力也要经过油膜传给推力瓦块，而又因为推力瓦块背面支点不在中间位置，在油压的作用下推力瓦块要发生倾斜，使瓦块略微偏转形成油楔。当推力盘带入楔形间隙的油量达到一定量时，因楔形间隙造成油的出口面积减小，而形成一定的压力油膜，在推力盘与推力瓦块之间建立了液体摩擦。

123. 汽轮机超速有哪些危害？为防止汽轮机超速需采取哪些措施？

答：超速危害：当汽轮机转速超过额定转速的20%时，离心应力接近额定转速下应力的1.5倍，此时不仅转动部件中过盈配合的部件会发生松动，而且离心应力将超过材料的允许强度使部件损坏。汽轮机超速若不及时迅速、精确地进行处理，将会造成叶片断裂飞出，甚至转子折断的严重的恶性事故。

保护措施：① 汽轮机安装、大修后，危急保安器解体、调整后，机组连续运行2000h以上及停机一个月后再启动时，都应按规定进行超速试验。② 汽轮机正常运行时，应定期进行危急保安器的充油试验，以保证其动作准确、灵活。③ 定期进行油质化验分析，并出检验报告；油净化装置应经常投入运行，将油中水分和杂质进行过滤，避免调节汽阀和主汽阀锈蚀和卡涩。④ 加强汽水品质监督，防止蒸汽带盐，防止自动主汽阀和调节汽阀阀杆结垢造成卡涩。⑤ 每次停机或做危急保安器试验时，应有专人检查抽汽逆止阀的关闭动作情况，若发现异常应进行及时处理。⑥ 每次启、停汽轮机时，应有专人检查自动主汽阀和调节汽阀的关闭严密程度，若不严密应消除缺陷后再启动汽轮机。⑦ 汽轮机运行中应经常检查调节汽阀开度与负荷的对应关系，以及调节汽阀后的压力变化情况，若有异常尽快消除。⑧ 应经常调整轴封供汽压力，防止汽水和灰尘通过轴承箱进入油系统。⑨ 做超速试验时，调节汽阀应逐步平稳开大，转速也相应逐步升高至危急保安器动作转速，若调节汽阀突然开至最大开度，应立即脱扣紧急停机，防止严重超速事故发生。⑩ 做超速试验时，应选择合适的蒸汽参数，蒸汽压力、温度应严格控制在规定范围内，先投入旁路系统，待参数稳定后，才能做超速试验。⑪ 做超速试验时，应设专人监视危急遮断器，当危急保安器动作后发出信号，或超过危急保安器动作转速仍不动作时，应立即用手击打危机遮断器紧急停机，以防造成飞车恶性事故。

124. 什么是多级汽轮机转子的轴向推力？冲动式多级汽轮机与反动式多级汽轮机的轴向推力是怎样产生的？

答：在汽轮机中，通常是高压蒸汽由高压端进入汽轮机膨胀作功，低压蒸汽从低压端排出，同时还将产生与汽流方向相同的轴向力，使汽轮机转子存在一个由高压端指向低压端移动的趋势，这个力称为转子的轴向推力。

冲动式多级汽轮机的轴向推力产生的原因是：① 作用在动叶片上的轴向推力，多级汽轮机每一级都有压降，动叶前后存在压差将会产生轴向推力；② 作用在叶轮轮面上的轴向推力，隔板汽封间隙中漏汽也会使叶轮前后产生压差，而产生与汽流同向的轴向推力；③ 作用转子汽封凸肩上的轴向推力，当隔板汽封采用高低齿迷宫密封时，转子相应位置也制作成凸肩结构，由于汽封每个凸肩前后存在着压力差，因而产生轴向推力。

反动式多级汽轮机的轴向推力产生的原因是：由于反动多级汽轮机转子为转鼓型结构，未装设叶轮，其轴向推力由以下三部分组成：① 作用在动叶上的轴向推力；② 作用在转鼓锥面上的轴向推力；③ 作用在转子阶梯上的轴向推力。

125. 滑销的种类及其作用是什么？

答：汽轮机的滑销系统由于构造、安装位置和作用的不同，可以分为横销、纵销、立销、猫爪横销、角销和斜销。

横销：引导汽缸在横向自由膨胀，并限制汽缸轴向膨胀。

纵销：纵销允许汽缸沿纵向中心线自由膨胀，限制汽缸纵向中心线的横向移动。纵销中心线与横销中心线的交点称为"死点"，汽缸膨胀时，该点始终保持不动。

立销：保证汽缸在垂直方向上能自由膨胀，并与纵销共同保持机组的纵向中心不变。

猫爪横销：保证汽缸横向膨胀，同时随着汽缸在轴向的膨胀和收缩，推动轴向座向前或向后移动，以保持转子与汽缸的轴向相对位置。猫爪横销和立销共同保持汽缸的中心与轴承座的中心一致。

角销：允许轴承座的纵向移动和防止热膨胀时轴承座与支座脱离。

斜销：斜销是一种辅助滑销，起纵销和横销的双重导向作用。保证汽缸纵向、横向的综合移动，以"死点"为中心向四周膨胀。

126. 什么是汽轮机的转子？其作用是什么？

答：汽轮机转动部件的总称为转子。汽轮机转子是所有转动部件的组合体，它是汽轮机最重要的部件之一。它主要由主轴、叶轮或转鼓、动叶片、平衡活塞、止推盘、危机保安器、盘车器、联轴器等部件组成。

其作用是将蒸汽的动能转变为机械能，传递作用在动叶片上的蒸汽圆周分力所产生的扭矩，外输出机械功，用于驱动工作机械。

127. 汽轮机转子的结构形式分类及特点是什么？

答：汽轮机转子按其结构形式可分为轮式转子和鼓式转子两种。

特点：① 轮式转子是在主轴上直接锻出或以过盈形式安装有若干级叶轮，动叶片安装在叶轮外缘上，轮式转子适用于冲动式汽轮机。轮式转子按制造工艺可分为套装式转子、整锻式转子、组合式转子和焊接式转子。② 鼓式转子主轴中间部位尺寸较大，外形像鼓筒一样，转鼓外缘加工有周向沟槽，转子的各级动叶片就直接安装在周向沟槽中，这种转子通常应用在动叶片前后有一定压差的反动式汽轮机上。鼓式转子结构简单，弯曲刚度大，但由于反动式汽轮机轴向推力较大，所以鼓式转子一般装有平衡活塞。

128. 什么是汽轮机的叶轮？其作用和结构形式是什么？

答：装有动叶片的轮盘称为叶轮。

叶轮的作用是用来安装动叶片，并将汽流力动叶栅产生的扭矩传递给主轴做功，以驱动工作机械。

叶轮的结构：汽轮机叶轮由轮缘、轮毂和轮体三部分所组成。

按轮面的断面型线，可将叶轮分为等厚度叶轮、锥形叶轮、双曲线叶轮和等强度叶轮。

129. 动叶片的作用及其结构型式是什么？

答：固定在汽轮机轮盘或转子上的叶片称为动叶片，也称工作叶片。

动叶片是工业汽轮机能量转换的重要部件，它不仅能将蒸汽的动能转变为机械能，而且在有些动叶中还能将热能转变为动能。在冲动式汽轮机中，由喷嘴射出的汽流，给动叶片一冲动力，将蒸汽的动能转换成转子上的机械能。在反动式汽轮机中，除喷嘴喷射出的高速汽流冲动动叶片做功外，蒸汽在动叶片中也发生膨胀，使动叶出口蒸汽速度增加，对动叶片产生反动力，推动动叶片旋转做功，将蒸汽热能转换为机械能。

动叶片的结构：动叶片主要由叶根、叶型和叶顶等三部分组成。① 叶根是将叶片固定在叶轮或转鼓上的连接部分，其作用是将叶片牢靠的固定在叶轮上，且在任何运行条件下保证叶片在转子中的位置不变。常用的叶根有 T 型、叉型、菌型、双 T 型和枞树型叶根。② 叶型部分是动叶片进行能量转换的工作部分，也称为叶片工作部分或型线部分。根据叶型截面的变化情况，叶片可分为等截面叶片和变截面叶片。③ 页顶部分是指叶顶处叶片连接成组的围带和在叶型部分将叶片连接成组的拉筋。汽轮机高压段的动叶片一般都装有围带，低压端多设有拉筋。

130. 叶片的调频方法有哪些？其减少动应力的措施是什么？

答：对叶片的自振频率或激振力的频率进行调整称为叶片调频。

调整叶片的自振频率的措施主要是通过改变叶片的质量和刚性（包括连接刚性）来达到的，常用的调频方法有以下几种：① 增加围带和拉筋与叶片的连接处牢固度，增大围带和拉筋的反弯矩，增加叶片的刚度；② 当叶片厚度较厚时，在叶片顶部中心钻减荷孔以减少叶片质量；③ 在不影响级的热力特性的情况下，在允许范围内适当改变叶片的高度；④ 用围带和拉筋将叶片连接成组；⑤ 改变围带、拉筋尺寸、形状及拉筋位置；⑥ 改变叶片的截面积或截面积沿叶高的变化规律。

减少动应力的措施：调开危险振型的共振，增加安全倍率，可以减小动应力。另外，减少激振力的增大和增加阻尼也可减少动应力。减少激振力的措施主要是减少喷嘴出口汽流的不均匀程度。

131. 凝汽器的清洗方式有哪些？

答：根据凝汽器积垢的不同，采用不同的清洗方法，通常采用机械清洗、化学清洗、逆向冲洗和胶球清洗等。

（1）机械清洗：机械清洗即用软钢丝刷、毛刷和水龙头的喷枪（嘴），人工清除凝汽器的水垢，是清除管子和管板机械污垢最简单的方法。其缺点是时间长，劳动强度大，效率低，此法已很少采用。

（2）化学清洗：当凝汽器钢管结有碳酸盐的结垢时，采用化学清洗法清洗凝汽器，可以完全溶解碳酸盐结垢，而且凝汽器管子的金属损伤小。

（3）逆向冲洗：凝汽器中有软垢时，可采用冷却水定期在铜管中水流逆向冲洗法来清除。这种方法的缺点是要增加管道和阀门的投资，系统较复杂。

（4）胶球清洗：凝汽器胶球清洗装置，可以在机组不减负荷的情况下清洗冷却水管内壁，降低凝汽器的端差和汽轮机的背压，提高汽轮机的热效率。胶球连续清洗装置所用的胶球有硬胶球和软胶球两种。

132. 抽气器的作用及种类是什么？射水式与射汽式比较的特点是什么？

答：抽气器的作用是将漏入凝汽器中的空气和蒸汽中所含的不凝气体连续不断地抽出，保持凝汽器始终处于高度真空状态和良好的传热效果，使汽轮机装置具有较高的热经济性。常用的抽气器主要由射汽式抽气器、射水式抽气器两种。

射水式抽气器与射汽式抽气器比较的特点：① 节省消耗在射汽抽气器的蒸汽量且无需使用冷却器，提高了装置的经济性；② 对于低压力的射水抽气器，还可以节省辅助抽气器，使系统简化，结构紧凑；③ 低压力射水抽气器具有喷嘴直径大，便于加工制造，运行中不易堵塞，质量小，运行费用低，运行可靠，功率大，检修维护工作量小等优点；④ 在同一台机组上使用射水抽气器，可获得比射汽抽汽器更高的真空度。

133. 简述汽轮机冷态启动的步骤。

答：汽轮机的冷态启动是指从静止的处于常温状态下的汽轮机逐渐过渡到正常工作状态的过程。启动步骤如下：

（1）暖管：对电动主汽阀或自动主汽阀前的主蒸汽管道进行预热称为暖管。暖管所需要的时间取决于暖管区段的长度、管径尺寸和蒸汽参数及管道强度所允许的温升速度。一般中参数机组暖管时间为 20～30min，高压机组为 40～60min 左右。

（2）疏水：进入汽轮机的蒸汽放出热量后所凝结成的水，称为疏水。暖管与疏水应密切配合，使积聚在管道中的凝结水及时疏出，否则易产生管道的水冲击。通过疏水可以较快的提升汽温，加快暖管。一般当汽轮机所带的负荷达到正常负荷的 10%～15% 左右时，才可以将疏水阀全部关闭，这时可通过疏水器疏水。

（3）盘车：汽轮机启动前和停机后，利用盘车装置使转子连续不断或断续的低速转动，称为盘车。盘车是减少转子弯曲变形的良好方法，对设有盘车装置的机组，启动时应先进行连续盘车，然后再向轴封供汽。停机时汽轮机转子完全停止转动后，必须立即投入盘车装置。盘车前应投入润滑油系统，油温控制在 35～45℃之间，这样可以在轴承中建立油膜。

（4）建立真空：汽轮机启动时，要求凝汽系统建立一定的真空，因为凝汽系统的真空度高低对启动过程有很大的影响。启动时保持一定的真空，可使气缸内气体的密度减少，转子转动时与气体摩擦鼓风损失也减少，可增大进汽做功的能力，减少蒸汽汽耗量，并使低压缸的排气压力降低，相应的排气温度也降低。凝汽式汽轮机要求冲动转子时的真空度一般为 450～500mmHg 左右。

（5）轴封供汽：向轴封供汽的目的是为了防止空气沿转子流入汽缸，较快的建立有效的真空，并减少叶片受力。汽轮机转子在静止状态下一般严禁向轴封供汽。因为在转子静止状态下向轴封供汽，不仅会使转子轴封处局部不均匀受热，产生弯曲变形，而且蒸汽从轴封处漏入汽缸也会造成汽缸不均匀膨胀，产生较大的热应力和热变形，从而使转子产生弯曲变形，致使在暖机和升速过程中发生动、静部分碰撞或振动，严重时会造成汽轮机损坏。

（6）冲动转子：冲动转子是汽轮机由冷态到热态，由静止到转动的开始。操作的关键是控制汽轮机金属温度、转子转速的升高。冲动转子的方式主要视汽轮机调节系统的具体情况而定，一种是用自动主汽阀预启阀或电动主汽阀旁路阀节流新蒸汽的启动方法；另一种是用单个调节汽阀控制的启动方法。

（7）暖机和升速：低速转动汽轮机，并送入少量新蒸汽，使其各部件均匀受热的操作过程，称为暖机。暖机的目的是使汽轮机各部件金属温度得到充分的预热，使温度均匀上升，减少汽缸法兰内外壁的温差、法兰与螺栓之间的温差及转子与汽缸的温差，从而减少金属内部应力，保证汽轮机内部的动静间隙。

(8)通过临界转速：临界转速就是汽轮机发生共振时的转速。汽轮机通过临界转速时应迅速、平稳安全的通过。

(9)调速器投入工作：手动主汽阀或启动装置将汽轮机转速提升到调速器最低工作转速时，调速器开始动作，便进行自动控制。一般规定，调速器最低工作转速为额定转速的85%，而脱扣停机转速为额定转速的110%。

(10)危急保安装置试验和超速试验：调速器投入工作，在达额定转速下稳定运行 10~15min 后，对机组进行全面检查，确认机组一切正常后，可进行手击危急遮断装置试验和超速试验。

(11)汽轮机加负荷：当危急保安装置和超速试验符合要求后，应及时对机组进行加负荷。

134. 简述汽轮机在启动过程中通过临界转速时的注意事项。

答：临界转速就是汽轮机发生共振时的转速。汽轮机通过临界转速时应迅速、平稳、安全。

注意事项：① 在升速通过临界转速区域前，应先稳定运行 15~30min，检查蒸汽参数、真空系统、油系统、喘振系统、轴振动、热膨胀值、胀差值、机组内部声响及回油温度、油压、回油窥视窗的油流情况、油箱的油位等。② 待一切正常后，以 1000~1500r/min 的升速速度通过临界转速区，应在 2~3min 内迅速通过，在临界转速区域内不得停留。③ 通过临界转速后，机组应稳定运行 15~30min，对机组进行全面检查，特别应注意监视转速、振动和轴向位移，观察机组在通过临界转速时振动是否增大，如果发现机组振动异常，应暂停升速，查明原因并消除。④ 通过临界转速区，因升速较快，蒸汽流量有较大的变化，金属部件也容易产生较大的温差。为避免金属部件温差过大，膨胀不均匀，产生过大的热应力和机组振动，通过临界转速后，应使机组在适当的转速下停留，使各部分的金属温度趋于一致、温差减小。

135. 简述汽轮机在启动过程中轴封供汽时的注意事项。

答：在冲动转子前向轴封供汽时，应在连续盘车状态下进行。汽轮机转子在静止状态下一般严禁向轴封供汽。因为在转子静止状态下向轴封供汽，不仅会使转子轴封处局部不均匀受热，产生弯曲变形，而且蒸汽从轴封处漏入汽缸也会造成汽缸不均匀膨胀，产生较大的热应力和热变形，从而使转子产生弯曲变形，只是在暖机和升速过程中发生动、静部分碰撞或振动，严重时会造成汽轮机损坏。轴封供汽时间不宜过长，一般应控制在 5min 以内为宜。从安全角度考虑，提前向轴封供汽，尽可能采用经过减温的蒸汽，将蒸汽温度控制在 120~140℃。所以建议冷态启动时，向轴封供减温的蒸汽；热态或温态启动时，则可供新蒸汽。无论是启动时向轴封供汽还是机组正常时向轴封供汽，应防止轴封蒸汽沿轴泄漏。因为会造成蒸汽漏入轴承室、凝结水会进入油箱内，从而恶化油质。

136. 真空急剧下降的原因与缓慢下降的原因是什么？

答：急剧下降的原因：① 循环水中断；② 低压轴封供汽中断；③ 抽气器的汽(水)源中断；④ 真空系统不严密，漏气量增多；⑤ 凝汽器满水。

缓慢下降的原因：① 循环水量不足；② 抽气器工作失常；③ 凝汽器水位升高；④ 真空系统不严密、漏气；⑤ 凝汽器冷却表面积垢或堵塞。

137. 防止油系统着火的措施有哪些？

答：① 油系统管道布置时，应尽可能将油系统管道安装在蒸汽管道下方。油管道连接尽量减少法兰连接或丝扣接头，多采用焊接连接。法兰的密封垫片应采用耐油石棉垫片或金属缠绕垫片。② 油系统管道安装时，应进行强度和严密性试验。③ 应将调节系统的液压部件如油动机、错油门滑阀及油管道等远离高温热体。④ 对油系统附件的主蒸汽管道或其他高温汽水管道，保温层尺寸及保温镀锌铁皮（或铝皮）厚度应符合设计规定，并保温完整。⑤ 发现油系统漏油时，应及时查找漏油部位及原因，并消除。渗到地面上的油应随时清理干净。⑥ 汽缸保温层进油时，应及时更换。⑦ 调节系统大幅度摆动时，或者油系统油管发生振动时，应及时检查油系统严密性。⑧ 汽轮机房内应配置足够的消防器材，并放置在明显的位置，其附件通道应通畅。⑨ 在油箱、油管道密集的上方应装设烟感报警探测装置和消防喷管，当油系统发生火灾时，能自动报警或向火源喷射灭火剂。

138. 汽轮机在运行状态下转子轴线位移变化的影响因素有哪些？

答：(1)温度的影响：汽轮机进汽及排汽温度的变化（汽轮机进汽温度高，而排汽温度低，所以机体两端温差大）；变速器运转后，轴承和油温逐渐升高，使机体受热而膨胀；这些因素都会引起机组各轴中心线产生位移。联轴器对中找正过程中，环境温度的变化对轴对中找正精度也有一定的影响，所以轴对中找正精度要求高的机组应主要找正过程中的环境温度变化。

(2)油膜厚度的影响：转子轴承油膜中浮起值与轴承负荷、轴颈大小、长径比、转速、润滑油黏度、轴承间隙等因素有关。当润滑油的黏度、轴颈的转速和轴颈尺寸增加时，油膜的厚度也增大；而当轴承的压强、配合的间隙和修正系数增加时，油膜的厚度就减小。其中影响油膜厚度的主要因素是配合间隙，其次是润滑油黏度。

(3)齿轮传动啮合力的影响：当机组采用齿轮变速器，机组运转时因受齿轮压力角的影响，当转子顺汽流方向看是逆时针旋转时，主动轮（大齿轮）将受到一个向上的力，轴被向右上方抬起，因此在冷态轴对中时，应考虑汽轮机中心比小齿轮中心稍高些，而小齿轮亦向其反方向移动。

(4)转子挠度的影响：由于机组转子自身重量的影响，转子安装在轴承上之后产生水平挠度，从而转子两端的两半联轴器也产生微量的倾斜。

(5)管道应力的影响：由于与机器连接管道的焊接应力、连接应力和运转中的热应力作用在支座上，使机组运转过程中管道热胀冷缩不均匀，给机组带来设计以外的附加应力，造成转子中心产生位移。

(6)汽缸及转子热变形的影响：汽轮机运行时，上半部汽缸的温度比下半部汽缸温度高，因此，上半部汽缸的横向膨胀就比下半部大，其结果就会产生汽缸向上弯曲，使两轴端汽封下部间隙减小，上部间隙增大。转子受热后刚度减小，挠度相应增加，也会造成转子中心产生位移。

(7)运行时抽汽、排汽压力的影响：凝汽式或抽汽凝汽式汽轮机在运行时，排汽压力低于大气压力，使后汽缸与凝汽器一起往里收缩。由于凝汽器重量很大，地脚螺栓又将其与基础牢固的固定在一起，这样势必导致后汽缸下沉，但后汽缸又受到汽缸猫爪的限制不能明显的下降，只有极少量的变形，而后轴承座又是搁置在后汽缸上的，后汽缸往下变形的同时也带着轴承座往下移动，导致转子中心下移。

(8)凝汽器灌水和抽真空的影响：凝汽式汽轮机当凝汽器汽侧灌水（充水）或抽真空时，

也会使低压段转子中心产生位移变化(转子中心下降)。由于以上因素的影响,机组在冷态安装与热态运转时,各轴中心线都会产生相对位置的变化。为了使机器在运转状态下,各轴中心线仍能处在理想的同轴位置(呈一直线),所以,在冷态轴对中找正时,必须考虑以上各种因素的影响。

139. 简述烟机进口管路技术要求。

答:① 使用较高档次的铁素体不锈钢或用含钛的材料。② 保证烟机入口至蝶阀间有6~10倍入口管径的直管长度,使烟气流入时不产生偏流。③ 烟机管道的安装顺序和预拉环节必须执行安装技术规范要求。

140. 简述烟气轮机的选用原则(或一般要求)。

答:① 优选单级烟机。② 选择适合本厂的同轴机组配置方式的类型。③ 优选国产 YL 形烟机。④ 选择合适的烟机容量。⑤ 配置高效的三旋。

141. 汽轮机有哪些汽封装置?轴封结构有几种?

答:汽轮机的转动与静止部件之间必须有一定间隙,以防止相互摩擦。为了减少漏气损失,汽轮机都装有如下汽封装置:轴端汽封(简称轴封)、隔板汽封和围带汽封。轴封有曲径式、碳精环式及水封式三种。目前汽轮机所采用的一般都是曲径式汽封,又称迷宫密封。较广泛采用的是疏齿形曲径汽封。有高低齿和平齿两种,平齿结构简单,但效果不及高低齿,因此在高压段用高低齿,低压段用平齿。

142. 简述 YL 烟气轮机的结构特点。

答:① 采用轴向进气和径向排气结构;② 机壳采用垂直剖分形式;③ 在转子装卸时,才用从进气端抽芯的形式;④ 单级烟机的轮盘与转轴的连接方式采用特种销钉传递扭矩;⑤ 将冷却蒸汽直接通到轮盘盘面;⑥ 转子设计成刚性转子;⑦ 加设防冲蚀台阶;⑧ 转折台阶、过渡环和叶身部分喷涂耐磨层。

143. 简述烟气轮机三旋的作用、能量回收对三旋的要求及使用时的注意事项。

答:三旋的作用:三旋是烟气净化设备的关键设备之一,是回收昂贵催化剂以保证流化床平稳操作的关键设备。排出再生器的高温烟气所含的催化剂浓度在 5~8kg/m³,有时甚至可达 15~20kg/m³。再生器顶部从二旋排出的高温烟气还含有 0.5~1kg/m³ 浓度的催化剂,中位粒径在 20μm 左右,进入烟机的高温烟气速度非常高,催化剂颗粒对烟机叶片冲蚀和磨蚀很严重,尤其是 10μm 以上的颗粒,危害更大。所以,三旋必须除去 10μm 以上的颗粒,使进入烟机的烟气含尘量不大于 150mg/m³。

能量回收对三旋的要求:① 分离性能良好,特别是对分离细粉的粒级效率要高,能有效地将 10μm 以上的催化剂除去,净化后的烟气含尘量不大于 150mg/m³。② 弹性好,运行可靠,烟气的流量和含尘量变化时,分离效果不能降低太大。③ 压降要低,当三旋的压力损失大于 15kPa 时,将影响到烟机回收率。④ 抗磨耐用,能长时间在 700℃ 左右的高温下操作,并能在短时间内承受 800℃ 以上的高温。⑤三旋单管使用寿命在 5 年以上。

使用三旋时的注意事项:① 三旋底部排尘管道上安装有限流喷嘴(临界喷嘴),以便控制一定的下泄量;限流喷嘴是易损件,一般至少每操作周期更换一次。② 三旋的操作不是孤立的,当烟气中有大量催化剂涌入三旋,再好的三旋也难承受;一般来说,当装置催化剂单耗大于 1 时,三旋出口浓度和粒度往往就难以满足要求;这主要是由再生器旋风分离器失效、反应 - 再生系统不稳或催化剂质量差造成的。③ 装置开工前必须清理烟道,否则大量衬里、焊渣、杂物进入三旋,往往在很短时间内使三旋单管损坏。

144. 简述提高烟机能量回收率的途径及注意事项。

答：① 烟机选型容量与装置匹配，机组配置带发电机，确保回收率达 105% ~ 110%；② 选用高效的三旋，提高烟气质量，确保机组长周期与装置同步运行，保证高水平发电；③ 提高烟机的检修质量，保持机组各项监测指标在良好的范围内；④ 加强巡检，注意监盘，保持机组负荷稳定。

注意事项：监测烟气粒度变化；监测进口管线和支架的变形情况；加强润滑管理；加强机组状态检测和故障诊断，强化趋势管理；加强培训，提高操作水平。

145. 烟气轮机的特点是什么？优化设计时采取哪些措施确保烟机能有较长的使用寿命和效率，使能量回收最大化？

答：烟气轮机是催化再生器能量回收装置，它具备三个特性：① 因固相流的存在，具有气 – 固两相流的磨损特性；② 高温烟气可达 700 ~ 760℃，具有热应力特性；③ 由于气流中存在微粒，将随微粒浓度的不同，改变烟机的流量特性和效率特性。

要求合理的控制动静叶气流速度，选择合理的结构参数在减小磨损和保持较高的效率两个方面进行优化设计。

(1)烟机对烟气质量的要求。通过三旋要求烟气内含尘浓度不大于 $150mg/Nm^3$，大于 $10\mu m$ 的颗粒分布不大于 3%，以保护烟机叶片不被磨损，由此必须提高三旋旋风分离气的高效能，烟气中的催化剂越少、越小越好。

(2)烟机运行的可靠性和足够的使用寿命，材料是非常重要的一环，随着烟气温度以及焓降的增加，就需要耐高温性能更好的材料，并要考虑烟机部件能承受烟气后燃烧时的高温应力（入口温度可短时间内超温到 871℃），所以要求材料具有良好的高温机械性能，还要有良好的低周疲劳性能，良好的抗腐蚀性能（烟气含 CO、CO_2、硫氧化物、氮氧化物等腐蚀气体），因此设计寿命为 $10 \times 10^4 h$、材料选用 GH 864 镍基含钴高温合金，同时对轴盘表面喷冷却蒸汽降温。

(3)动叶叶根和榫槽的稳态应力处于安全范围内，确保材料的屈服强度的许应力，材料的持久强度，蠕变断裂强度。

(4)为了抗冲蚀还必须在冲蚀部位上喷涂耐磨涂层，以保证烟机的使用寿命，在叶片的叶身、衬环内表面、静叶环内表面或过渡环内表面喷涂耐磨层。

(5)轴向进气结构和防冲蚀转折台阶。轴向进气，可使烟气进入烟机时能稳定流动，以确保烟气中催化剂颗粒均匀分布，避免径向进气的离心分离作用，产生颗粒集中的倾向，并减少入口压力损失，加设防冲蚀台阶，防止在叶根局部催化剂微粒集中在每一叶排前设量转折台阶，将边壁催化转折到流道中部消除叶片根部发生折断的危险。

(6)合理选用烟机速比，不但能提高烟机的效率，降低烟机的制造成本，而且还能降低与之配套的轴流式主风机的成本，提高三旋质量，管网（入口和出口管道）合理配置，优化操作程序，也是很必要的。

146. 简述烟气轮机检修期间对转子的检查内容。

答：(1)外观检查：检查转子各轴颈部位有无划痕、拉毛或腐蚀等情况；轮盘紧固螺栓应无松动等异常现象；检查叶轮叶片的冲蚀及阻塞情况，做无损探伤检查；各轴颈、推力盘、叶轮做找色检查。

(2)轴颈圆度、圆柱度检查：测点表面应光洁无锈蚀和划痕，对预测振探头对应部位轻微划伤和锈蚀用金相砂纸修复，严重损伤必须修复或更换。检查测量转子轴颈的轴颈圆度、圆柱度，轴颈的圆度、圆柱度允许偏差符合技术文件规定；各部位圆跳动值符合技术文件规定或检修规程。

（3）轮盘检验：烟机运行一个周期或经过明显超温后，进行硬度、晶粒度及榫槽处的裂纹检测，并同原始数据进行比较。

（4）动叶片：叶片表面喷涂层应无龟裂及剥落；叶片锁紧片应与轮盘端面紧密配合，其间隙应小于等于0.02mm；叶片摆动量应符合技术文件要求；叶片应无严重的冲蚀，如冲蚀严重更换动叶片。

（5）校正动平衡：转子拆下后无论更换大件与否必须进行动平衡试验。转子允许剩余不平衡量要求按制造厂要求，或按不小于国标 G2.5 级要求。

147. 简述优选单级烟机的理由。

答：烟气轮机的技术是根据烟机的焓降来确定的。① 一般而言，对于单级（一个静叶列和一个动叶列）烟机，在峰值效率下，每公斤可回收50kcal(210kJ)热量，但当焓降大于此值时，则选用双级。② 由于单级烟机结构简单、维修方便和成本低的优点，得到了广泛的应用，最大焓降已经达到260kJ/kg。③ 虽然双级烟机具有效率高、冲蚀和磨损较单级小等优点，但受结构限制故障率明显偏高，不适用于炼油装置三年以上长周期运行。

148. 简述汽轮机危急保安器的工作原理。

答：飞锤和配重螺钉的质心与转子中心之间存在偏心距，因此当转子旋转时，飞锤便产生离心力，由于在运行转速范围内，弹簧力始终大于飞锤离心力，所以飞锤也就在它的装配位置保持不动，但当汽轮机转速超出设定的脱扣转速时，由于飞锤离心力大于弹簧力，飞锤在离心力作用下产生位移并随着偏心距的增加离心力阶跃增大，飞锤从转子中击出（行程为 H）撞击遮断油门的拉钩，使油门脱扣关闭速关阀和调节汽阀。

速关阀又称为主汽门，它是主蒸汽管路与汽轮机之间的主要关闭机构，在紧急状态时能立即切断汽轮机进汽，使机组快速停机。

149. 简述汽轮机速关阀的作用。

答：汽轮机停机时速关阀是关闭的，在汽轮机启动和正常运行期间速关阀处于全开状态。速关阀阀壳与汽缸进汽室是整体构件，因此，速关阀不带单独的阀壳。速关阀水平装配在汽缸进汽室侧面，根据进入汽轮机新蒸汽容积流量的大小，一台汽轮机可配置一只或两只速关阀。

（四）泵、密封、监测部分

1. 离心泵的主要部件有哪些？

答：叶轮、泵体、轴、轴承、吸入室、压出室、密封装置、平衡装置等。

2. 离心泵的连轴器常用形式是什么？

答：齿轮式连轴器；弹性柱销式连轴器；金属叠片式连轴器。

3. 离心泵的优缺点是什么？

答：优点：转速高，流量和扬程范围较大，流量均匀稳定、压力波动不大、效率较高、适于输送悬浮液和不干净的液体、构造简单、容易安装和检修、占地面积小、操作方便等。

缺点：吸入高度较小、易产生汽蚀现象、在低流量下效率会很低。

4. 平时巡检离心泵应注意哪些事项？

答：润滑油系统；冷却水系统；工作电流；出口压力；是否有泄漏情况；是否有噪音；地角螺栓是否松动。

5. 离心泵操作要杜绝哪些事项？

答：① 无润滑油或少润滑油运转；② 无液运转；③ 反转；④ 用入口阀门调节流量；⑤ 带病运转；⑥ 入口滤网前后压差超过 $0.2 kgf/cm^2$。

6. 离心泵产生汽蚀的主要原因是什么？

答：离心泵产生汽蚀的主要原因是叶轮入口处的压力低于泵工作条件下液体的饱和蒸汽压。

7. 离心泵的完好标准包含哪些内容？

答：（1）运转正常，效能良好：① 压力、流量平稳，出力能满足正常生产需要或达到铭牌能力的 90% 以上；② 润滑、冷却系统畅通，油杯、轴承箱、液面管等齐全好用；润滑油脂、选用符合规定；轴承温度符合设计要求；③ 运转平稳无杂音，振动符合标准规定；④ 轴封无明显泄漏；⑤ 填料密封泄漏：轻质油不超过 20 滴/分，重质油不超过 10 滴/分；⑥ 机械密封泄漏：轻质油不超过 10 滴/分，重质油不超过 5 滴/分。

（2）内部机件无损，质量符合要求：主要机件材质的选用，转子径向、轴向跳动量和各部安装配合，磨损极限，均应符合相应规程规定。

（3）主体整洁，零附件齐全好用：① 压力表应定期校验，齐全准确；控制及自启动联锁系统灵敏可靠；安全护罩、对轮螺丝、锁片等齐全好用；② 主体完整，稳钉、挡水盘等齐全好用；③ 基础、泵座坚固完整，地脚螺栓及各部连接螺栓应满扣、齐整、紧固；④ 进出口阀及润滑、冷却管线安装合理，横平竖直，不堵不漏；逆止阀灵活好用；⑤ 泵体整洁，保温、油漆完整美观；⑥ 附机达到完好。

（4）技术资料齐全准确：① 设备档案，符合石化企业设备管理制度要求；② 定期状态监测记录(主要设备)；③ 设备结构图及易损配件图。

8. 简述叶片包角的定义及包角大的优缺点。

答：包角就是指叶片入口边和叶片出口边与圆心连接之间的夹角。包角越大，叶片间流道越长，则叶片单位长度负荷越小，流道扩散程度越小，有利于叶片与液流的能量交换；如果包角过大，则流动摩擦损失增大，铸造工艺性差，所以包角大小应适当选取。

9. 离心泵产生汽蚀时相伴出现的现象有哪些？

答：泵有振动、杂音、流量减小、扬程下降、效率降低等。

10. 离心泵在运行时哪些原因会产生振动和发出噪音？

答：① 泵轴和电机轴不同心，基础强度差，材质的热胀冷缩不同等；② 泵的流量小，泵内液体流动不均，压力有变化，对泵形成冲击力量；③ 泵的转子或轴承等发生腐蚀，轴弯曲所引起的不平衡；④ 地角螺栓松动，是泵或电机振动。

11. 机械密封泄漏的原因是什么？

答：① 动、静环的密封面接触不好，密封圈的密封性能不好，轴有槽沟、表面有腐蚀等。② 较长时间抽空后密封圈坏、弹簧断。③ 弹簧比过小，密封表面的强度不够，材质不好。④ 操作不稳，波动较大，泵振动。⑤ 密封疲劳损失。

12. 简述离心泵的正常切换步骤。

答：① 检查备用泵情况包括：润滑油系统是否正常，冷却水系统是否投用，盘车是否正常，入口阀门全开，出口阀门全关。4 项全部符合要求才允许启动。② 把出口阀门微开，启动备用泵。③ 检查备用泵的压力、电流、振动、泄露、温度等，如果都正常可以逐渐开大出口阀门，同时关小原来运转泵出口阀门（尽量保持系统流量、压力不变，避免抽空、抢量现象）。当备用泵的压力流量正常后，关闭原来运转泵的出口阀门，停泵。

13. 运转泵需要检修时，应如何处理？

答：① 按正常切换步骤切换到备台运转；② 停机、断电；③ 关闭进、出口阀门；④ 排料、泄压；⑤ 当泵体温度降到 45℃ 以下停冷却系统；⑥ 停伴热系统；⑦ 停润滑系统。

14. 当屏蔽泵运转正常后，应检查哪些项目？

答：① 出口流量、压力是否达到规定值；② 泵有无异常声音；③ 检查是否发生汽蚀；④ 电机的电流是否超过额定电流；⑤ 设有冷却系统的泵应检查冷却水是否正常流动；⑥ 检查轴承监测器的指针是否进入红区。

15. 桑达因泵启动前的准备工作有哪些？

答：① 检查周围配管、电气、仪表是否符合要求，吸入口是否装过滤器；② 油位是否在规定的液位上；③ 检查密封周围调节系统（冲洗、排泄、密封配管）；④ 打开吸入阀对泵进行充液，通过密封冲洗接口或排出管线上的排气阀进行排气；⑤ 用手动盘车，检查旋转部分是否灵活，有无异声；⑥ 反复进行 1s 的点动电源开关，使泵做间歇运转，共进行 3 次，检查电机旋转方向是否正确。

16. 在装置现场巡检时，关于泵的巡检内容有什么？

答：① 设备运转平稳，无杂音、振动、窜轴符合规定；② 压力、流量平稳，电流正常；③ 润滑、冷却系统畅通，油位、轴承温度正常；④ 轴封泄漏符合要求；⑤ 设备无泄漏；⑥ 主体整洁，零附件齐全好用；⑦ 油漆、保温完整，设备基础坚固完整。

17. 离心泵在启动前的准备工作有哪些？

答：① 检查轴承箱润滑油位，油位标准：油视镜 $1/2 \sim 2/3$。② 检查辅助配管，如压力表、循环水、排污管线等是否正常、畅通。③ 检查机泵、电机地脚螺栓是否齐全、紧固。④ 检查联轴节护罩是否完好，固定螺栓是否齐全、紧固。⑤ 手动盘车，确认旋转件转动平滑无异声。⑥ 确认入口阀全开，出口阀全关。⑦ 打开排气阀，再次确认泵内气体是否完全排尽，确认排尽后关闭排气阀，以免产生气缚。⑧ 对于泵送介质温度在 120℃ 以上或泵送介质为易凝介质的泵，在运行前必须充分暖泵。在暖泵过程中不允许手动盘车。当泵壳上部与下部的温差大于给定的温度范围时，采用伴热保证其温度趋于一致。

18. 离心泵在紧急情况下切换泵的主要步骤有哪些？

答：① 备用泵应做好启动前的一切准备工作；② 切断原运转泵的电源，停泵，启动备用泵；③ 关闭原运转泵的出口阀和入口阀，对事故进行处理。

19. 离心泵在操作时的注意事项有哪些？

答：① 离心泵在任何情况下不允许无液体空转，以免零件损坏；② 不允许排出阀在未开的情况下启动离心泵做断流运转；③ 必须用排出阀调节流量，决不允许用吸入阀调节流量，以免抽空。

20. 简述离心泵的工作原理。

答：当泵充满液体工作时，叶轮旋转产生离心力，液体由中心被甩到叶轮以外，此时叶轮中心压力降低，液体从泵的吸入口流入叶轮的中心，泵轴不断地旋转，叶轮则不断地吸入和排出液体。

21. 离心泵诱导轮的作用是什么?

答：为了减少离开叶轮的液体直接进入泵壳时因冲击而引起的能量损失，在叶轮与泵壳之间有时装置一个固定不动而带有叶片的诱导轮。诱导轮中的叶片使进入泵壳的液体逐渐转向而且流道连续扩大，使部分动能有效地转换为静压能。

22. 往复泵流量不足或不上量的原因有哪些?

答：① 进口管路阻塞或阻力太大；② 填料漏损严重；③ 泵体内或管路内有空气；④ 进、出口单向阀处密封泄漏；⑤ 进口管路连接处空气进入；⑥ 进出口单向阀关闭不严；⑦ 输送介质不清洁。

23. 按照石油化工的用泵特点，根据泵的用途，简述其种类及使用场合。

答：石油化工所用的泵按其用途可分为以下几种：① 供料泵：该泵主要用于原料的输送，且为了满足连续生产，此类泵的流量还需要有少许余量。一般情况下，该类泵都用于输送较高温度的介质。② 循环泵：此类泵主要用于化工过程中反应、吸收、分离等操作的循环进行，运行过程中压降波动一般不大，但流量稍有波动。而且在选用此类泵时一定要按照输送介质选取。③ 回流泵：该类泵主要是为了满足塔内上下热平衡以及装置停车前打回流用，对于此类泵的选择要求是特性曲线必须平坦，尤其是性能曲线不能出现驼峰。④ 塔底泵或重沸器泵：该类泵主要是为了保持塔底热量，在塔底和热源之间进行液体循环。选用泵时要特别注意泵所需的净正吸入压头尽量小，而且吸入管路上尽可能减小损失，并留有足够的余量。⑤ 成品泵：该泵主要用于常温常压下输送液体，一般为了保持产品纯度，多采用屏蔽泵。⑥ 计量泵：该泵主要用于输送化学溶剂、防腐药品等需要较准确的情况下，且该泵要配有注入量调节装置。⑦ 沥青石蜡泵：该泵主要用黏度大且含蜡的介质，为了能够输送高黏高蜡介质，多选用往复式蒸汽泵或者容积泵。⑧ 浆液泵：该泵主要用于输送诸如催化剂等高温含固体颗粒的介质，是一种工作条件恶劣的特殊杂质泵。⑨ 轻烃泵：此类泵主要输送易挥发的轻烃介质，因此该泵运行环境为高压低温。为了防止汽蚀，一般选用筒袋多级离心泵。

24. 超低温泵在启动前以及启动后需要检查哪些方面，保证其安全顺利开启?

答：超低温泵启动前，要检查单端面机械密封的端面靠大气侧是否有结冰，如有结冰则要用不冻液加以消除。启动后如果泵的出口压力不上升，或者上升后立即下降，可以判断原因是泵内气体没有放完，此时必须停泵进行彻底放气，因为边运转边放气不易把泵内气体放完，而且在此状态下连续运转可能会导致烧损事故。

25. 高温用离心泵启泵前预热温度如何控制?

答：高温用离心泵启泵前必须充分预热，使各部分温度趋于均匀。预热方法通常从排出口用高温液进行循环，为了避免预热时出现泵壳上、下温差较大，引起较大变形量。因此，泵壳的升温应该控制在 $1 \sim 2{}^\circ\!C/min$，而且预热必须进行到泵壳和液温的温差达到 $30{}^\circ\!C$ 以内为止。

26. 比转速的大小所体现出来的泵的性能参数有何特点?

答：比转速小的泵，一般流量相对较小，扬程相对较高，叶轮直径和出口宽度的比值相对较小，而且石油化工用泵多是低比转速的；比转速较大的泵，流量相对较大，扬程较低，叶轮直径和出口宽度比值相对较大。

27. 比转速与性能的关系是什么?

答：比转速与泵的性能曲线是密切相关的，当流量和转速不变时，吸入口尺寸大体相等的情况下，比转速低则扬程高。随着转速的增加，$H-Q$ 性能曲线由平坦到陡降，最后会出现"阶梯"状。

28. 什么叫离心泵的汽蚀现象？如何消除？

答：离心泵的吸入动力是靠吸入液面上压力与叶轮甩出液体后在叶轮入口形成的真空低压之间的压差推动液体吸入泵内。叶轮入口处的压力越低，吸入能力越大。但这个压力若低于输送温度下液体的饱和蒸汽压，液体便会大量汽化；同时，原先溶于液体中的气体也会逸出，形成大量小气泡。这些小气泡随液流流到叶轮流道高压区时，在四周液体较高压力作用下，便会重新凝结、溃灭。气泡凝结后好似形成一个空穴，周围液体以极高的速度向空穴冲击而来，液体质点相互撞击形成部分水力冲击。如果这些气泡是在叶轮金属表面附近溃灭，则液体质点就连续冲击在金属表面上。由于这种水力冲击的局部压力很高，冲击速度很快，频率达 25000Hz，所以会导致金属表面疲劳而剥蚀。这种汽化、凝结、冲击、剥蚀的现象，就称为汽蚀现象。

提高离心泵抗汽蚀的途径有两种：一是正确合理地设计吸入管路，使泵吸入口处有足够的有效汽蚀余量 Δh_a；另一是改进泵入口结构参数，或采用耐汽蚀材料，以及在泵入口应用诱导轮等。

29. 简述泵的有效汽蚀余量 Δh_a 与其必须的最小汽蚀余量 Δh_r 之间的相互变化会对泵产生怎样的影响？

答：① 当 $\Delta h_a > \Delta h_r$ 时，不会发生汽蚀；② 当 $\Delta h_a = \Delta h_r$ 时，正是汽蚀的临界点；③ 当 $\Delta h_a < \Delta h_r$ 时，则将发生严重汽蚀。

30. 离心泵最小操作流量的一般机理有哪几方面？

答：有以下三方面：① 离心泵从结构上存在高压流向低压流的内部泄漏。② 由首级口环或平衡管回流高温液体泄向吸入口，泵入口温度上升，蒸汽压上升，造成 $NPSH_a$ 下降，一旦 $NPSH_a \leqslant NPSH_r$，就要发生汽蚀。③ 如 $NPSH_a$ 远大于 $NPSH_r$，因小流量造成的故障仍多在机械上，不致汽蚀。

31. 简述高速部分流泵的优缺点。

答：优点：① 由于是单级开式叶轮，可以输送含有固体颗粒的浆液，黏度可达 $500Pa \cdot s$。② 不会因口环密封件磨损而引起性能下降，只有扩散管处有磨损，但因间隙较大，对性能影响不敏感。③ 因轴相对粗些，振动、热变形等都小。④ 由于采用开式叶轮，几乎没有轴向力，所以可靠性提高。⑤ 电机、增速箱、泵为整体，结构紧凑，刚性好。

缺点：效率较低，增速箱较贵。

32. 什么是最小连续热流量？

答：最小连续热流量是指泵处在小流量条件下工作时，部分液体的能量转变为热能，使进口处液体的温度升高。当液体温度达到使系统有效汽蚀余量等于泵必需汽蚀余量时，这一温度即为产生汽蚀的临界温度，泵在低于该点温度下能够正常工作的流量就是泵的最小连续热流量。

33. 简述在石油化工企业中黏度对泵的性能影响主要有哪些？

答：① 由于黏度增加，油品的黏滞力的阻滞作用也增大，液体在叶轮通道中流速下降，使泵流量减少。② 由于油品的黏度大，克服黏性摩擦力所需的能量也要增大，使泵的有效扬程减少。③ 由于油品的黏性作用，使流体在泵内的流动阻力增大外，在叶轮外表面和泵壳之间的圆盘摩阻也大大增加，所以泵的效率下降，随黏度的增加，泵效率下降就更严重。

④ 泵所需净正吸入压头增大，这是由于黏度增大后，在叶轮吸入口的摩阻增大之故。⑤ 由于油品的黏度大，上述叶轮内水力损失增加，叶轮外表面盘面摩阻加大，必然导致功耗增加。

34. GB 10889 关于泵振动的测量和评价标准规定方法是什么？

答：GB 10889 关于泵振动的测量和评价标准规定：以振动烈度的尺度，把在 10 ~ 1000Hz 范围内速度均方根值的大小作为振动烈度的大小。振动烈度分为 A、B、C、D 四级，其中 D 级不合格。

35. 离心泵径向力产生的原因是什么？

答：① 泵蜗室各端面压力不相等，产生一个径向力；② 沿叶轮圆周流出的液体多少不一，从而作用于叶轮圆周上的液体反作用力不一样，产生一个径向力。于是叶轮上的径向力就是这两个径向力的向量和。

36. 离心泵轴向力产生的原因是什么？

答：① 由于入口侧压力与背面压力不同和前后两侧液体密封泄漏不相同等因素，使叶轮两侧盖板压力分布也不相同，因此作用于后盖板上的压力较大，必然产生一个指向入口方向的力称为轴向力 F_1。② 液体流入叶轮入口和从叶轮出口流出流体，流动速度大小和方向均发生变化，这种速度变化产生一种动反力 F_2，此力也是轴向力，但方向与 F_1 相反。因此，离心泵轴向力就是由各种力的合力而造成的。

37. 单级单吸离心式叶轮轴向力平衡的主要方式有哪几种？

答：目前采取四种方式：① 采用开平衡孔形式；② 采用平衡管形式；③ 对于小泵，干脆由轴承来承受位部轴向力；④ 采用背叶轮方式。

38. 简述多级离心泵的平衡鼓平衡轴向力的工作原理。

答：使用工况稳定的多级泵，大都采用平衡鼓结构平衡多级叶轮的轴向力，如图 4 - 4 - 1。图中 1 为平衡鼓，2 为平衡室。平衡室通过平衡管与泵的入口管接通，使平衡室压力 p_s 等于泵的入口压力 p_0 及平衡管水力损失之和。平衡鼓左侧为最后一级叶轮的空腔，腔中压力为 p_3，因此在平衡鼓前后形成压差，造成一个相反方向的轴向力，这个轴向力与叶轮产生的轴向力方向相反，这个轴向力同时作用在转子上，使总轴向力相等或大体相等。

39. 简述平衡盘平衡轴向力的工作原理。

答：在多级泵最后一级叶轮后面装一个平衡盘如图 4 - 4 - 2，平衡盘随转子一起旋转，末级叶轮后盖板压力 p_3 通过径向间隙 b_1 之后，压力下降为 p_1，又经轴向间隙 b_0 和 l_1 长的阻力损失，使压力降为 p_4，平衡盘背后压力平均值为 p_6，在 p_4 和 p_6 的共同作用下，平衡盘产生压力差 Δp，在 Δp 作用下，平衡盘产生一个轴向力 A，这个力正好平衡转子产生的

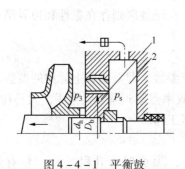

图 4 - 4 - 1　平衡鼓

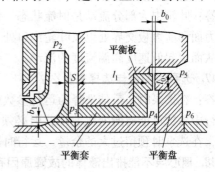

图 4 - 4 - 2　平衡盘

轴向力 F，大小相等方向相反。当轴向力 F 大于平衡盘产生的平衡力 A 时，转子在 F 作用下向左移动。b_0 间隙减小。由于 b_0 的间隙减小，液体通过 b_0 的压力降增大，即 p_5 减小，同时 p_6 也减小，则压力差 Δp 增大。由于 Δp 增大，平衡盘产生的平衡力 A 也增大，直到 $A = F$，转子向左移动终止。当轴向力 F 小于平衡盘产生的平衡力 A 时，上述变化方向相反。

40. 影响平衡盘泄漏的因素主要有几种？

答：① 叶轮级数；② 泵的扬程；③ 轴向力；④ 平衡套间隙；⑤ 平衡套间隙长度；⑥ 平衡盘外径和内径的比值；⑦ 平衡盘内径；⑧ 平衡盘间隙；⑨ 平衡盘直径。

41. 如何选择平衡盘和平衡板的材料？

答：平衡板和平衡板的材料对它们的使用寿命起着决定性的作用，一般水泵采用高强度铸铁和铜合金，对于高扬程的泵，如高压锅炉给水泵等，采用不锈钢或堆焊不锈钢；要求更高一些的，采用堆焊硬质合金。采用不锈钢时，因不锈钢较黏，容易咬合，因此摩擦副平面间的硬度差应不低于 HB50。增加平衡盘和平衡板磨面上的硬度，对减轻它们的研磨起着很大作用。

42. 平衡盘在使用中应重视哪些问题？

答：① 转子的脉动现象和平衡盘灵敏度；② 影响平衡盘泄漏量的因素；③ 平衡盘、平衡板材料的选用；④ 平衡盘和平衡板的粗糙度和垂直度；⑤ 转子最小轴向窜量的位置。

43. 如何确定 Y 形泵的叶片数？

答：叶片数对泵的扬程、效率、汽蚀性能都有一定的影响。确定叶片数时，既要考虑减少叶片的数量对流体在叶轮中受排挤和表面的摩擦影响，又要使叶道有足够的长度，以保证液流的稳定性和叶片对液体的充分作用。对低比转速叶轮的叶片数，可按比转数选择叶片数。有些比转速较低的泵，采用长短叶片相间的形式，这样既可保证叶片之间速度差不致于过大导致水力损失太多，又可防止叶轮入口流道对流体的堵塞。

44. 选取叶片冲角的作用是什么？

答：冲角的选取是为了减少预旋而产生的冲击损失，以及提高泵的抗汽蚀性能。实验表明，在正冲角范围内，冲角变化有利于泵抗汽蚀，加大冲角可以延缓泵在大流量工况下工作时汽蚀性能的恶化。但 $\Delta\beta > 20°$ 将引起效率下降。如果取负冲角，泵的抗汽蚀性能将明显恶化。

45. 滚动轴承失效的基本形式有哪些？

答：① 滚动轴承的磨损失效；② 滚动轴承的疲劳失效；③ 滚动轴承的腐蚀失效；④ 滚动轴承的断裂失效；⑤ 滚动轴承的压痕失效；⑥ 滚动轴承的胶合失效。

46. 什么是射流尾迹现象？

答：叶轮中大部分流动是射流状态，认为在叶轮中的主流区可按无黏性流动处理，在叶轮吸力面和前盖板交界处以及叶轮出口处存在尾迹区，在尾迹区则存在黏性和边界层水力损失，从而引起低速度高湍流度的流动。

47. 选泵时的最佳选择是什么？

答：在选泵时，最佳选择为运行参数就是泵设计点参数，即泵铭牌上标注的参数。尽管在运行中参数可能有所变化波动，但必须应该在最佳效率点附近运行。切忌"大马拉小车"现象，在选泵时预留过大的余量，运行时被迫在低效区工作。

48. 离心泵不能排出液体的故障原因有哪些？

答：① 初始未灌泵；② 泵吸入管或泵未完全充液；③ 泵吸入升程过大；④ 有效汽蚀

余量 $NPSH_a$ 不足；⑤ 吸入管线中有气囊(气穴)；⑥ 泵的入口管线浸没不够；⑦ 转速过低；⑧ 转向错误；⑨ 总的系统阻力大于泵的设计值；⑩ 泵的并联操作不合适；⑪ 叶轮内进入杂物。

49. 离心泵排量低的原因有哪些?

答：① 泵吸入管或泵未完全充液；② 泵吸入升程过大；③ 有效汽蚀余量 NPSHA 不足；④ 液体中的气体或空气过多；⑤ 吸入管线中有气囊(气穴)；⑥ 空气漏入吸入管线；⑦ 空气从盘根箱漏入泵内；⑧ 泵的吸入底阀太小；⑨ 泵的入口管线浸没不够；⑩ 泵底阀部分堵塞；⑪转速过低；⑫总的系统阻力大于泵的设计值；⑬液体黏度和设计值不一致；⑭泵的并联操作不合适；⑮叶轮内进入杂物；⑯叶轮损坏；⑰口环磨损；⑱壳体垫片变形，内部泄漏。

50. 离心泵泵出口压力低的原因有哪些?

答：① 液体中的气体或空气过多；② 转速过低；③ 转向错误；④ 总的系统阻力大于泵的设计值；⑤ 液体的黏度和设计值不一致；⑥ 泵的并联操作不合适；⑦ 叶轮损坏；⑧ 口环磨损；⑨ 壳体垫片变形，内部泄漏。

51. 离心泵启动后不吸入液体的原因有哪些?

答：① 泵吸入管或泵未完全充液；② 泵吸入升程过大；③ 液体中的气体或空气过多；④ 吸入管线中有气囊(气穴)；⑤ 空气漏入吸入管线；⑥ 空气从盘根箱漏入泵内；⑦ 泵的入口管线浸没不够；⑧ 水封线堵塞；⑨ 密封安装不正确，不能形成密封。

52. 离心泵耗用功率大的原因有哪些?

答：① 转速过高；② 转向错误；③ 总的系统阻力大于泵的设计值；④ 总的系统阻力小于泵的设计值；⑤ 叶轮内进入杂物；⑥ 泵轴找正不良；⑦ 轴弯曲；⑧ 旋转部分和静止部分摩擦；⑨ 口环磨损；⑩ 盘根安装不合适；⑪盘根条件不适合泵操作条件；⑫盘根压根太紧，无润滑剂；⑬液体密度和设计值不一致；⑭液体黏度和设计值不一致。

53. 离心泵盘根箱(密封)泄漏大的原因有哪些?

答：① 泵轴找正不良；② 轴弯曲；③ 密封安装不正确，不能形成密封；④ 轴或轴套磨损，或和盘根粘卡；⑤ 盘根安装不合适；⑥ 盘根条件不适合泵操作条件；⑦ 轴承磨损，找正不良使轴偏转；⑧ 转子动平衡。

54. 离心泵密封寿命太短的原因有哪些?

答：① 水封线堵塞；② 泵轴找正不良；③ 轴弯曲；④ 轴承磨损；⑤ 密封安装不正确，不能形成密封；⑥ 轴或轴套磨损，或和盘根粘卡；⑦ 盘根安装不合适；⑧ 盘根条件不适合泵操作条件；⑨ 轴承磨损，找正不良，使轴偏转；⑩转子动平衡；⑪盘根压根太紧，无润滑剂。

55. 离心泵的振动大及噪声大的原因有哪些?

答：① 泵吸入管或泵未完全充液；② 泵吸入升程过大；③ $NPSH_a$ 不足；④ 泵的吸入底阀太小；⑤ 泵的入口管线浸没不够；⑥ 泵底阀部分堵塞；⑦ 操作在很低的流量；⑧ 叶轮内进入杂物；⑨ 泵轴找正不良；⑩ 基础刚度不够；⑪轴弯曲；⑫旋转部分和静止部分摩擦；⑬轴承磨损；⑭叶轮损坏；⑮轴承磨损，找正不良使轴偏转；⑯转子动平衡较差；⑰润滑油(脂)泄漏；⑱杂物进入轴承；⑲轴承生锈。

56. 泵轴承寿命短的原因有哪些?

答：① 泵轴找正不良；② 轴弯曲；③ 旋转部分和静止部分摩擦；④ 轴承磨损；⑤ 轴

承磨损，找正不良使轴偏转；⑥ 转子动平衡较差；⑦ 润滑油(脂)泄漏；⑧ 杂物进入轴承；⑨ 轴承生锈。

57. 轴承分为几类？机组采用何种轴承？有什么特点？

答：按摩擦性质不同，轴承分为滚动轴承和滑动轴承两大类。机组采用滑动轴承。滑动轴承运转平稳，耐冲击，噪音小，承载能力强，适用于大功率和其他条件比较苛刻的场合。缺点是对润滑要求比较高，结构较复杂。

58. 离心泵过热的原因有哪些？

答：① 初始未灌泵；② $NPSH_a$ 不足；③ 操作在很低的流量；④ 泵的并联操作不合适；⑤ 泵轴找正不良；⑥ 旋转部分和静止部分摩擦；⑦ 轴承磨损；⑧ 轴承磨损，找正不良使轴偏转；⑨ 转子动平衡较差。

59. 离心泵振动的形式有哪些？

答：① 同步振动，又称强迫振动。主要是因为转子不平衡、联轴器不对中、安装不良等引起的。② 亚同步振动，又称自激振动。其振动频率低于转子转速。自激振动多在高速滑动轴承中发生，如油膜振荡。

60. 我国对离心泵静水压试验有何规定？

答：我国规定：凡是承受液压的零件，按下列规定进行密封性试验和水压强度试验，保压时间不少于 10min：① 用常温清水压力试验；② 壳体试验压力为工作压力的 1.5 倍；③ 轴承冷却室试验压力为 0.8MPa，加热室(保温套)试验压力为有关规定工作压力的 1.5 倍，但不低于 0.8MPa；④ 辅助管路的试验压力应为工作压力 1.5 倍。

61. API 610 对离心泵静水压试验有何规定？

答：(1)每个压力泵壳应当用水在环境温度(碳钢最低为 15.6℃)下按下列规定做水压试验：① 所有材料制造的轴向和径向剖分的泵壳应当以最大允许工作压力的 1.5 倍进行试验；② 层壳体泵、卧式多级泵和买方同意的其他特殊设计的泵，可以用适当的级段压力分段进行试验；③ 经受流程液体的辅助设备应以 1.5 倍最大工作压力进行试验，但最少应用压力为 1MPa(表压)；④ 轴承、填料箱、支承座、油冷却器等冷却通路和冷却水套，都应在 0.8MPa(表压)进行试验。

(2)水压试验保压时间至少 30min，大型的和重型铸件可以用更长的试验时间，由买卖双方商定。

62. 为何要考虑离心泵耐磨环的最小运转间隙？最小运行间隙根据什么来确定？

答：叶轮上耐磨环和泵体上耐磨环两者之间间隙，如果太大则泄漏量大，容积效率低，如果太小又容易引起磨损，因此要考虑合适的最小运行间隙。

API 610 规定最小直径间隙根据间隙部位旋转零件直径的大小来确定，但对于咬口趋势较大的材料或温度大于 200℃的各种材料，要在直径间隙上加上 125μm。

63. 离心泵滑动轴承不同阶段的摩擦状态有哪些？

答：不同阶段的摩擦状态可分干摩擦、混合摩擦和流体摩擦。混合摩擦是处于部分干摩擦和部分流体摩擦之间。在泵启动阶段，轴由静止状态加速直到额定转速阶段，此时摩擦状态由干摩擦状态逐步处于混合摩擦状态，而后流体摩擦占优势，油膜厚度逐步加大。反之，泵停车时，轴承内摩擦状态和泵启动状态的过程正相反。

64. 从温度方面简述离心泵滑动轴承的摩擦导致润滑油失效的原因。

答：摩擦都带有摩擦功损失，并转化为热量。一部分被轴承箱周围空气带走。一部分由轴传导出去。当多余热量无法传导出去，轴承的操作温度超过一个限定值时，就会导致润滑油的性能失效。因此在必要时为轴承或润滑剂加装冷却系统可防止温度过高而造成性能失效。

65. 以离心泵来说明，如何选用滑动轴承？

答：离心泵：$D \times N \geqslant 300000$，公式中 D 为轴承处轴径，单位为 mm；N 为转速，单位为 r/min。额定功率与额定转速的乘积大于等于 2.7×10^6 时，功率单位为 hp，转速单位为 r/min。当标准的滚动轴承不能满足在额定条件下连续工作 25000h，或最大轴向和径向载荷下，不能满足在额定转速下操作 16000h 的 L10 寿命时，按照上述规定，例如轴径 100mm，转速为 3000r/min，或额定功率为 670kW 时，都建议选用滑动轴承。

66. 离心泵滚动轴承的优缺点有哪些？

答：滚动轴承的摩擦系数比滑动轴承小 25%～50%。同时由于可以达到更小的装配间隙，所以运转精度高，结构紧凑，容易维修，没有太多润滑问题。又由于普遍标准化，因此互换性好。但对冲击负荷敏感，运转噪声大。

67. 往复泵的特性是什么？

答：在理论上说，往复泵压力只要泵体强度、密封、功率足够，可以认为设计值足够高，并且和流量无关，而流量主要取决于缸体容积大小和冲程数。往复泵流量由于泵体容积和冲程数，一般情况下难以改变或调节，故流量是固定的。往复泵的实际运行压力则和系统管路有关，也就是取决于管路系统的背压。往复泵在活塞挤向缸头时，比较容易把空气挤出，所以可以保持较大真空度，容易吸入流体，往复泵自吸能力比离心泵要大些。

68. 往复泵流量脉动式排出带来什么不利后果？

答：① 在前半个吸程中会增加吸入阻力，使泵吸入性能下降；② 在前半个排出中会增加泵排出阻力，使泵和管线增加额外负荷；③ 如排出管线太长，系统背压不足，脉动的惯性可能使泵吸入阀和排出阀同时一起打开，造成液体直接从吸入管冲向排出管，即称为"超过理论流量"的不正常流量；④ 引起压力和管线脉动；⑤ 泵流量供给处于不稳定状态。

69. 根据阀板和阀座密封面形式，盘型阀分为哪两种？每种阀结构特点和适用范围是什么？

答：平板阀和锥形阀。

其中平板阀是平面接触，一般广泛用于常温清水、低黏度油或类似清水的介质。结构简单，制造容易，密封性能不如锥形阀，多用于排压较低的泵。锥形阀以锥面密封，流量系数大，阻力小，过流能力强，密封性能好。不论黏度高低都适用，多用于高压和超高压泵上。

70. 往复泵中自重阀有何特点？

答：阀球为标准钢球或其他材料的球，结构简单，互换性强，装拆方便，便于清洗；阀球在启、闭及运动中伴有旋转运动，磨损均匀，切阀球及密封接触表面黏附的杂质容易被清除，即"自洁"作用，如果在流道上形成了"死水区"，则悬浮液不易沉积，故适用于输送悬浮液；密封接触面较小，密封性能好，泵的容积效率较高；阀隙流道较平滑，流体阻力小，适合输送黏度较高的液体。

71. 简述往复泵阀设计的原则。

答：阀应能及时启、闭，关闭速度和关闭滞后角度不应大于允许值，以减小回流损失和关闭冲击；密封可靠，减小或避免关闭后的漏损；尽可能减小水力损失；根据输送的不同介质，选择相应的材料，阀板和阀座材料及其硬度匹配适当，并保证足够的刚度和强度；结构简单，拆装方便，工艺性好，互换性好；工作平稳，噪音小，寿命长。

72. 环形阀的特点是什么?

答:环形阀阀板形状为环形板,阀板开启后,液流从阀板内、外两环面同时流出,比相同的平板阀阀隙面积大一倍或几倍,故间隙过流面积大,适用于流量大的泵。但因阀板直径大而刚性差,在高压或超高压泵中很少采用。

73. 为什么有的蒸汽直接作用泵的泵阀不设置升程限制器?

答:因为蒸汽直接作用泵的活塞在两端死点位置都有停顿的间歇期,泵的吸入、排出阀都在间歇期内落向阀座,不易出现泵阀的撞击现象,所以有的蒸汽直接作用泵的泵阀不设置升程限制器。

74. 简述双缸蒸汽往复泵配汽机构工作原理。

答:双缸蒸汽往复泵配汽机构依靠一个液缸的活塞杆带动另一个液缸的配气室错气阀来相互交叉进行,配气室中共有四道气孔,靠外侧两道分别为汽缸左右侧进入新鲜蒸汽的孔道。靠里面两道分别为汽缸左右侧排出乏汽的孔道。当一个液缸活塞走到中点时,通过摇臂将另一个液缸的配汽阀拉杆向左推去,新蒸汽则由配汽室右侧通入,将活塞向左推去,使另一个液缸向左运动,以此双缸活塞可以连续左右往复地运动。

75. 往复泵达不到规定的流量和压力的原因可能有哪些?

答:① 进口管线内有空气或蒸汽聚集;② 进口管线连接螺栓松脱;③ 电动机或驱动机速度低;④ 缸盖或阀盖漏;⑤ 阀座和阀磨损;⑥ 安全阀部分打开,或不能保持压力;⑦ 活塞环、柱塞或缸套磨损;⑧ 旁通阀开启或不能保持压力;⑨ NPSHA 不足;⑩ 液体介质在内部回流;⑪外部杂物堵住泵内通道。

76. 往复泵运转时噪声大的原因可能有哪些?

答:① 活塞或柱塞松脱;② 阀门噪声;③ 汽蚀,进口管进入空气;④ 进口总管螺栓松弛;⑤ 连杆大头连接螺栓松弛,十字头销及套磨损或松脱;⑥ 连杆轴承磨损,十字头磨损;⑦ 主轴承端部窜量过大;⑧ 泵配管系统有冲击,管线支撑不正确;⑨ 配管对中不良,误差过大,或配管尺寸过小。

77. 对泵做空载和负载试验时应检查哪些内容?

答:① 传动调节机构工作稳定性;② 润滑油工作温度不高于60℃;③ 轴承工作温度不高于70℃;④ 泵噪声低于80dB(仅在型式试验室抽查);⑤ 传动部件及液缸密封件的泄漏情况;⑥ 液缸部件工作的声响和可靠性。

78. 简述泵轴密封的分类及其作用。

答:泵轴密封主要包括密封填料、机械密封、组合式密封、封闭式密封。

泵轴密封的功用是阻止泵轴通过泵壳处的泄漏,起密封作用的零部件称为密封件,简称密封,带有附属系统的密封称为密封装置。泵轴密封属于动密封,如果泵填料箱处压力低于大气压,则轴封的作用是防止空气漏入泵内;如果泵填料箱压力高于大气压,则轴封作用是防止液体漏出泵外。

79. 如何改善软填料的密封性和散热性?

答:为了改善软填料的密封性和散热性,一般在软填料中间加有液封环,将清洁、不会污染泵送介质的密封液,在一定的压力下引入液环空间,使密封液沿着轴向两侧流动,由于这种结构能防止泵送液体向外泄漏,所以对于泵送易燃、易爆、有毒等危险性液体的泵十分有效。

80. 简述常见填料箱的类型及其特点和应用。

答：① 简单填料箱。结构简单紧凑，未采用改善填料箱工况的辅助措施，仅用于低参数范围或不允许外接辅助管线的场合。常用于阀门等。② 封液填料箱。引入封液改善润滑，扩大工作参数范围。机泵类产品常用，亦可用于气相介质。③ 双填料箱。两个填料箱叠加，外箱体底部兼做为内箱体压盖，在此处可引入液体冲洗，冷却或收集漏液。可用于易燃、易爆或有毒介质。④锥面填料箱。锥面填料箱与离心锤组成离心式停车密封，作为动力型密封装置的辅助密封。⑤填料旋转式填料箱。填料处于旋转状态，摩擦面位于填料外圆面，散热效果良好，可用于高速泵旋转设备，不磨损轴。⑥内、外圆调心式填料箱。装有柔性材质对中环、轴套或外套可调心对中。用于轴有较大振动和偏摆的场合，不磨损轴。

81. 简述轴的振动或偏摆对于软填料的影响。

答：在某些工作场合下，轴有较大的振动和偏摆，造成软填料与轴的间隙周期性变化，磨损加大，泄漏量增加。采用调心式填料箱可克服这些缺陷，即利用柔性材料的吸振作用，使轴套或外套可调心对中，消除、减少由于振动或偏摆所导致的偏心对密封的影响。针对软填料密封存在的问题，除了从结构上进行上述改进外，还可以从填料材料和型式上加以考虑，如高温高压下采用金属丝加强的石棉填料和波形填料；强腐蚀条件下用氟纤维填料等，可进一步提高软填料密封的适用范围。综上所述，对于软填料密封存在的问题，虽有各种改进措施，但仍不能从根本上解决寿命短和泄漏量较大的关键问题。不过，由于它具有结构简单、运转可靠、价格低廉等优点，至今仍被广泛使用。在低参数条件下，如大多数阀门的轴封，采用软填料密封，也同样有较长的寿命。

82. 如何解决软填料的散热问题？

答：软填料中，滑动接触面较大，摩擦产生的热量较大，而散热时，热量需通过较厚的填料，且多少软填料的导热性都较差，摩擦加剧，密封寿命就会显著降低。为了改善散热条件，就要采用带封液环填料箱或夹套冷却填料箱。封液填料箱是在填料中，装入 1~2 个封液环，封液环的小孔与填料箱体的丝孔联通，由此引入冷却水或封液，其压力率高于介质压力，这样不仅可直接冷却密封面，而且可起润滑摩擦面的作用，对被密封介质还有封堵的作用。

83. 简述填料箱的润滑冲洗和冷却方式及其特点和应用。

答：① 封液润滑。在封液环处引入封液(每分钟数滴)进行润滑。② 贯通冲洗。在封液环处有进口与出口管线进行贯通冲洗。漏液在封液环处被稀释带走，可用于易燃易爆，有毒介质。③ 底部或压盖冲洗。在填料箱底部封液环处，引入压力较介质压力高约 0.05MPa 的清洁液体，阻止工作介质中的腐蚀性颗粒进入填料摩擦面。在压盖处冲洗，能带走漏液，冷却轴杆，并阻止环境中尘污进入摩擦面。④ 夹套冲洗。降低填料工作温度，用于高温介质。

84. 软填料磨损后，如何调整密封间隙？

答：软填料磨损后，填料与轴杆、箱壁之间的间隙加大，而一般软填料密封结构无自动补偿压紧力的能力，随着间隙增大，泄漏量也逐渐增大，因此需频繁拧紧压盖螺栓。采用弹簧片压紧或螺旋弹簧等压紧方式，可具有一定的补偿能力。但由于填料磨损较大，尤其当轴表面磨损后，需要补充的压紧力大，而弹性元件的补偿能力是有限的，故实际生产中，这种压紧方式用的不多。

85. 阐述软填料的受力状态及解决办法。

答：软填料是柔性体，对于压紧力的传递不同于刚体，填料对轴的压紧力沿轴向分布情况是自靠近压盖端到远离压盖端逐渐减少。与压盖直接相邻的1~2圈，其压紧力约为平均压紧力的2~3倍，此处磨损特别严重，以致出现凹槽。此时压紧比压将急剧上升，磨损将进一步加剧，致使密封失效。填料圈数越多，轴向长度越大，比压则越不均匀。因此，企图增加圈数以提高密封能力是毫无益处的。改进办法有二：其一是安装填料时，从装入第一圈填料开始，就尽可能压紧，依次一圈一圈逐个压紧，最后压紧压盖，使压紧力沿轴向分布尽可能均匀，以保证轴向磨损均匀。另一方法是采取分段压紧结构，两个填料箱叠加，外箱体底部兼作内箱体压盖。这样，每一填料箱中填料圈数较少，压紧力较均匀，而总圈数增加，可提高密封能力。

86. 柔性石墨成为一种新型密封材料的原因是什么？

答：膨胀石墨密封材料除具有耐高、低温，耐温骤变，优良的化学稳定性和自润滑等性能外，还具有可贵的柔韧性和回弹性。除了具有鳞片石墨良好的物理、化学性能外，还具有其他特殊性能：① 化学稳定性良好，耐腐蚀性强；② 耐热性能好，使用温度广；③ 热导率高；④ 自润滑性能好，操作力距小；⑤ 密封效果好；⑥ 耐辐射性能好；⑦ 结构简单，维修方便。

87. 软填料的主要组成包括什么？

答：制作软填料的主体材质有天然纤维、合成纤维、橡胶及软金属等，其中石棉的化学性质稳定，吸附润滑剂能力强，是制作软填料的主要主体材料。为了提高填料的不透性、耐压性、耐湿性及润滑性等，通常在主体材质中添加润滑油或石墨、滑石、二硫化钼、铝粉等作为润滑、填充剂。

88. 简述波形填料的定义和特点。

答：波形填料是一种新型高温高压填料，结构特点是在石棉填料中有多层同心圆排列的金属波纹片，利用石棉的填塞作用与金属片的多级节流作用达到密封。波形填料密封性能良好，耐磨，耐冲蚀，能在变动的工作条件下应用，工作寿命长，摩擦阻力低（比石棉编结填料的摩擦阻力低30%），微量的渗漏不会迅速发展成急剧的泄漏。

89. 简述机械密封的基本元件及其作用。

答：① 端面摩擦副（动、静环）保持紧密贴合组成密封面防止介质泄漏。要求动、静环具有良好的耐磨性，动环可以轴向移动，自动补偿密封面磨损，使之与静环良好地贴合，静环有浮动性，起缓冲作用。② 弹性元件（弹簧、波纹板、蛇形套等）主要起补偿、预紧及缓冲作用，也是对密封端面产生合理比压的因素。要求始终保持弹性来克服辅助密封和传动件的摩擦，起动环补偿作用。材料要求耐腐蚀。③ 辅助密封（O 形环、V 形环、楔形环及其他异形密封环）主要起到静环和动环的密封作用，同时也起到浮动性和缓冲的作用。要求静环的辅助密封元件保证静环与压盖之间的密封性，使静环有一定的浮动性；动环的辅助密封元件保证动环与轴或轴套之间的密封。④ 传动件，其作用是将轴的转矩传给动环。材料要求耐腐蚀和耐磨损。⑤ 固紧件起着静、动环的定位、固紧作用。要求定位正确，保证摩擦副密封面处于正确的位置，并且保持良好贴合的弹簧比压；同时要求拆装方便，容易就位，能重复使用。

90. 机械密封可能泄漏的途径有哪几个？

答：① 端面摩擦副的密封面处泄漏，这是主要密封面，决定机械密封摩擦和密封性能的关键，同时也决定机械密封的工作寿命。因此，对接触端面的要求很高，粗糙度要求接近镜面，平面度须达0.0009mm。对于不同介质，要求用合适的摩擦副材料组合，注意耐磨损、耐腐蚀，选用合适的几何参数(载荷系数、宽径比等)和性能参数(比压、弹簧、压力比等)。② 静环与压盖的静环密封处泄漏和动环与轴(轴套)的动环密封处泄漏，是辅助密封面，决定机械密封的密封性和动环浮动性的关键，特别是动环与轴(轴套)的密封面，首先应防止锈蚀水垢或化学反应物料堆积造成动环"搁住"。③ 压盖与密封箱体的静密封和轴套与轴的静密封，这两处均为静密封，可根据密封介质选用相容的材料。此外，动环如采用镶嵌结构，也可能在镶嵌结合面处有泄漏，必须注意该处的配合。

91. 机械密封与填料密封相比有哪些优缺点?

答：① 泄漏量小。在一个较长的使用期中，机械密封很少泄漏，通常只有肉眼不易观察到的微量渗漏，具体值为 $0.01 \sim 3\text{mL/h}$。据统计约为填料密封泄漏量的 1/600。② 寿命长。机械密封的磨损量小，且能自动补偿，因此，寿命比填料密封长。国外机械密封一般设计标准寿命为 8000h(约 1 年)，通常可达 $1 \sim 2$ 年以上，国内油泵可达 1 年以上、化工泵一般在半年左右。③ 功率消耗低。机械密封的摩擦接触面比填料密封小，且可设法降低摩擦系数，其摩擦功率消耗仅为软填料密封的 $10\% \sim 50\%$。④ 不磨损轴或轴套。采用填料密封的泵轴，由于磨损严重，通常每年须更换轴 $1 \sim 2$ 次，严重时每月都要更换轴。而采用机械密封，轴或轴套无磨损，是否需更换，取决于介质对轴的腐蚀。上述各项中，泄漏量、寿命和功率消耗是评定密封的 3 项主要指标，机械密封的这 3 项指标优于填料密封，这就是机械密封能获得迅速发展的根本原因。机械密封也有缺点，如结构复杂；更换比较麻烦；发生偶然性事故时，处理较困难；成本高。

92. 如何区分内流型和外流型密封?

答：介质泄漏的方向与离心力相反的密封为内流型密封；介质泄漏方向与离心力方向相同的密封为外流型密封。由于内流型密封中离心力阻止泄漏流体，其泄流量较外流型少。前者适用于高压，而后者最高压力小于 $1.0 \sim 2.0\text{MPa}$。

93. 如何区分平衡型和非平衡型密封?

答：介质作用于单位密封面上的轴向压紧力小于密封室内介质压力时的密封为部分平衡型密封；介质作用单位密封面的轴向压紧力大于或等于密封室内介质压力的密封为非平衡型密封。前者密封端面上所受的作用力随介质压力的升高变化较小，因此适用于高压密封；后者密封端面上所受的作用力随压力的变化较大，因此只适用于低压密封。还有介质对密封面无轴向地紧力或介质对密封面为推开力的密封，称为完全平衡型或过平衡型密封。这种密封属于非接触式密封中的流体静压密封。

94. 如何区分单端面、双端面及多端面密封?

答：只有一对摩擦副的密封为单端面密封，有两对摩擦副的密封为双端面密封，两对摩擦副以上的密封为多端面密封。单端面密封结构简单，是最常用的密封形式。双端面密封有两对摩擦副在一个密封腔内，中间可引入阻塞流体(起密封、润滑和冷却作用)，密封有毒、危险的流体时阻塞流体压力应比介质压力高 $0.05 \sim 0.1\text{MPa}$。双端面密封除了背对背结构外，还有面对面双端面密封，并具有中间环结构。中间环旋转的结构用于减少实际周速，可用于高速场合下减少实际 pV 值；中间环不旋转的结构用于使密封环两侧受力和受热均匀，减少变形，可在高压场合下使用。

95. 气膜螺旋槽密封与普通机械密封有哪些区别?

答：① 气膜螺旋槽密封的动环上刻着螺旋槽；② 气膜螺旋槽密封不需要专门的液体冲洗、润滑和冷却装置；③ 气膜螺旋槽密封的动、静环间是非接触的。

96. 机械密封动静环之间的技术要求一般有哪些?

答: ① 动环和静环密封端面的平面度偏差 <0.0009mm, 表面粗糙度 R_a <0.1。② 动环和静环密封端面对中心线的跳动偏差 <0.03mm。③ 动环和静环密封端面对密封圈的接触端面的平面度偏差 <0.04mm。④ 陶瓷环或硬质合金环两端面的平行度偏差 <0.03mm。⑤ 填充聚四氟乙烯环和石墨环及组装的动、静环需做水压抽检, 抽检量为总数的 1%。试验压力: 非平衡型为 1.0MPa, 平衡型为 3.6MPa, 持续 10min 不应有冒汗和泄漏。

97. 如何进行密封试验?

答: ① 静压试验。用常温清水进行试压, 内装非平衡型机械密封试验压力 0.8MPa; 外装机械密封为 0.5MPa; 内装平衡型机械密封为 0.5～3.0MPa(试验压力视平衡度而定), 试验持续时间 5min 以上, 平均泄漏量不超过 10mL/h; ② 运转试验。在静压试验合格的基础上, 按规定转速持续运转 5h, 平均泄漏量不超过 10mL/h。

98. 机械密封安装前有哪些准备及注意事项?

答: ① 检查机械密封的型号、规格是否符合设计图纸的要求, 所有零件(特别是密封面、辅助密封圈)有无损伤、变形、裂纹等现象, 若有缺陷, 必须更换或修复。② 检查机械密封各零件的配合尺寸、光滑度、平行度是否符合设计要求。③ 使用小弹簧机械密封时, 须检查小弹簧的长短和刚性是否相同, 使用并圈弹簧传动时, 须注意其旋向是否与轴的旋向一致, 其判别方法是: 面向旋转环端面, 视转轴为顺时针方向旋转者用右旋弹簧; 转轴为逆时针旋转者, 用左旋弹簧。④ 检查主机轴的窜动量、摆动量和挠度是否符合技术要求, 密封腔是否符合安装尺寸, 密封端盖与轴是否垂直。一般要求, 轴窜动量 ≯ ±0.5mm; 轴摆动量(旋转环密封圈处) ≯0.06mm; 轴最大挠度 ≯0.05mm; 密封端盖与垫片接触平面对中心线的不垂直度允差 0.03～0.05mm。⑤ 安装过程中应保持清洁, 特别是旋转环和静止环密封面及辅助密封圈表面应无杂质、灰尘。不允许用不清洁的布擦拭密封面。⑥ 安装中不允许用工具敲打密封元件, 以防止密封件被损坏。

99. 机械密封启动前有哪些注意事项及准备?

答: ① 检查机械密封的辅助装置、冷却润滑系统是否安装无误。② 清洗物料管线, 以防铁锈、杂质进入密封腔内。③ 用手盘动联轴节, 检查轴是否轻松旋转, 如果盘动很重, 应检查有关配合尺寸是否正确。尤其要注意主机进出口接管与管道刚性连接时, 防止主机壳体的变形而造成"别轴"的现象。

100. 常用密封摩擦副的材料有何特点和性能?

答: 碳石墨是机械密封摩擦副软面材料中用量最大、使用范围最广的基本材料, 具有良好独特的性能: ① 独特的自润滑性和很好的导热性; ② 良好的耐腐蚀性(但不耐强氧化性介质); ③ 摩擦系数低, 少润滑或无润滑时磨损率很低; ④ 线膨胀系数低, 抗热冲击性能好, 同时要有较好的抗疙疤性能和机械强度。

硬质合金: 硬质合金是机械密封摩擦副中硬面材料用量最大、使用范围最广的基本材料, 这是由于它具有下列特点: ① 硬度高, 耐磨性好; ② 机械强度高, 抗弯强度高; ③ 导热系数较高而线膨胀系数较小, 密封副摩擦热容易导出; ④ 耐腐蚀性较好, 无钴硬质合金的耐腐蚀性较好; ⑤ 耐热冲击性好, 耐热冲击系数在所有硬面材料中最高。

工程陶瓷: 工程陶瓷中有许多氧化物、氮化物、碳化物都可以用作机械密封的摩擦副材料, 如氧化铝、氮化硅、碳化硼碳化硅等, 陶瓷具有硬度高、耐腐蚀性好、耐磨性优良和耐温变性好的特点, 是一种较理想的硬面材料; 其缺点是脆性大、硬度高、机加困难。

工程塑料：在工程塑料中可用作摩擦副材料的有聚四氟乙烯塑料等。它们的弹性模量低、热膨胀系数大而导热系数小。

101. 简述辅助密封的形式和作用？

答：摩擦副的静、动环的结构形式往往取决于所采用的辅助密封元件的形式。辅助密封元件有两类：径向接触式密封与波纹管密封。径向接触式密封中有 O 形圈、V 形圈、楔形圈、矩形圈和平垫圈等，前两种最常用；波纹管密封中有金属波纹管、橡胶波纹管、塑料波纹管和蛇形套等，前两种最常用。在复杂的角振动和轴向振动条件下，辅助密封保证挠性安装动、静环的密封性，不仅如此，还起到弹性支座的补偿和吸振的作用，波纹管还起到弹性元件和传动元件的作用。

102. 机械密封传动元件有哪些？它们的作用是什么？

答：传动元件用于将摩擦力矩传给轴或传给压盖。传动件有两种：弹性安装密封环 - 弹性元件和弹性元件 - 轴的连接。传动件有弹簧、传动销、突耳、拨叉、传动键、传动座（凹槽）、牙嵌联轴器等。弹簧传动中有并圈弹簧末端传动和带钩弹簧传动。弹簧旋向都是旋转时使弹簧力增大而不是减小。一般传动力矩较小。传动销传动通过环座传给轴。常用于多弹簧结构和软环与压盖之间防传销结构。突耳、拨叉和牙嵌联轴器都是金属与金属接触传动，特别适合于力矩大的复杂结构中旋转方向不受限制。传动座上压边与动环凹槽配合传动的形式，座的薄边压成坑，工艺性较好。机械密封其他构件中有弹簧座、动静环座、传动销、组装套、紧定螺钉和轴套等。这些零件的材料选择参数较高为好。常用材料中有不锈钢、铬钢等。轴套采用不锈钢或碳钢表面镀铬。为了保证动环的追随性，在靠辅助密封接触区轴套表面喷涂陶瓷。这样可以保证动环灵活地在轴套上滑动，不致于发生锈蚀、卡堵等使动环搁住。

103. 机械密封中的弹性元件有何作用？

答：机械密封中的弹性元件（如弹簧、金属波纹管等）主要给摩擦副产生预紧弹簧比压（工作时还有液压作用力），保证动、静环良好地贴合，并且起到弹性安装静环的轴向位移和角位移的弹性补偿和静环磨损时自动补偿的作用。

104. 波纹管密封的特点是什么？

答：波纹管密封的特点就是摩擦副挠性安装环的所有相对位移可以由弹性波纹管来补偿，这就允许安装摩擦副密封环有较大的偏差。采用波纹管密封时，即使密封泄漏在辅助密封前面形成硬固体沉积，挠性安装环也不会丧失轴向运动可能性。

105. 为什么要对机械密封端面冲洗？

答：机械密封端面冲洗的作用有二：一是带走密封腔中机械密封的摩擦热、搅拌热等，以降低密封端面温度，保证密封端面上流体膜的稳定；二是阻止固体杂质和油焦淤积于密封腔中，使密封能在良好、稳定的工作环境中工作，并减少磨损和密封零件失效的可能。通过实践也可以证明，合适的端面冲洗是提高机械密封耐久性的重要辅助措施之一，尤其是热油泵的轴密封效果更为明显。

106. 对于一个需要端面冲洗的机械密封如何确定冲洗液量？

答：冲洗液量是基于摩擦副产生的热量被冲洗液带走的热平衡原理确定的。摩擦副产生的热量 Q_1 与端面比压 p_b、密封面摩擦系数 f、摩擦副面积 A、摩擦副线速度 v 有关系。而冲洗液带走的热量 Q_2 与冲洗液比热容 c、冲洗液温升 Δt、冲洗液的密度 ρ、冲洗量 W 有关系。由此可以得出冲洗量的计算公式为 $W = fp_b vA/c\Delta t\rho g$。

107. 机械密封实际工作中的冲洗量如何控制？

答：在实际工作中一般用限流孔板来控制冲洗液量。冲洗液量的大小靠孔板的孔径、两端压差及孔板数量来决定。一般孔板孔径为 $2.5 \sim 4.5mm$，孔板数量为 $1 \sim 2$ 个。对于洁净液体，流速应控制在 $5m/s$ 以下；对于含固体颗粒的浆液，必须控制在 $3m/s$ 以下。

108. 冲洗的方式有哪些及其应用场合？

答：冲洗的方式有：正冲洗、反冲洗、全冲洗及综合冲洗；按冲洗液来源分为自冲洗和外冲洗。按冲洗的入口布置来分有单点直冲洗、单点切向和多点冲洗。外冲洗用于高温、腐蚀性强、含固体颗粒量大的液体，正冲洗也叫自冲洗，因为自冲洗成封闭系统，要求轴封箱有底套，管路上装孔板。反冲洗常用于轴封箱压力与排出压力很小的场合。全冲洗又叫做贯通冲洗，对于低沸点液体，要求在轴承箱内装底套节流控制维持轴封箱的压力。综合冲洗法常用于泵进、出口压差很小的场合，靠叶轮来产生循环液体的压差，一般热水泵采用它，可以降低轴封箱温度。

109. 机械密封的间接冷却方式有哪些？

答：间接冷却比直接冷却的效果差些，但对冷却液的质量要求不高。间接冷却的方式有夹套冷却和突热器冷却。夹套冷却有轴封箱夹套冷却、压盖夹套、静环夹套、底环夹套和轴套夹套冷却；突热器冷却中有内置式、外置式冷却器、蛇管冷却器、套管冷却器和翅片冷却器。常用的介质是水、蒸汽和空气。

110. 什么是背(急)冷？

答：背冷是一种将冷却剂(水、油等)直接从静环背面送到摩擦副内表面的冷却方式。这种冷却方式的效果良好，又叫做急冷，常与冲洗方式结合使用。当密封介质为高熔点液体、凝固性强的液体以及易结晶液体时，都可采用蒸汽、溶剂或水送入静环背面，防止密封面凝固体并冲洗密封面周围。在低温液体密封中，利用不易冻结的液体来防止结冰或用甲醇来解冻等。

111. 简述 T 形过滤器的作用及原理。

答：T 形过滤器是为了防止固体颗粒、结晶以及机械杂质进入摩擦副和堵塞限流孔板。T 形过滤器结构简单，通常在冲洗或循环管中串联使用。含固体杂质的密封介质由一端进入，通过滤网从另一端流出，杂质留在过滤网内，定时取出滤网清除杂质可重复使用。

112. 机械密封在高温条件下会产生什么不良反应？

答：对于机械密封，当工作温度超过 $80℃$ 时，即认为是高温条件。在高温条件下，密封的主要问题有：密封端面间汽化；密封面随温度升高，摩擦系数增大，磨损严重；可能会出现密封环的热裂、变形；辅助密封圈耐久性降低，或老化、分解；弹簧蠕变、疲劳；材料腐蚀加剧等。

113. 如果机械密封不可避免在高温下工作，可以采取什么样的方法并举例说明？

答：为保证机械密封在高温下正常工作，最好的方法是采取有效的冷却措施，把高温条件局部地在密封部分转化为常温条件。比如采用局部循环自冲洗和在压差处进行背冷冲洗。

114. 如何考虑高速机械密封结构在各个方面的设计？

答：当线速度超过 $25 \sim 39m/s$ 时，可视为高速。在高速条件下，由于摩擦功率大，摩擦发热量大，磨损剧烈，高转速易引起密封件的振动，并受到较大的离心力作用，不利于端面间液膜的形成和维持。为了减少摩擦磨损，高速机械密封应加强对摩擦副端面的润滑与冷却；选用高 pv 值的摩擦副，减少端面宽度；或采用受控模型机械密封。为减少离心力和振动的影响，应尽量减少转动零件，采用弹簧静止式结构。必须转动的零件如动环和传动件，应力求形状对称，减少动不平衡因素。

115. 机械密封在高压下会产生何种情况并如何应对？

答：当工作压力超过 $4 \sim 5 \mathrm{MPa}$ 时，视为高压机械密封。在高压条件下，可能由于密封端面比压值过大，而破坏导液膜，引起发热，造成异常磨损。高压还可能使摩擦副环产生变形或破裂。因此，设计高压用机械密封，应着重从结构设计和材料方面考虑控制合理的端面比压，以防止密封的变形。高压机械密封需要选用平衡型结构，尤其是在高压、高转速或介质润滑性差、端面比压要求低的场合。摩擦副尽可能选择强度和刚度高的材料，如硬质合金、陶瓷等。并且在结构形状、支承方式上做到受力状态合理，避免端面变形和应力集中。

116. 在选用耐腐蚀机械密封结构时需要注意什么问题？

答：处于腐蚀介质中的密封元件，不仅要注意每一零件本身的耐腐蚀性，还要防止组合在一起时产生电偶腐蚀。强腐蚀条件下的机械密封，防腐主要依赖于材料，例如，摩擦副材料用陶瓷、填充聚四氟乙烯的石墨、氮化硅等，辅助密封圈材料用氟橡胶和聚四氟乙烯，这些材料都有良好的耐蚀性。此外，可以从结构设计上设法避免与腐蚀性介质接触，如采用外装式波纹管结构；对危险性大的介质，采用双端面密封，引入隔离液保护。对漏出物料做回收或做无毒化处理后排放。

117. 简述流体动压式机械密封的工作原理。

答：这种密封简称为动压机械密封，在摩擦副端面上开设润滑槽，介质进入润滑槽后，再利用轴旋转时产生的流体楔形动压作用挤入端面，建立一层动压流体膜。动压流体膜对摩擦副提供充分的润滑和冷却，使动压机械密封能在高速高压的条件下应用。这种机械密封在现在大型设备上使用非常广泛。

118. 什么是离心密封？一般用在何种场合？

答：离心密封是借离心力作用，将液体介质沿径向甩出，阻止流体进入泄漏缝隙，从而达到密封的目的。离心密封仅适用于液体介质，对气体介质则不适用。因此如果使用离心密封的地方还要求气密性，则必须采用离心密封与其他类型的密封组合起来的组合密封类型。最常用的离心密封式甩油盘，广泛用于各种传动装置，用以封润滑油和其他液体。

119. 简述离心密封特点。

答：离心密封的特点在于它没有直接接触的摩擦副，可采用较大的密封间隙，因此能密封含有固相杂质的介质，磨损小，寿命长，设计合理可以做到零泄漏。但是克服压差的能力低，功率消耗大，甚至可达泵有效功率的 1/3。此外，由于它是一种动力密封，所以一停车立即丧失密封能力，为此必须辅以停车密封。

120. 简述螺旋密封的工作原理。

答：螺旋密封的工作原理相当于一个螺杆容积泵，轴上切出右螺旋（或在壳体上、在两者都刻有螺旋槽），轴的旋转方向从右向左看为顺时针方向，则液体介质与壳体的摩擦力 F 为逆时针方向，而摩擦力 F 在该右螺纹的螺旋线上分力 A 向右，故液体介质犹如螺母沿螺杆松退情况一样，将流体推向右方。随着容积的不断缩小，压头逐步增高，这样，建立起的密封压力与被密封流体的压力相平衡，从而阻止了泄漏。

121. 简述停车密封的型式及其作用。

答：停车密封有多种型式，主要包括离心式停车密封和压力调节式停车密封。停车密封是非动力密封的重要组成部分。当转速降低或者停车时，动力密封失去密封能力，就得依靠停车密封阻止泄漏。

122. 简述铁磁流体密封及其优缺点。

答：铁磁流体密封是以作用于密封流体上的正向磁力代替离心力，靠磁场约束，铁磁流体充满在间隙里，在轴和固定元件间好像是一个液体密封唇。因为铁磁流体是液体，所以对机件振摆、偏心度以及表面粗糙度就没有严格的要求；因为磁力与速度无关，所以这种密封几乎可在任何转速下运转，泄漏为零，唯一的限制就是高速运转时产生的热。

123. 简述全封闭密封及其常见的类型。

答：全封闭密封是将系统内外的泄漏通道完全隔断，或是将工作机(泵)与原动机置于同一密闭系统内，可以完全杜绝介质向外泄漏，因此，在涉及剧毒、放射性物质和稀有贵重物质的生产时，以及在精密实验中，全封闭密封都有重要意义。全密闭密封一般包括隔膜密封、屏蔽泵密封、磁力耦合器(磁传动)。

124. 磁力传动密封的特点有哪些？

答：① 将泵轴动密封变成密闭式静密封，彻底杜绝了能源和物料的外漏，使泵在静止和工作状态下都无泄漏。② 不需要润滑和冷却水，降低了能耗。③ 将联轴节传动变成了同步拖动，不存在接触和摩擦，功率小，效率高(96% 左右)；此外还有阻尼减振作用，减少了原动机振动对泵的影响以及负荷振动对原动机的影响。④ 泵轴不需外伸，结构简单紧凑，长度减少 2/5，重量减轻 1/3。⑤ 泵与电机之间无接触磁力拖动，允许对中偏差 0.5～1mm，所以安装方便，对中容易，运转平稳，噪声小。⑥ 过载时，内外转子相对滑脱，对电机和机泵都有保护作用。主要问题是目前成本太高了一些。

125. 在选用机械密封时应考虑哪些方面的内容？

答：① 考虑密封使用的条件，如密封的工作参数(温度、压力、转速、轴径)，密封介质的参数(浓度、黏度、腐蚀性、有无固体颗粒及纤维杂质，是否易汽化或结晶等)，主机工作性质与环境条件(连续或间歇操作、安装在室内或露天，周围气体性质及气温变化情况)；② 主机对密封的要求，包括密封性、寿命、结构尺寸的限制、可靠性和稳定性；③ 密封类型与材料的选择；④ 密封系统(冲洗、冷却、润滑、过滤等)的综合措施。

126. 机械密封端面泄漏的原因有哪些？在实际生产中"零泄漏"是什么意思？

答：机械密封端面泄漏的原因有很多，与端面比压、端面质量、密封缝隙、介质、润滑状态及工作条件都有密切的关系。

在实际生产中，所谓"零泄漏"机械密封，实际上也有微量泄漏，只不过是泄漏的介质在离开密封面时，已被摩擦热蒸发成气相而逸出，肉眼观察不到而已。因此要机械密封既无外泄也无内泄，呈绝对密封状态，这不仅在技术上实现起来很困难，而且从润滑的观点来看也是不合理的。

127. 影响密封面内膜压的因素有哪些？

答：影响机械密封端面缝隙内膜压分布的因素较多，如摩擦状态、相态、介质性质(黏度、重度、饱和蒸汽压)、结构形状和大小(面积比、宽径比、密封面开槽等)、工作条件(压力、温度、转速)、表面质量(表面粗糙度、表面波度、表面不平度)和其他因素(如力变形、热变形、偏心、倾斜、振动)等，应根据具体条件来分析。

128. 简述机械密封结构形式。

答：机械密封结构型式有很多，选择时一般考虑工作压力、密封腔介质温度、密封端平均周速、介质的腐蚀性及燃烧、结晶等性质。① 压力较小一般选择平衡型，若压力超过

15MPa 时，就要选择串联式多端面密封使之逐级降压；② 机械密封的介质温度一般需要控制在 0 ~ 80℃范围内，如果机械密封的介质温度低于或高于这个温度范围，那就要选择深冷密封或者是高温密封；③ 机械密封在高速条件下有很高的动平衡要求，当密封面的速度超过 30m/s 时，可选用静止型，如果既是高速且压力又高的场合，可以考虑主要为了避免离心力和搅拌的影响，选用流体静压型或流体动压型机械密封；④ 易结晶、易凝固和高黏度的介质，应采用大弹簧旋转型结构，因小弹簧容易被固体物料堵塞而失效。易燃、易爆或剧毒的燃料，必须考虑双端面密封。

129. 什么是液环泵？

答：依靠叶轮的旋转把机械能传递给起中间作用的工作液——旋转液，又通过液环对气体进行压缩，把能量传递给气体，使其压力升高，达到抽吸真空(作真空泵用)或压送气体(作压缩机用)的目的，两者统称液环泵。

130. 液环泵的工作过程是什么？

答：液环泵的叶轮与泵体呈偏心位置，两端由侧盖封住，侧盖端面上开有吸气和排气窗口，分别与泵的进口和出口相通。当泵体充有适量工作液体时，由于叶轮的旋转，液体向四周甩出，在泵体内壁叶轮之间形成一个旋转的液环。液环内表面与叶轮表面及侧盖之间构成月牙形的工作空腔，叶轮叶片又将空腔分隔成若干个互不相通、容积不等的封闭小室。在叶轮的前半转时(吸入侧)，小室容积逐渐增大，气体经吸入窗口被吸入小室，在叶轮后半转(排出侧)，小室容积逐渐减少，气体被压缩，压力升高，然后经排气窗口排出。

131. 液环泵的主要优点是什么？

答：① 工作过程接近于等温压缩，泵内部没有互相摩擦的金属表面，因此适合输送易燃易爆或遇温升易分解的气体。② 可以采用非油工作液体，使输送的气体不受油污染。③ 可以输送含有蒸汽、水分或固体微粒的气体。④ 结构简单，不需吸、排气阀，工作平稳可靠，气量均匀。

132. 旋涡泵的特点是什么？

答：① 在相同的叶轮直径和转速下，旋涡泵的扬程比离心泵高 2 ~ 4 倍。② 扬程和功率曲线下降较陡，需在出口阀开启的情况下启动，外部压力波动对泵的流量影响小，旋涡泵可以采用在排出管路和吸入管路之间另接一旁路进行回流的方法来调节流量，比通常的节流阀调节经济。③ 开启旋涡泵能自吸，用以输送液气混合物和易挥发性液体。④ 结构简单，主要水力元件形状不复杂，采用塑料或不锈钢等材料，制造容易(可用模压、车削等方法)。

133. 使用旋涡泵的要求是什么？

答：① 输送液体的黏度不宜太大，一般不大于 5°E。如黏度过大，泵的扬程和效率将降低很多。② 输送的液体应洁净，不含固体颗粒，旋涡泵叶轮端面与泵盖及泵体之间的轴向间隙一般只有 0.1 ~ 0.15mm，闭式旋涡泵的叶轮外圆与隔板之间的径向间隙为 0.15 ~ 0.30mm。如有磨砺颗粒进入泵内，将使间隙迅速增大，导致泵的流量剧减。通常，旋涡泵的叶轮可以在轴上滑动，使两侧的轴向间隙大致相等，间隙过小，也会发生摩擦，使轴功率显著增大。

134. 旋涡泵的自吸原理是什么？

答：旋涡泵的自吸原理为：叶轮旋转时，液体和气体在流道中互相强烈混合，形成液气混合物。混合物通过分离罩时，由于旋转运动，在离心力作用下，气液分离。气体积聚在分离罩中间，经两根导管排出；液体则经过分离罩中间的孔，重新回到流道中再与气体混合，如此反复达到自吸的目的。当液气混合物通过突然扩大的排出管时，速度迅速降低，由于气体的密度很小，立即从液体中析出并排走，液体仍返回泵内再与气体混合，最后达到自吸。为缩短自吸时间，有时在吸入口处装一逆止阀。

135. 螺杆泵的工作原理是什么?

答：螺杆泵是依靠螺杆相互啮合空间容积变化来输送液体的。当螺杆转动时，吸入腔一端的密封线连续地向排出腔一端作轴向移动，使吸入腔的容积增大，压力降低，液体在压差作用下沿吸入管进入吸入腔。随着螺杆的转动，密封腔内的液体连续而均匀地沿轴向移动到排出腔，由于排出腔一端的容积逐渐缩小，即将液体排出。

136. 故障诊断有什么意义?

答：① 保障设备安全，防止突发；② 保障设备精度，提高产品质量；③ 实施状态维修，节约维修费用；④ 避免设备事故造成的环境污染；⑤ 给企业带来显著的经济效益和社会效益。

137. 简述计划维修的优缺点。

答：优点：机器运行寿命相对较长；减少意外停机；备件库存较少。

缺点：意外停机引起生产损失过剩；维修导致维修费用增加；过剩维修引起人为维修故障；不足维修引起设备二次故障。

138. 简述预知维修的优缺点。

答：优点：减少非计划性停机损失（意外）；延长维修时间间隔；大大减少库存备件（仅在需要时购买和使用所需备件）；过剩维修减到最少（只需在适当时候进行维修）。

缺点：需要初始投资；需要监测仪器、系统、服务、人员花费；需要学习培训；不能延长设备寿命。

139. 简述主动维修的优缺点。

答：优点：设备寿命延长；设备可靠性增加；更少的故障及二次损坏；总的维护费用降低。

缺点：监测仪器、系统、服务、人员花费；要求特殊技能；需要更多时间进行分析；全体员工改变观念。

140. 诊断有哪些手段?

答：常见诊断技术：振动检测技术（点检、离线、在线）；油品检测技术（光谱分析、铁谱分析）；温度检测技术（接触式测温、非接触式测温）；无损检测技术（射线、超声、磁力、渗透、声发射）；噪声检测技术（简易现场检测）；金相检测技术（金相检测显微镜、扫描电镜）；红外检测技术（红外测温、红外摄像）。

141. 简述在线监测系统的特点。

答：实时、动态监测设备振动情况，便于及时掌握该设备的运行状况，及早发现其异常状况，为合理地制订设备的维护计划提供技术依据，防止由于易损件（例如滚动轴承、连接螺栓、齿轮等）的突然失效而造成的重大设备事故。可以实现自动监测，也可以在人工干预下进行多种数据分析和处理，其中包括大量的数据采集、存贮和故障特征分析、趋势分析，系统具有图形显示、数据处理、结果打印和故障自动报警等功能。主要优势：多测点的日常监测，其效率和工作质量也是人工逐点测试所不能比拟的。

142. 什么是固有频率及振型?

答：振型是弹性体或弹性系统自身固有的振动形式。可用质点在振动时的对应位置即振动曲线来描述。由于多质点体系有多个自由度，故可出现多种振型，同时有多个自振频率，其中与最小自振频率（又称基频）相应的振型为基本振型，又称第一阶振型。此外，按自振频率递增还有第二、第三 …… 阶振型，分别对应于确定频率的方程的第二、三 …… 个根。

143. 简述电机短路原因及形式。

答：电机绕组匝间、绕组对地、绕组相间、定子与转子之间、接线端子与滑环的短路等。造成短路事故的原因是绕组匝间、匝对地、相间绝缘受潮或老化，或机械损伤、长期过载发热绝缘性能降低电击穿、过电压击穿等。

144. 简述检测电机电流的种类及内容。

答：① 监测电机电流的有效值，三相电流平衡不超过额定值，表示电机运行正常；如果三相电流有一相无读数，表明电机断相；如果三相电流超出额定，应迅速查明原因进行处理或者进行限载减载，防止电机发热而破坏电机的绝缘；如果三相电流不平衡，有的很小，有的大于额定值很多，表示三相绕组绝缘出现故障，可能接地或匝间短路，必须减载和相应检查处理。② 零序电流监测，可通过对电流值及电流波形的分析，确定电机绕组是否有三相不平衡，绕组短路，接地等故障存在。③ 接地电流监测，可确知电机绝缘状况，是否相接地和相漏电的故障。

145. 如何检测电机运行电压？

答：运行电压的严重过低，要分清是网路电源电压过低还是电机运行过载降低，电压的降低会引起电机发热，运行电压过高，对同步电机来说可能是励磁电流值调节不当，必须调节正确；运行电压过高对于异步机来说会增加定子电流值。运行电压过高对各类电机都有增加发热的功能，对电机绝缘不利。电压的过高往往会击穿绝缘薄弱处的绝缘，产生电气短路事故。

146. 电流频谱诊断法可诊断哪些故障及如何诊断？

答：定子电流的频谱分析是诊断和检测交流电机故障的有效方法，可以诊断交流电机笼型绕组的断条、静态气隙偏心、动态气隙偏心、机械不平衡等故障。

转子断条诊断：实践和理论上均可以验证，当异步电动机笼型绕组断条时，定子电流中围绕基频将出现频率为 $\pm 2sf$（s—异步电动机的转差，f—电磁振动频率）的边频，从边频幅值以及它与基频电流幅值的差值大小，可以推断出断裂笼条的估计数。这就是异步电机定子电流频谱分析来诊断断条的原理。

气隙偏心度诊断：气隙偏心的频率成分的分布是从低频到高频都存在的，它取决于电机的设计和结构参数。通过定子电流检测和频谱分析，如在频谱图出现气隙偏心特征频率时，就能确定电机存在气隙偏心，根据特征频率分量大小和变化情况，就能确定转子在气隙中的动态位移值。

147. 简述气隙不均匀引起的电磁振动类型及特点。

答：分两种情况：一种是静态不均匀；另一种是动态不均匀。两者的振动特征并不完全相同。静态气隙偏心产生的电磁振动特征是：电磁振动频率是电源频率 f_0（f_0—电源频率）的 2 倍，即 $f = 2f_0$；振动随偏心值的增大而增加，与电动机负荷关系也是如此；气隙偏心产生的电磁振动与定子异常产生的电磁振动较难区别。动态气隙偏心产生的电磁振动特征是：转子旋转频率和旋转磁场同步转速频率的电磁振动都可能出现；电磁振动以 $1/2sf_0$ 周期在脉动。因此，在电机负载增加，s 加大时，其脉动节拍加快；电动机往往发生与脉动节拍相一致的电磁噪声。

148. 简述转子导体异常引起的电磁振动特点。

答：转子绕组异常引起电磁振动与转子动态偏心所产生的电磁振动的电磁力和振动波形相似，现象相似，较难判别；电动机负载增加时，这种振动随之增加，当负载超过 50% 以上时较为显著；若对电动机定子电流波形或振动波形作频谱分析，在频谱图中，基频两边出现 ±2sf 的边频，根据边频与基频幅值之间的关系，可判断故障的程度。

149. 简述转子不平衡产生的原因及振动特点。

答：电机转子失衡原因有以下几种：转子零部件脱落和移位，绝缘收缩造成转子线圈移位、松动，联轴器不平衡，冷却风扇与转子表面不均匀积垢等，以上因素对高速电机尤为敏感。

转子失衡产生的振动有如下特征：振动频率和转速频率相等；振动值随转速增高而加大，但与电机负载无关；振动以径向为最大，轴向很小。

150. 油膜涡动与油膜振荡引起滑动轴承振动的特点分别是什么？

答：油膜涡动引起异常振动其主要特征为：振动频率略低于转子旋转频率 f_r (f_r—转子旋转频率) 的一半，通常为 $(0.42 \sim 0.48)f_r$；油膜涡动的振动是径向的；油膜涡动往往是突然出现的，诊断的方法是油膜涡动后，改变润滑油的黏度和温度，振动就能减轻或消失。

油膜振荡产生异常振动其主要特征为：振动频率等于转子一阶临界转速，工作转速接近一阶临界转速 2 倍的大型高速柔性转子电动机，极易发生油膜振荡；油膜振荡是一种径向振动；减少转子不平衡、降低润滑油的黏度和提高油温，能使油膜振荡消失。

151. 简述安装、调整不良引起机械振动的种类及特征。

答：① 轴心线不一致产生振动的特征：轴心线偏差越大，振动也越大；振动中 2 倍旋转频率的成分增加；电动机单独运行时，这些振动就会立即消失。② 联轴器配合不良产生的振动的特征：振动频率和电动机旋转频率相同；连接机械和电动机端振动相位相反，相位差 180°；电动机单独运动时，振动消失。

152. 电机常用的补修方法有哪些？

答：① 短接法：如限位开关被撞坏或失灵，某线路断线，可用短接线进行临时短接，但对短接线要加强管理，要表明名称，并登记在册，以防遗忘；② 保护摘除法：有时原因不明，过流继电器等总是动作，在确认实际电流不超过极限后，可暂时摘除该保护等。再行录入并校验整定值或进行更换；③ 降低负荷法：例如直流电机整流子冒火较大，可与生产方联系，压低负荷或加速度率来维持生产；④ 自动改手动法：自动控制万一失灵，通知操作方临时改用手动挡维持生产；⑤ 整体更换法（插件板）：传动盘，PLC 盘均为框架插件结构，万一查到某板异常，迅速该插备用件，以恢复生产，这是常用的方法。对拔下的板可自行修复或委托修复后作备用；⑥ 通风冷却法：发现周围温度过高或电机过热时常用临时追加轴流风机通风冷却；⑦ 改变参数：用 PLC 操作改变工艺参数。

153. 简述振动传感器的种类及特点。

答：测振传感器是用来测量振动的传感器，根据所测振动参量和频响范围的不同，一般将测振传感器分为位移传感器、速度传感器、加速度传感器三大类。

位移传感器：测的是轴与传感器尖端的相对位移，通过钻孔安装到轴承内，也称为"涡流传感器"，适用于低速设备。有些安保系统采用此传感器。主要缺点：安装麻烦，不能用于高频测量。

速度传感器：介于两者之间，体积大，运动部件会影响使用寿命，不适合低频和高频测量。

加速度传感器：适用于高速设备和含有高速旋转部件的设备，振动分析中应用最为广泛。所有的便携式数据采集器基本都配备加速度传感器。安保系统中也常常使用加速度传感器。

154. 状态监测的常用图谱有哪些？

答：振动信号波形频谱图、波德图、极坐标图、频谱瀑布图、极联图、轴心位置图、轴心轨迹图振动值趋势图、振动值趋势图。

155. 简述波德图的用途。

答：波德图是反映机器振动幅值、相位随转速变化的关系曲线。图形的横坐标是转速，纵坐标有两个，一个是振幅的峰 – 峰值，另一个是相位。从波德图上我们可以得到以下信息：① 转子系统在各种转速下的振幅和相位；② 转子系统的临界转速；③ 转子系统的共振放大系数；④ 转子上机械偏差和电气偏差的大小；⑤ 转子是否发生了热弯曲。

156. 简述极坐标图的用途。

答：极坐标图把振幅和相位随转速变化的关系用极坐标的形式表示出来。图中用一旋转矢量的点代表转子的轴心，该点在各个转速下所处位置的极半径就代表了轴的径向振幅，该点在极坐标上的角度就是此时振动的相位角。这种极坐标表示方法在作用上与波德图相同，但它比波德图更为直观。

157. 简述极联图的用途。

答：极联图是在启停机转速连续变化时，不同转速下得到的频谱图依次组成的三维谱图。它的 Z 轴是转速，工频和各个倍频及分频的轴线在图中是都以 0 点为原点向外发射的倾斜的直线。在分析振动与转速有关的故障时是很直观的。该图常用来了解各转速下振动频谱变化情况，可以确定转子临界转速及其振动幅值、半速涡动或油膜振荡的发生和发展过程等。

158. 简述轴心位置图的用途。

答：轴心位置图用来显示轴颈中心相对于轴承中心位置。这种图形提供了转子在轴承中稳态位置变化的观测方法，用以判别轴颈是否处于正常位置。当轴心位置超出一定范围时，说明轴承处于不正常的工作状态，从中可以判断转子的对中好坏、轴承的标高是否正常，轴瓦是否磨损或变形等等。如果轴心位置上移，则预示着转子不稳定的开始。通过对轴颈中心位置变化的监测和分析，可以预测到某些故障的来临，为故障的防治提供早期预报。

159. 简述轴心轨迹图的用途。

答：轴心轨迹一般是指转子上的轴心一点相对于轴承座在其与轴线垂直的平面内的运动轨迹。通常，转子振动信号中除了包含由不平衡引起的基频振动分量之外，还存在由于油膜涡动、油膜振荡、气体激振、摩擦、不对中、啮合等等原因引起的分数谐波振动、亚异步振动、高次谐波振动等等各种复杂的振动分量，使得轴心轨迹的形状表现出各种不同的特征，其形状变得十分复杂，有时甚至是非常混乱。

160. 简述振动趋势图的用途。

答：在机组运行时，可利用趋势图来显示、记录机器的通频振动、各频率分量的振动、相位或其他过程参数是如何随时间变化的。这种图形以不同长度的时间为横坐标，以振幅、相位或其他参数为纵坐标。在分析机组振动随时间、负荷、轴位移或其他工艺参数的变化时，这种图给出的曲线十分直观，对于运行管理人员来说，用它来监视机组的运行状况是非常有用的。

161. 简述转子不平衡的频谱图特征。

答：① 时域波形的形状接近一个纯正弦波；② 振动信号的频谱图中，谐波能量主要是集中在转子的工作频率（1×）上，而其他倍频成分所占的比例相对较小；③ 在升降速过程中，当转速低于临界转速时，振幅随转速的增加而上升。当转速越过临界转速之后，振幅随转速的增加反而减小，并趋向于一个较小的稳定值；④ 当工作转速一定时，振动的相位稳定；⑤ 转子的轴心轨迹图呈椭圆形；⑥ 转子的涡动特征为同步正进动；⑦ 纯静不平衡时支承转子的两个轴承同一方向的振动相位相同，而纯力偶不平衡时支承转子的两个轴承振动呈反相，即相位差 180°；⑧ 在外伸转子不平衡情况下可能会产生很大的轴向振动，支承转子的两轴承的轴向振动相位相同；⑨ 因介质不均匀结垢时，工频幅值和相位是缓慢变化的。

162. 简述转子不对中的原因、后果及分类。

答：不对中产生的原因：由于机器的安装误差、工作状态下热膨胀、承载后的变形以及机器基础的不均匀沉降等，有可能会造成机器工作时各转子轴线之间产生不对中。

不对中引起的后果：机器联轴器偏转、轴承早期损坏、油膜失稳、轴弯曲变形等，导致机器发生异常振动，危害极大。

不对中的分类：平行不对中、角度不对中和平行与角度不对中等。

163. 简述平行不对中的特点。

答：平行不对中时振动频率为转子工频的两倍。偏角不对中使联轴器附加一个弯矩，增加了转子的轴向力，使转子在轴向产生工频振动。平行偏角不对中是以上两种情况的综合，使转子发生径向和轴向振动。轴承不对中实际上反映的是轴承座标高和轴中心位置的偏差。轴承不对中使轴系的载荷重新分配。负荷较大的轴承可能会出现高次谐波振动，负荷较轻的轴承容易失稳，同时还使轴系的临界转速发生改变。

164. 简述转子不对中的诊断方法。

答：平行不对中诊断：① 平行不对中产生较大的轴向振动，但径向振动也较大；② 振动频率以 1× 和 2× 转频振动为主，2× 转频振动往往超过 1×；③ 不对中严重时，也会产生高阶谐波振动；④ 联轴器两侧相位相差 0°。

角度不对中诊断：① 角不对中产生较大的轴向振动；② 振动频率以 1× 和 2× 转频振动为主；但往往存在 3× 以上转频振动；③ 如果 2× 或 3× 转频振动超过 1× 的 30% 到 50%，则可认为存在角不对中；④ 联轴器两侧轴向振动相位相差 180°。

平行与角度不对中诊断：① 产生较大的轴向振动，但径向振动也较大；② 振动频率以 1× 和 2× 转频振动为主；但往往存在高次谐波振动；③ 联轴器两侧轴向振动相位相差在 0～180° 之间。

165. 简述转子弯曲的分类及特点。

答：轴弯曲是指转子的中心线处于不直状态。转子弯曲分为永久性弯曲和临时性弯曲两种类型。

转子永久性弯曲是指转子的轴呈永久性的弓形，它是由于转子结构不合理、制造误差大、材质不均匀、转子长期存放不当而发生永久性的弯曲变形，或是热态停车时未及时盘车或盘车不当、转子的热稳定性差、长期运行后轴的自然弯曲加大等原因所造成。

转子临时性弯曲是指转子上有较大预负荷、开机运行时的暖机操作不当、升速过快、转轴热变形不均匀等原因造成。转子永久性弯曲与临时性弯曲是两种不同的故障，但其故障的机理是相同的。转子不论发生永久性弯曲还是临时性弯曲，都会产生与质量偏心情况相类似的旋转矢量激振力。

166. 转子热弯曲是如何产生的？其特点是什么？

答：热弯曲是指转子受热后（如启机中或加负荷时）使转子产生了附加的不平衡力（即热不平衡），从而导致了转子发生弯曲的现象。热不平衡的机理是转子横截面存在某种不对称因素（材质不对称、温度不对称、内摩擦力不对称等）或温度场不均匀，可能在转子上产生弯矩，造成转子弯曲。转子热弯曲引起的振动主要以基频分量为主，一般其具有如下特点：振动与转子的热状态有关，当机组冷态运行时（空载）振动较小，但随着负荷的增加，振动明显增大；振动增大后，快速降负荷或停机，振动并不立即减小，而是有一定的时间滞后；机组快速停机惰走通过一阶临界转速时的振动较启动过程中的相应值增大很多；转子发生热弯曲后停机惰走时在低转速下转子的工频振动幅值比在开车时相同转速下的振动值要大很多，而且在相同转速下，其工频振动的相位也可能不重合。

167. 简述转子发生油膜振荡时的特征。

答：① 时间波形发生畸变，表现为不规则的周期信号，通常是在工频的波形上面叠加了幅值很大的低频信号；② 在频谱图中，转子的固有频率 ω_0 处的频率分量的幅值最为突出；③ 油膜振荡发生在工作转速大于二倍一阶临界转速的时候，在这之后，即使工作转速继续升高，其振荡的特征频率基本不变；④ 油膜振荡的发生和消失具有突然性，并带有惯性效应，也就是说，升速时产生油膜振荡的转速要高于降速时油膜振荡消失的转速；⑤ 油膜振荡时，转子的涡动方向与转子转动的方向相同，为正进动；⑥ 油膜振荡剧烈时，随着油膜的破坏，振荡停止，油膜恢复后，振荡又再次发生，如此持续下去，轴颈与轴承会不断碰摩，产生撞击声，轴承内的油膜压力有较大的波动；⑦ 油膜振荡时，其轴心轨迹呈不规则的发散状态，若发生碰摩，则轴心轨迹呈花瓣状；⑧ 轴承载荷越小或偏心率越小，就越容易发生油膜振荡；⑨ 油膜振荡时，转子两端轴承振动相位基本相同。

168. 简述蒸汽激振产生原因及处理方法。

答：蒸汽激振产生的原因通常有两个：一是由于调节阀开启顺序的原因高压蒸汽产生了一个向上抬起转子的力，从而减少了轴承比压，因而使轴承失稳。二是由于叶顶径向间隙不均匀，产生切向分力，以及端部轴封内气体流动时所产生的切向分力，使转子产生了自激振动。蒸汽激振一般发生在大功率汽轮机的高压转子上，当发生蒸汽振荡时，振动的主要特点是振动对负荷非常敏感，而且振动的频率与转子一阶临界转速频率相吻合。在发生蒸汽振荡时，有时改变轴承设计是没有用的，只有改进汽封通流部分的设计、调整安装间隙、较大幅度地降低负荷或改变主蒸汽进汽调节汽阀的开启顺序等才能解决问题。

169. 简述机械松动的类型。

答：第一种类型的松动是指机器的底座、台板和基础存在结构松动，或水泥灌浆不实以及结构或基础的变形，此类松动表现出振动频谱为 $1\times$ 分量。第二种类型的松动主要由机器底座固定螺栓的松动或轴承座出现裂纹引起。其振动频谱除包含 $1\times$ 分量外，还存在相当大的 $2\times$ 分量，有时还激发出 $1/2\times$ 和 $3\times$ 振动分量。第三种类型的松动是由于部件间不合适的配合引起的，由于松动部件对来自转子动态力的非线性响应，因而产生许多振动谐波分量，如 $1\times$，$2\times$，……，$n\times$，有时亦产生精确的 $1/2\times$ 或 $1/3\times$ 等等的分数谐波分量，这时的松动通常是轴承盖里轴承瓦枕的松动、过大的轴承间隙或者转轴上的叶轮存在松动。这种松动的振动相位很不稳定。松动时的振动具有方向性。在松动方向上，由于约束力的下降，将引起振动幅度加大。

170. 简述机械松动故障的频谱和波形特征。

答：① 径向(特别是垂直方向)振动大；② 除基频分量外，还有很大的倍频分量，特别是 3~10 倍频；③ 振动可能具有高度的方向性；④ 可能有 1/2×、3/2×、5/2× 等分数谐频分量，这些分量随时间的增长而加大；⑤ 时域波形信号可能较杂乱，有明显的不稳定的非周期信号，可能有大的冲击信号；⑥ 轴向振动小或正常。

171. 简述摩擦的分类及特点。

答：① 部分摩擦：此时转子仅偶然接触静止部分，同时维持接触仅在转子进动整周期的一个分数部分，这通常对于机器的整体来说，它的破坏性和危险性相对比较小；② 全摩擦，亦称干摩擦：它们大都在密封中产生。在整周环状摩擦发生时，转子维持与密封的接触是连续的，产生在接触处的摩擦力能够导致转子进动方向的剧烈改变，从原本是向前的正进动变成向后的反进动。此外，转子摩擦可能产生一系列的分数谐波振动分量($1/2×$，$1/3×$，$1/4×$，$1/5×$，……，$1/n×$)，转子摩擦可能也会激起许多高频振动分量。摩擦的危害性很大，即使转轴和轴瓦短时间摩擦也会造成严重后果。

172. 简述转子裂纹产生的原因。

答：转子裂纹产生的原因多是疲劳损伤。旋转机械的转子如果设计不当(包括选材不当或结构不合理)或者加工方法不妥，或者是运行时间超长的老旧机组，由于应力腐蚀、疲劳、蠕变等，会在转子原本存在诱发点的位置产生微裂纹，再加上由于较大而且变化的扭矩和径向载荷的持续作用，微裂纹逐渐扩展，最终发展成为宏观裂纹。原始的诱发点通常出现在应力高而且材料有缺陷的地方，如轴上应力集中点、加工时留下的刀痕、划伤处、材质存在微小缺陷(如夹渣等)的部位等。

173. 简述旋转失速的特征。

答：旋转失速使压缩机中的流动情况恶化，压比下降，流量及压力随时间波动。在一定转速下，当入口流量减少到某一值时，机组会产生强烈的旋转失速。强烈的旋转失速会进一步引起整个压缩机组系统的一种危险性更大的不稳定的气动现象，即喘振。此外，旋转失速时压缩机叶片受到一种周期性的激振力，如旋转失速的频率与叶片的固有频率相吻合，则将引起强烈振动，使叶片疲劳损坏造成事故。

174. 如何识别旋转失速？

答：① 振动发生在流量减小时，且随着流量的减小而增大；② 振动频率与工频之比为小于 1 的常值；③ 转子的轴向振动对转速和流量十分敏感；④ 排气压力有波动现象；⑤ 流量指示有波动现象；⑥ 分子量较大或压缩比较高的机组比较容易发生。

175. 机组启动前、停运后盘车的目的是什么？

答：启动前盘车是为了检查机组内部有无摩擦碰撞等情况，以保证启动后安全运行，可以通过对比每次盘车用力大小来判断安装与检修质量，如联轴节对中的好坏，轴瓦间隙及有无异物留在机体内等。

停运后盘车是为了防止汽缸的冷却温差引起轴弯曲。

176. 消除径向泵出口油压波动的措施有哪些？

答：① 油中含有空气将引起油压波动，所以液压调速器均采用注油器供油，使进口油压大于气压，以避免空气进入油泵入口；另一方面注油器吸油口应低于油箱油面，并远离回油管口，以免进油时带入空气，可在回油管和吸油口之间设置挡板，使回油进入油箱后，经过曲折的流程，将气泡完全分离后，再进入注油器的吸入口；② 油流动过程中出现涡流也会造成油压波动，所以要求设计流道合理，泵轮、管道及流经部件表面应光滑；③ 径向泵出口应设置稳流网，油经过稳流网的小孔时起节流作用，可以减少油压波动的幅度；④ 将油泵出口接到压力变换器(或滑阀)下部，而油泵进口与压力变换器(或滑阀)上部连通，以抵消进口油压的波动；⑤ 为了防止油压波动而引起油动机的摆动，应采用加大滑阀油口过封度(又称盖度)的方法。一般液压调节系统的过封度为 0.5mm 左右，半液压调节系统的过封度一般为 0.1~0.3mm，并保证进油侧过封度大于排油侧过封度(可以先排油后进油)。

177. 如何进行滚动轴承故障的诊断？

答：(1)时域有量纲参数诊断法：峰－峰值反映的是某时刻振动的最大值，适用于表面点蚀损伤之类的具有瞬时冲击的故障诊断；有效值反应的是振动的能量；这些指标可以用来迅速判断滚动轴承是处于正常工作状态还是处于异常工作状态。

(2)时域无量纲参数诊断法：波峰因素表示的是峰值和均方根值之比，适用于点蚀情况下的诊断；峭度系数具有与波峰因素类似的变化趋势，它们的共同优点在于与轴承的转速、几何尺寸和载荷无关，适用于点蚀故障诊断。一般经验认为：滚动轴承正常时，波峰因素大约为 3~5，峭度大约为 3；轴承出现故障时，波峰因素明显增大，超过 3~5，并可能达到10~15，而峭度同样明显增大，甚至可达到几十；故障严重时，波峰因素再次回到 3~5，峭度也同样再次回落到 3 附近。

(3)包络解调法：包络解调法(或称共振解调法)可以用来在轴承元件发生故障的初期诊断轴承故障。它利用的是轴承元件的表面损伤类故障激起轴承座、轴承元件或传感器的共振，表现在谱图上，即为高频段的谱峰群，而故障特征频率会调制在这些高频固有频率上。且振动信号的高频段受到的干扰少，信噪比较高，以这些固有频率(载波)为中心进行解调处理，对解调后的信号作频谱分析，就可以准确诊断轴承故障(部位及严重程度)。

178. 流体密封的方法有哪些？

答：① 全封闭或部分封闭：将机器或设备用机壳或机罩全部密闭或部分密闭住。② 填塞和阻塞：利用密封件填塞泄漏点(例如静密封的密封垫圈、密封环和填缝敛合与动密封的软填料密封等)或利用流体阻塞被密封流体(例如气封、水封、水环密封、铁磁流密封等)。③ 分隔或间隔：利用密封件将泄漏点与外界分隔开(例如隔膜密封、机械密封等)或利用气体或液体作为中间密封流体(例如气垫密封、中间有封液的双端面机械密封等)。④ 引出或注入：将泄漏流体引回到吸入室或通常为低压的吸入侧(例如抽气密封、抽射器密封等)或将对被密封流体无害的流体注入密封室以阻止被密封流体的泄漏(例如缓冲气密封、氮气密封等)。⑤ 流阻或反输：利用密封件狭窄间隙或曲折途径造成密封所需的流动阻力(例如缝隙密封、迷宫密封等)，或利用密封件对泄漏流体造成反压，使其与压差部分平衡或完全平衡，将流体反输回上游，以达到密封的目的。⑥ 贴合或黏合：利用研合密封面本身的加工质量使密封面贴合(例如气缸中剖分面的密封等)或利用密封剂(例如密封胶、密封膏、黏合剂等)使密封面黏合达到密封的目的。⑦ 焊合或压合：利用焊接或钎焊的方法将泄漏点堵塞或加压使接触面微观不平处变形(如垫片密封、软填料密封等)，形成固定的结合达到密封。⑧ 几种密封方法的组合：利用以上两种或几种密封方法和密封件组合在一起来达到密封(例如软填料密封与水封、螺旋密封与机械密封、迷宫密封与抽气密封、机械密封与浮环密封结合组成一组合密封)。

179. 简述层流与紊流的定义及区分。

答：根据流体流动状况可以分为层流和紊流。通常用雷诺数来区分：在低雷诺数下流体质点的运动不混杂而呈现分层流动的状态，称为层流；在高雷诺数下流体质点分层流动的状态被破坏，发生互相混杂，并且有纵向脉动，称为紊流（或湍流）。在这两种流动状态中间，流束呈波纹状，上下摆动，称为过渡状态。

通常用临界雷诺数 Re_{cr} 来判别流动状态。当雷诺数大于上临界雷诺数（$Re > Re_{cr1}$）时流动为紊流；雷诺数小于下临界雷诺数（$Re < Re_{cr2}$）时则为层流；$Re_{cr2} < Re < Re_{cr1}$ 时流动状态有可能是层流，也可能是紊流，但实际证明在工程上大都是紊流。一般用下临界雷诺数 Re_{cr2} 来判断并称之为临界雷诺数 Re_{cr}。

180. 简述边界层分离的原因。

答：在外势流沿流向不断增压的情况下，边界层内流体质点的功能，一方面因克服黏性力做功而消耗，另一方面不断转化为压力能。因此，各质点的功能沿流程越来越小。直到在某一点 S，最靠近壁面的流体质点的动能降为零而停滞下来。在此点以后，靠近壁面较远的流体质点，在与流动方向相反的压力差作用下被迫倒流。但是，离壁面较远的边界层内的流体质点，仍有一定的动能而继续前进。由于这种方向相反的流动作用，形成回流和大旋涡，边界层被迫挤离壁面而发生分离。

181. 黏着磨损有哪些形式？

答：① 涂抹：一个表面的材料（通常是会软化或熔化的材料）发生迁移，并以薄层重新涂敷到一个或两个表面的现象。如机械密封的铜环的材料涂沫到钢环表面上。② 擦伤：由表面局部固相焊合而引起的沿滑动方向形成的微细擦痕的现象。③ 划伤：由表面局部固相焊合引起的沿滑动方向形成较严重的抓痕的现象。④ 胶合：两滑动表面间发生固相焊合引起的局部损伤，但尚未出现局部熔焊的现象。⑤ 咬死：由界面摩擦致使表面焊合而造成表面相对运动停止。这种表面焊合是由于固体表面间的黏着作用所引起的。产生咬死现象时，黏结点的强度相当大，表面瞬时闪发温度也相当高。

182. 简述填料密封对材料的要求。

答：① 有一定的弹塑性。当填料受轴向压紧时能产生较大的径向压紧力，以获得密封；当机器和轴有振动或轴有跳动及偏心时，能有一定的补偿能力（追随性）。② 化学稳定性。即不被介质所腐蚀、溶蚀、溶胀，也不污染介质。③ 不渗透性。介质对大部分纤维均有一些渗透，为此在制作填料时往往需要浸渍、填充各种润滑剂和填充剂。④ 自润滑性好，摩擦系数小并耐磨。⑤ 耐温性。当摩擦发热后能承受一定的高温。⑥ 装拆方便，制造简单，价格低廉。

183. 简述橡胶 O 形圈的特点。

答：① 能在静止或各种运动条件下应用。② 单独采用一个 O 形圈，即能密封双向介质压力。③ O 形圈截面上的任意部位均可作为密封工作面，即能在外径、内径、端面或任意表面上形成密封。④ 运动摩擦阻力较小，但启动摩擦阻力较大。⑤ 除工作面上的磨耗外，在高压时将发生挤出破坏现象。⑥ 结构简单，尺寸紧凑，装拆方便，并对装填技术要求不高。⑦ O 形圈密封适用参数范围宽广。

184. 简述机械密封基本类型。

答：（1）接触式、非接触式和半接触式机械密封：普通机械密封大都是接触式密封，而可控间隙机械密封是非接触式密封。半接触式机械密封通过改变载荷系数可以是接触式密封，也可以是非接触式密封。接触式机械密封是指密封面微凸体接触的机械密封，密封面间隙 $h = 0.5 \sim 2\mu m$。非接触式机械密封是指密封面微凸体不接触的机械密封，密封面间隙对于流体动压密封 $h > 2\mu m$，对于流体静压密封 $h > 5\mu m$。接触式机械密封的摩擦状态为混合摩擦和边界摩擦；而非接触式机械密封的摩擦状态为流体摩擦、弹性流体动力润滑。

(2)内装式和外装式(内置式和外置式)密封：弹簧和动环安装在密封箱内与介质接触的密封为内置(装)式密封；弹簧和动环安装在密封箱外不与介质接触的密封为外置(装)式密封。

(3)静止式和旋转式密封：弹簧不随轴一起旋转的密封为静止式密封；弹簧随轴一起旋转的密封为旋转式密封。

(4)内流型和外流型密封：介质泄漏方向与离心力方向相反的密封为内流型密封；介质泄漏方向与离心方向一致的密封为外流型密封。

(5)平衡型和非平衡型密封：介质作用于单位密封面上的轴向压紧力小于密封室内介质压力的密封为部分平衡型密封；介质作用于单位密封面的轴向压紧力大于或等于密封室内介质压力的密封为非平衡型密封。

(6)集中大弹簧与多点均匀分布小弹簧型密封：只有一个大弹簧的密封为大弹簧型密封；沿圆周点布许多弹簧的密封为小弹簧密封。

(7)单端面、双端面及多端面密封：只有一对摩擦副的密封为单端面密封；由两对摩擦副在密封箱内组成的密封为双端面密封；由两个以上端面组成的密封为多端面密封。

185. 摩擦副材料应具备哪些条件？

答：① 机械强度高：耐压、耐压力变形；② 自润滑性好：耐干磨性、耐高负荷性；③ 材料配对性能好：磨合性好、无过大的磨损和对偶腐蚀；④ 耐磨性好，寿命长；⑤ 导热性好：散热性好；⑥ 耐热性好：耐高温性能好；⑦ 耐热冲击性好：抗热裂性能好；⑧ 耐腐蚀性强：耐腐蚀和耐冲蚀；⑨ 线膨胀系数小：耐热变形、尺寸稳定性好；⑩ 加工性能好：切削加工性、成型性能好；⑪ 气密性好；⑫ 密度小。

186. 摩擦副材料石墨有何特性？

答：石墨用作软面材料时需要用浸渍等办法来填塞孔隙、提高机械性能。选择合适的浸渍剂是非常重要的。浸渍剂的性质决定了浸渍石墨的化学稳定性、热稳定性、机械强度、使用温度等。常用的浸渍树脂有酚醛树脂、环氧树脂、呋喃树脂等；常用的浸渍金属有巴氏合金、铜合金、铝合金、锑合金等。酚醛树脂耐酸性较好，环氧树脂耐碱性好，而呋喃树脂耐酸性和耐碱性均好。浸渍金属石墨主要用于高温介质。浸锑碳石墨抗弯与抗压强度高，分别达 30.2MPa 和 90.22MPa，使用温度可达 500℃；浸铜或铜合金的碳石墨使用温度为 300℃；浸巴氏合金的碳石墨使用温度为 120~180℃。

187. 辅助密封圈材料应有哪些要求？

答：① 材料弹性好，特别是要求良好的复原性，永久变形要小；② 不受流体介质的侵蚀，而且在介质中膨胀和收缩都不大；③ 摩擦系数小和耐磨性好；④ 使用温度范围要广(在高、低温下不黏着、变硬脆和失弹)；⑤ 要有适当的机械性能(如扯断强度、扯断伸长率、耐压等)；在压力作用下无显著变形、有优良的抗扯断撕断性、耐磨性和耐压性等；⑥ 便于加工且可得到高的精度；⑦ 抗介质腐蚀、溶解、溶胀、老化等性能好，对介质不应有污染等。

188. 简述机械密封故障现象及原因。

答：现象：① 泄漏量太大或不正常泄漏；② 功率上升；③ 过热、冒烟、发声；④ 不正常振动；⑤ 大量析出磨损生成物。

原因：① 机械密封本身不好。包括设计制造、结构、材料材质三个方面因素；② 机械密封选用不当、适应性差。包括性能结构不适用、装配位置和装配方法不当等；③ 使用、运转条件和操作管理不好。包括：液体性质不合适、压力速度超限，振动太大，干运转，试压不当，压力、温度变动大，温差太大等；④ 辅助装置欠佳。包括：冲洗系统欠佳、背冷或封液系统不好、冷却或保温加热系统不好等。

189. 简述干气密封基本结构及工作原理。

答：基本结构：螺旋槽面流体动压密封可用气封和液封。作用原理互不相同。转环表面精加工出螺纹槽而后研磨、抛光的密封面。螺旋槽深 $2.5 \sim 10\,\mu m$。螺旋槽形状近似对数螺旋线。

工作原理：转环旋转时将被密封气体周向吸入螺旋槽内，由外径朝向中心，径向分量朝着密封坝流动，而密封坝节制气体流向中心，于是气体被压缩引起压力升高。此流体膜层压力企图推开密封，形成要求的气膜。此平衡间隙或膜厚 h 典型值为 $3\,\mu m$。这样，气体压力和弹簧力与开启力相互配合好，使气膜具有良好的弹性即气膜刚度高，形成稳定的运转并防止密封面相互接触。

190. 简述浮环密封的特点。

答：① 具有宽广的密封工作参数范围。在离心压缩机中应用，工作线速度约为 $40 \sim 90\,m/s$，工作压力低压可达 32MPa。在超高压往复泵中应用，工作压力可达 980MPa。工作温度为 $-100 \sim +200\,℃$。② 在各种动密封中是最典型的高参数密封，具有最高的工况 pv 值，可高达 $2500 \sim 2800\,MPa \cdot m/s$。③ 利用自身的密封系统，将气相条件转换为液相条件。特别适用于气相介质的密封。④ 对大气环境为"零泄漏"密封。依靠密封液的隔离作用，确保气相介质不向大气环境漏泄。各种易燃、易爆、有毒、贵重介质，适宜采用浮环密封。⑤ 性能稳定、工作可靠、寿命可达一年以上。⑥ 浮环密封的非接触工况，泄漏量大。内漏量约为 200L/天，外漏量约为 $15 \sim 200\,L/min$。浮环的漏泄量应视为循环量，它与机械密封的漏泄量有区别。⑦ 需要复杂的辅助密封系统，增加了它的技术复杂性和设备成本。⑧ 价格昂贵。它的成本要占整台离心压缩机成本的 30% 左右。

191. 简述迷宫密封的工作原理。

答：迷宫密封由一组环状的密封齿片组成，齿与轴之间形成了一组节流间隙与膨胀空腔。气体流经各个环形的齿顶间隙时，由于黏性摩擦产生的节流效应，使流速减缓，漏泄量降低。当气体流经各个膨胀空腔时，则会产生一系列等焓热力学过程，使流速和流量进一步降低，密封效果进一步增强。在压差的推动下，气体穿过齿顶间隙进入空腔，突然膨胀而产生剧烈的漩涡。这时，气流的绝大部分动能转化为热能，被腔室中的气流吸收，使气流的焓值保持接近于间隙前的数值。气流残存小部分动能，以余速穿过下一级齿顶间隙继续降低流速和流量。经过一级一级地重复上述节流及等焓热力学过程，使气体的残余速度非常低，外漏量非常小，起到了密封作用。为了使气流的动能尽可能转化为热能，降低残余速度，要尽量减薄迷宫齿片，使齿顶角尖锐，并朝向气体方向。齿间应有足够的距离，使膨胀腔室足够大。为此，还可采用参差形迷宫结构。

192. 简述迷宫密封的特点。

答：① 迷宫密封是非接触密封，无固相摩擦，不需润滑，适用于高温、高压、高速和大尺寸密封条件。② 迷宫密封工作可靠，功耗少，维护简便，寿命长。③ 迷宫密封漏泄量较大。如增加迷宫级数，采取抽气辅助密封手段，可把漏泄量减小，但要做到完全不漏是困难的。

193. 简述螺旋迷宫密封的工作原理。

答：在螺旋密封的间隙内充满黏性流体。当轴转动时，螺旋侧壁对黏性流体施加推进力，进行能量交换，使轴的旋转动能变换成黏性流体的压力能，获得一个泵送压头。这就是螺旋密封的所谓"泵送效应"。黏性流体的泵送压头与介质压力相平衡，阻止介质漏泄，建立密封状态。螺旋密封的泵送力是建立在黏性流体动压反输的基础上的，所以，螺旋密封又称为"黏性密封"。螺旋迷宫密封的作功元件同时包括轴螺旋及孔螺旋，可以获得比普通螺旋密封更高的泵送压头，改善密封能力。但螺旋迷宫密封的轴和孔的反向螺旋使黏性流体产生涡流摩擦，该密封只适用于黏度较低的流体，不适用于高黏度流体。

194. 简述螺旋密封的特点。

答：① 螺旋密封是非接触型密封，并且允许有较大的密封间隙，不发生固相摩擦，工作寿命可长达数年之久，维护保养容易。② 螺旋密封属于"动力型密封"，它依赖于消耗轴功率而建立密封状态。轴功率的一部分用来克服密封间隙内的摩擦，另一部分直接用于产生泵送压头，从而阻止介质漏泄。③ 螺旋密封适合于气相介质条件。因为螺旋间隙内充满的黏性液体可将气相条件转化成液相条件。④ 适合在低压条件下工作（压力小于 $1 \sim 2MPa$）。这时的气相介质漏泄量小，封液（即黏性液体）可达到零泄漏。封液不需循环冷却，结构简单。⑤ 不适合在高压条件下工作（压力不宜大于 $2.5 \sim 3.5MPa$）。因为这时为了提高泵送压头，势必增大螺旋尺寸。并且封液需要外循环冷却，结构复杂。⑥ 不适合在高速条件（线速度大于 $30m/s$）下工作。因为这时封液受到剧烈搅拌，容易出现气液乳化现象。⑦ 只有在旋转并达到一定转速后才起密封作用，并没有停车密封性能，需要另外配备停车密封件。⑧ 作为低压离心压缩机轴的密封外还可作为防尘密封使用。⑨ 要求封液有一定的黏度，且温度的变化对封液的黏度影响不大，若被密封流体黏度高，也可作封液用。

195. 简述磁流体的组成。

答：磁流体是一种对磁场敏感、可流动的液体磁性材料。它具有超顺磁特性。是由磁粉微粒（固体）、载体（液相）、分散剂（液相）三部分组成的超稳定性胶体溶液。

（1）磁粉微粒：磁粉微粒可由各种磁性材料如稀土磁性材料、磁铁矿（Fe_3O_4）、赤铁矿（$\gamma - Fe_2O_3$）、氧化铬（CrO_2）等经超细加工制成。颗粒直径要求小于 300Å（大部分小于100Å），形状以球形最好。小直径的球形微粒有利于增加磁流体的稳定性和寿命。

（2）载体（溶媒）：载体根据密封介质而定，有水、汽油、碳氢化合物、聚苯醚等流体，也可是水、镓、铟、锡等。

（3）分散剂（稳定剂）：是一种表面活性剂，亦是形成磁流体的关键组分。它保证磁粉微粒在离心力及磁场作用下沉淀也不凝絮，而是稳定地悬浮在液相中，保持着均匀混合的悬浮状态。它是具有亲液性和憎液性两种性质的物质，有油酸、氟醚酸等。分散剂亲液基的分子结构、理化特性与载体的分子结构、理化特性相近，可与载体混合。分散剂憎液基与磁粉微粒亲和并吸附在磁粉微粒的表面，形成一层单分子包附层。

196. 简述磁流体密封的优点。

答：① 可实现零泄漏。从而对剧毒、易燃、易爆、放射性物质、特别是贵重物质及高纯度物质的密封，具有非常重要的意义。② 无固体摩擦，仅有磁流体内部的液体摩擦，因此功率消耗低。③ 无磨损，寿命长，维修简便，由于磁流体密封不存在磨损，所以密封的寿命主要取决于磁流体的消耗。而磁流体又可在不影响设备正常运转的情况下通过补加孔加入，以弥补磁流体的损耗。所以一般情况下不需要维修。④ 结构简单，制造容易。没有复杂的零件，没有精度要求高的接触面，加工精度要求不高，因而易制造。⑤ 特别适用于含固体颗粒的介质。这是因为磁流体具有很强的排它性，在强磁场作用下，磁流体能将任何杂质都排出磁流体外，从而不致于由于固体颗粒的磨损造成密封提前失效的情况。⑥ 可用于往复式运动的密封。通常只需将导磁轴套加长，使导磁轴套在作往复运动的整个过程中都不脱离外加磁场和磁极的范围，使磁流体在导磁轴套上相对滑动，并保持着封闭式的密封状态。⑦ 轴的对中性要求不高。⑧ 能够适应高速旋转运动，特别是在柔性轴中使用。据一些资料介绍，磁流体密封用于小轴径已达 $50000r/min$ 以上，一般情况下也达 $15000r/min$ 左右。不过在高速场合下使用，要特别注意加强冷却措施，并要考虑离心力影响。实验证明，当轴的线速度达 $20m/s$ 时，离心力就不可忽略了。⑨ 有自动愈合的能力。

197. 对垫片密封有何要求？

答：① 密封特性及泄漏量的影响因素；② 材料的环境响应(高温、蒸汽、空气、长时间)；③ 垫片设计参数；④ 性能试验标准和评价方法；⑤ 石棉材料的代用、筛选及耐火评定；⑥ 对易挥发物逸出的控制；⑦ 螺栓的交互作用及预紧方法；⑧ 螺栓－垫片－法兰组合体的系统分析。

198. 什么是离心泵的气缚？

答：泵在运转时吸入管路和泵的轴心处常处于负压状态，若管路及轴封密封不良，则因漏入空气而使泵内流体的平均密度下降。若平均密度下降严重，泵将无法吸上液体，此称为"气缚"现象。如果泵启动时，泵体内是空气，而被输送的是液体，则启动后泵产生的压头虽为定值，但因空气密度太小，造成的压差或泵吸入口的真空度很小而不能将液体吸入泵内。因此，离心泵启动时须先使泵内充满液体，这一操作称为灌泵。当然，如果泵的位置处于吸入液面之下，液体可藉位差自动进入泵内，则毋须人工灌泵。

199. 什么是离心泵的汽蚀？

答：含气泡的液体进入叶轮后，因压强升高，气泡立即凝聚。气泡的消失产生局部真空，周围液体以高速涌向气泡中心，造成冲击和振动。尤其当气泡的凝聚发生在叶片表面附近时，众多液体质点尤如细小的高频水锤撞击着叶片；另外气泡中还可能带有些氧气等对金属材料发生化学腐蚀作用。泵在这种状态下长期运转，将导致叶片的过早损坏。这种现象称为泵的汽蚀。离心泵在产生汽蚀条件下运转，泵体振动发生噪音，流量、扬程和效率明显下降，严重时甚至吸不上液体。为避免汽蚀现象，泵的安装位置不能太高，以保证叶轮中各处压强高于液体的饱和蒸汽压。

200. 离心泵安装有哪些注意事项？

答：① 选择安装地点要求靠近液源，场地明亮干燥，便于检修拆装。② 泵的地基坚实，一般用混凝土地基，地脚螺丝连接，防震动。③ 泵轴和电机转轴严格控制水平。④ 为了确保不发生汽蚀现象或吸不上液体，安装时应严格控制安装高度，同时应尽量减少弯头、阀门，以降低吸入管路的阻力。吸入管径不应小于泵吸入口的直径，但如果采用较泵吸入口直径大的吸入管径时，应注意变径处不能有气体积存，否则，会造成"气缚"。

201. 运行中的机泵，操作工应做好哪些检查工作？

答：① 紧固系统：各紧固螺丝状况。② 润滑系统：润滑油要合格，不乳化，不变质，油位在看窗的 1/2 ~ 2/3 处。③ 冷却系统：冷却水要适量而且畅通，不能中断。④ 泄漏情况：各密封点的泄漏情况。⑤ 各部指示情况：机泵轴承温度，电机轴承温度，电流、压力及仪表指示要正常，机泵运转无杂音，不串轴，各阀门的开度要合适。⑥ 消防安全情况：消防器材要好用，完好无损。

202. 泵的轴承箱温度升高是什么原因？

答：① 润滑油过多或过少；② 冷却水过小或中断；③ 润滑油变质或不合格；④ 油箱内有杂质；⑤ 轴承规格不对；⑥ 轴承磨损；⑦ 同心度不好；⑧ 外界气温高。

203. 泵抽空的原因和危害是什么？

答：原因：① 塔、罐、容器液面低；② 出口阀开得大，入口阀开得小；③ 两台泵抢量；④ 入口堵塞；⑤ 泵内有气体或水；⑥ 介质温度过高；⑦ 操作中产品变质；⑧ 启动前未灌泵。

危害：抽空时管线、泵发生剧烈震动，严重时，可能造成各部零件的损坏或失灵，以至出现漏油、冒油、焊口裂开等。

204. 泵轴承温度高的原因有哪些？

答：① 轴承箱油过少或太脏。② 润滑油变质。

205. 泵抽空时应如何处理？

答：① 关小或关闭泵的出口阀，待液面升高再开泵；② 提高容器压力；③ 严重时可换泵，如阀芯掉了可换泵检查；④ 若抽空是由于两台泵抢量所致，可停一台泵；⑤ 检查入口管线是否堵塞，若有须进行清扫。

206. 泵输送流量上不来的原因是什么？

答：① 泵内或吸入管内存气泵抽空；② 出口阀未开或出口堵；③ 灌注头不够泵抽空；④ 叶轮装反；⑤ 旋转方向不对；⑥ 实际扬程与泵扬程不符；⑦ 叶轮磨损变小或流道内有沉积物；⑧ 传动系统出了故障，例如内连接轴或叶轮的键滑脱等。

207. 什么是泵抱轴？泵抱轴是什么原因引起的？

答：泵抱轴就是轴扭曲成麻花状或是断了，原因有多种：① 润滑油少或变质、漏油过多、冷却水小或无，造成温度上升；② 油箱长期不清洗，脏物杂质较多，带油环坏或脱落；③ 未盘车，不知转子情况便开车；④ 检修后的泵有东西落在泵内将叶轮卡住；⑤ 部件卡住后还运转；⑥ 检查不细，发现较晚；⑦ 检修安装失误或轴承质量不好，运转中因机械损伤急剧抱轴。

208. 离心泵如何切换？

答：启用备用泵前，做好全面的检查准备工作，并联系好班长、操作员，准备工作做好后，启动电机检查振动泄漏情况。出口压力平稳后，逐渐开大备用泵的出口，同时，逐渐关小运转泵的出口，直至关死。切换过程中，要保持系统流量及压力的平稳，电流表指示平稳，待运转泵的出口全关死后，停运转泵。若需修泵，则应做停泵后相应的处理，调整运行的泵以达到所需的量。

209. 离心泵的检修周期及内容是什么？

答：离心泵的小修周期为 3 ~ 4 个月；离心泵的大修周期为 12 ~ 18 个月。

小修内容：① 检查填料或机械密封；② 检查泵轴、调整轴承间隙；③ 检查联轴器及对中；④ 处理在运行中出现的问题；⑤ 检查冷却水、密封油和润滑系统。

大修包括小修项目及以下内容：① 解体检查各零件磨损、腐蚀和冲蚀等情况。② 检查转子，必要时做动平衡校验；③ 检查并校正轴的直线度；④ 测量并调整转子的轴向动量；⑤ 检查泵体、基础、地脚螺栓，必要时调整垫铁和泵体水平度。

210. 简述密封干气密封的工作原理及使用注意事项。

答：在工作压力下静环受介质压力和弹簧力，此二力的作用方向是将静环紧贴在动环上，称为密封端面间的闭合力。该力与动环是否转动无关，属流体静压力。当动环旋转时，气体由外边沿槽向内径方向流动，最终到达密封坝，气流遇到了阻力，提高了气体本身的压力。该压力是动环旋转产生的称为流体动压。它作用在动静环之间，力图把两者分开，称此力为开启力。在某一转速下，开启力和闭合力相等时，动静环之间保持某一间隙，两者处于平衡状态，并保持足够的气膜刚度，实现非接触式密封。

使用时注意事项：① 干气密封所需气源洁净，压力稳定，不含液体；② 压缩机在低速运转原则上时间越短越好，一般按技术要求执行，防止动静环形不成有效的气膜造成损坏；③ 经常检查气源过滤器进出气压差，防止堵塞，导致密封损坏；④ 压缩机组的负荷保持平稳，防止波动过大；检测机组振动情况，确保数值在允许的范围内，减少振动超标对密封的影响；⑤ 加强监盘，随时掌握密封的各种参数波动范围，及时观察密封气、隔离气的流量，异常时及时调整；⑥ 加强巡检，现场查看密封气源的各种参数并记录，检查现场静密封点有无泄漏及其他缺陷。

211. 简述机组选用润滑油的作用、要求和注意事项。

答：机组润滑是把一种润滑油加到滑动轴承表面上，达到轴颈和轴瓦降低摩擦、减少磨损、冷却、防腐、减振和冲洗的作用。

机组润滑的要求：润滑给油温度保持在 $40℃ \pm 5℃$；回油温度一般不大于进油 $+28℃$；每月进行一次油样黏度、闪点、水分、机械杂质等指标分析，三个月进行一油样铁谱分析；高位油箱设置呼吸阀，保持规定液位；严格执行加油三级过滤，实行"五定"，严格使用规定油品；确保油压大于循环水压力。

机组选用润滑的注意事项：机组润滑油不能混用；巡检注意观察油品颜色的变化和跑冒滴漏问题；随时注意冷却水温度变化，监测润滑油温度变化；机组不允许超温超压超负荷运行；注意油滤器压差的变化；确保机组安全开停机，严格执行操作规程，按规定"先油运，再启机""先停机再停润滑油"执行。定期进行备用泵切换，确保完好。

212. 润滑的作用原理是什么？

答：两个相对运动的金属平面间充满着流动的润滑油，由于润滑油的油性和黏性在与金属表面接触时很容易附着金属表面，在金属表面形成一个很薄的附着层。该附着层称为边界油膜，两边界油膜间为流动油膜。两金属表面被边界油膜和流动油膜分开形成液体润滑(即液体摩擦)，这种润滑状况是较理想的，一般大型机组在产生运行中应保持这种润滑状态。

如果在两金属平面上加一外力或润滑油供给不够充分，此时流动油膜减薄边界油膜被破坏，两金属表面间的液体润滑过程结束，并已过渡到半液体润滑状态，处于半液体润滑状态的两金属表面已有局部开始接触，出现边界润滑或干摩擦的转动设备，特别是大型机组，要严禁这种半液体润滑状况的产生，否则将导致轴瓦烧坏或转子磨损等事故。

半液体润滑状况：离心式压缩机的转子，从盘车启动到运行是由边界润滑向液体动压润滑转化的过程，转子盘车时在轴颈表面形成一个很薄的附着油膜，转子由静止开始旋转时附着油膜同轴颈一起旋转，并带动附近油层随轴旋转，从而形成了液体动压油膜，实现了轴承的液体动压润滑，为机组的长周期安全运行提供了可靠的条件。

213. 如何搞好设备的维护工作？

答：（1）状态监测。状态监测是人们通过自身的视觉、听觉、嗅觉和触觉等感觉器官或利用专用的仪器仪表对设备状态参数的监视和测定，并以此来了解和掌握设备运行状况。预测设备运行发展的趋势，制定设备维护和修理规划，为设备的维护修理超前提供技术信息。根据状态监测所采用手段的不同可分为主观状态监测和客观状态监测两种。主观状态监测就是人们通过自身感觉器官对设备状态参数的监视和测定，这种监测方式简单易行，不需要专用仪器仪表，但要求监测人员有丰富的实践经验和较强的判断能力，以便通过自身的感受分析对比作出可靠的判断；客观状态监测就是利用仪器仪表的功能对设备状态参数的监视和测定，这种监测方式不仅可指出设备运行状态的优劣，而且能用客观的数据说明运行状态优劣的程度。因此这种监测方式得到了普遍的应用，由于客观状态监测需要专用仪器仪表，所以要求监测人员有较高的技术素质，以便能熟练的掌握和应用各种仪器仪表。

（2）故障诊断。故障诊断是状态监测技术的进一步开发和应用，它不仅能帮助人们了解和掌握设备运行状况，而且能对设备故障的原因部位和应采取的技术措施作出准确的判断。故障诊断工作过程包括3个主要环节：信息采集，即利用各种传感器，如温度传感器，振动传感器和人体自身的感觉器官等将设备的特征参数信息加以采集；信息处理，对采集到的原始信息进行信息处理，以便获得设备最敏感最直观的特征参数，如温度和振动等参数；状态识别判断和预测，根据信息处理提供的最敏感最直观的特征参数，参照有关标准规范利用已掌握的知识和经验识别设备运行状态的优劣，判断和预测设备运行状态的发展。由于状态监测和故障诊断具有识别设备运行状态优劣、判断和预测设备运行状态、发展离心式压缩机技术问答的功能，因此它对压缩机和其他大型机组的安全运行具有重要指导意义。

214. 为什么轴承温度要设置监视和保护措施？

答：离心式压缩机转子的两端设置了两个支承点，安放有相应的径向支承轴瓦，转子的高速运转就是在轴瓦的支承和充分润滑的条件下实现的。由于转子的高速运行，在轴颈与轴瓦间隙内形成了一个具有承载能力又有润滑作用的压力油膜，润滑油连续而充分的供给为压力油膜的形成提供了物质条件，但是油膜的形成以及油膜的承载能力还与润滑油温度有关，如果润滑油温度过高，则润滑油的油性和黏度都将降低，这种油膜在转子载荷连续振荡的作用下很易引起局部破坏，油膜破坏是润滑失效、轴瓦烧坏故障的先决条件。因此润滑油温度的上限应设置监视和保护措施，以免影响油膜的形成和降低油膜的承载能力。转子在润滑油温度太高的状况下运行是不能允许的，但是润滑油温度过低也是危险的，润滑油温度过低其黏度增加流动性降低，使润滑油的润滑功能下降，有时因油温降低还可能引起油膜振荡，从而导致轴瓦龟裂、气封损坏等事故。所以润滑油进机温度下限也应设置监视和保护措施。根据实践经验和有关资料介绍，建议润滑油进机温度上限不超过55℃，下限不低于35℃为好。

215. 轴瓦钨金层应满足什么要求？

答：轴瓦钨金应为强度较高、耐磨性较好的锡基巴氏合金，合金化学成分和机械性能应符合标准要求：钨金与基体要紧密贴合，经煤油20～40min的浸泡、取出、擦干，在钨金与基体的结合处涂一层白色粉笔灰，10～20min后粉笔灰不得变色、钨金表面无气孔无夹渣无裂纹无毛刺等缺陷。要有良好的耐磨性、抗振性，以免运行中钨金层龟裂脱落现象发生。

216. 润滑油箱液面下降的原因有哪些?

答:润滑油箱液面下降原因:冷油器管束因应力或腐蚀开裂;穿孔使润滑油漏于冷却水中;管路和阀门法兰联接处密封不严产生泄漏;油压太高或油封间隙太大,润滑油由油封处漏损;低点排空阀门未关严,润滑油由排空阀跑出。

217. 润滑油压力下降的原因有哪些?

答:润滑油压力下降的原因:① 润滑油过滤器堵塞,油压损失太大。② 主油泵磨损严重,间隙超标供油量不足。③ 回油阀失效,主油泵输出的润滑油经回油阀返回油箱。④ 轴瓦损坏,轴瓦间隙严重,超标泄油量增加太多。⑤ 油温升高,润滑油黏度下降,各部位泄漏量增加较多。⑥ 压力表失灵,润滑油压力正常,但压力表指示有误。

218. 推力瓦温度升高的原因有哪些?

答:① 结构设计不合理,推力瓦承面积太小,单位面积承受负荷超标;② 级间密封或中分面密封失效,后一级叶轮出口气体泄至前一级,增加叶轮两侧压力差形成了较大的推力;③ 平衡管堵塞,平衡盘副压腔压力无法泄掉,平衡盘作用不能正常发挥;④ 平衡盘密封失效,工作腔压力不能保持正常,平衡盘平衡能力下降,并将下降部分载荷传至推力瓦,造成推力瓦超负荷运行;⑤ 推力轴承进油节流孔径小,油流量不足,摩擦产生的热量无法全部带走;⑥ 润滑油中带水或含有其他杂质,推力瓦不能形成完整的液体润滑;⑦ 轴承进油温度太高,推力轴瓦工作环境被恶化。

219. 轴瓦与轴颈研磨达到什么标准为合格?

答:轴瓦与轴颈研磨达到下列标准为合格:轴颈与轴瓦接触角不小于60°,接触点沿轴向均布,其接触点数不少于 $2 \sim 3$ 点/ m^2,轴瓦间隙符合标准规定。

220. 什么是多油楔轴承? 它的特点是什么?

答:支撑轴承有三块或多块内表面浇有巴氏合金的瓦块,瓦块沿轴颈外圆周均匀分布,瓦块在结构上能就地摆动,工作中可形成多个油楔,这样的轴承叫多油楔轴承。

常用的有三油楔和五油楔,三油楔承载能力高,可用于高速重载场合,五油楔适用于高速轻载场合。

多油楔轴承有以下特点:① 抗振性能好,运行稳定,能够减轻转子由于不平衡或安装误差造成的振动危害;② 不同负荷下,轴颈的偏心度比普通轴承小,保证了转子的对中性;③ 当负荷与转速有变化时,瓦块能自动调节位置。以保证有最好的润滑油楔,所以温升不高。

221. 润滑油的质量指标及其意义是什么?

答:(1)黏度:是润滑油的基本性质,直接影响油的流动性,液体分子在外力作用下发生相对运动,在它们的分子之间会产生一种内摩擦力,这种阻力称为黏度,单位是 mm^2/s,m^2/s。

(2)凝固点:油品在严格的标准条件下(即将润滑油放在试管内,冷却到一定温度后将试管倾斜45°,时间为1min,油面不开始流动)失去自己的流动性时的最高温度称为凝固点。用来评价油的低温性能。

(3)闪点和燃点:在标准条件下加热润滑油后,润滑油的蒸气与空气的混合物,在有火种的情况下,开始闪火并立即熄灭时的温度,称为油品的闪点。闪点和燃点都是从安全角度提出来的指标。闪点必须高于机械可能达到的最高温度,以避免火灾和爆炸。

(4)残炭:在规定条件下,加热蒸发而形成的焦黑色残留物,它们占质量的百分比,称为残炭。该值过高，不仅加速机件磨损，而且堵塞油路。

（5）水分：油中的含水量。不仅引起设备腐蚀，而且遇高温气化破坏油膜。

（6）酸值：中和 1 克油中的有机酸所需要的 KOH 的毫克数。由酸值大小可判断使用中的油变质程度，表明油被氧化的程度。

（7）机械杂质：以悬浮或沉淀状态存在于润滑油中而不溶于气油或苯中，可以过滤出来的物质。

（8）腐蚀度：油品中含有腐蚀性物质和在试验条件下产生的氧化物对金属所起的破坏程度，以 g/m^2 表示。

（9）分份：在测定方法的灼烧温度下，经一定时间后，不能挥发的物质（但不包括不能灼烧的杂质），叫做分份。

（10）抗氧化安定性：润滑油接触氧气后，会发生氧化作用，而油品抵抗氧化作用的能力，称为"抗氧化安定性"。

（11）抗乳化度：在规定条件下，油与水混合制成的乳化液经过静置达到完全分离的时间，单位：min。

222. 润滑油的作用是什么？

答：减少磨损、降低温度、防止锈蚀、传递动力、减少振动，冲洗、密封。

223. 怎样启动润滑油辅泵？

答：① 卫生清洁，各连接螺栓紧固；② 过滤器切换阀指向正确，冷却器给水，流程畅通；③ 盘车无异常现象；④ 启动油泵；⑤ 检查运行无振动、无杂音，出口压力正常；⑥ 检查油系统无泄漏。

224. 迷宫密封有什么优缺点？

答：优点：① 对高温、高压、高速和大尺寸密封部位特别有效；② 密封性能良好，特别在高速下密封性更好；③ 相互无摩擦，功率消耗少，使用寿命长。

缺点：不能完全阻止气体的泄漏，梳齿加工精度高，装配困难，常因机组运转不良而磨损，磨损后密封性能大大下降。

225. 什么叫磨损？

答：物体工作表面的物质，由于接触面之间的摩擦而不断损失的现象称为磨损，分为黏着磨损、腐蚀磨损、磨料磨损、冲蚀和接触疲劳磨损五种。

226. 封油高位罐的作用是什么？

答：有两个作用：① 维持封油压力高于被密封气体的压力（柴油 0.035 ~ 0.04MPa；渣油 0.013 ~ 0.015MPa）；② 在事故状态下，假若备用泵不能启动，可在限定时间内，保证向密封环供油。

227. 简述油箱油位升高的原因及处理办法。

答：油箱油位升高主要是由于油系统进水，水进入油箱，引起润滑油乳化，导致轴承温度高或调节系统的部件失灵。

（1）油系统进水的原因：① 轴封蒸汽压力过高；② 轴封加热器真空低；③ 停机后，油冷器的冷却水压大于油压。

（2）油箱油位升高处理措施：① 保持油冷器的油压大于冷却水压；② 当发现油箱油位升高时，应打开油箱底部排水阀进行排水；③ 应进行油质化验分析，发现油中带水应及时过滤；④ 将轴封供汽按规定压力进行调整，提高轴封加热器真空；⑤ 停机后，停用润滑油泵前，应关闭油冷器冷却水的进水阀。

228. 高位油箱的作用是什么？如何实现？

答：高位油箱是机组安全保护设施之一，机组正常运行时润滑油由底部进入而由顶部排出直接流回油箱。一旦发生停电停机故障，辅助油泵又不能及时启动供油，则高位油箱的润滑油将沿进油管路，流经各轴承后反回油管，确保机组惰走过程对润滑油的需要。

为确保高位油箱这一作用的实现，润滑系统应有以下技术措施：高位油箱要布置在距机组轴心线不小于5m的高度之上，其位置应在机组轴心线一端的正上方，以使管线长度最短弯头数量最少，保证高位油箱的润滑油流回轴承时阻力最小，高位油箱顶部要设呼吸孔，当润滑油由高位油箱流入轴承时，油箱的容积空间由呼吸孔吸入空气予以补充，以免油箱形成负压，影响滑润油靠重力流出高位油箱。在润滑油泵出口到润滑油进机前的总管线上要设置止回阀，一旦主油泵停运，辅助油泵也未及时启动供油，则止回阀立即关死，使高位油箱的润滑油必须经轴承进入回油管线再反回油箱，防止高位油箱的润滑油走短路，从而避免机组惰走过程烧坏轴瓦故障的产生。如果润滑系统是一密闭循环系统（如氨压缩机润滑系统），高位油箱顶部没有呼吸孔，故障停机时高位油箱的润滑油仍需由进油管流至轴承，在润滑油逐渐流出时高位油箱的空间逐步增加，逐步增加的空间由与油箱联通的回油管及时补气予以充实，从而保证高位油箱保护功能的实现。

229. 为什么要严格控制高位罐的液面？

答：高位罐的液面决定了封油压力高于气体压力的压差，另外高位罐上部还必须有一定的气相空间，如果液位过高，则气相空间减小，可能使封油倒流入压缩机，如果液位过低，则降低了封油压差，不能充分保证密封性能。封油高位罐液面低于一定值时，发出报警，并自启动备用泵；液面高于一定值时，也会发出报警，液面太低时，机组联锁动作，自动停机。

230. 润滑油和封油过滤器为什么要设置压差报警？

答：油通过过滤器，必须克服过滤器的阻力，这样就消耗掉一部分能量，在过滤器前后产生一定压差，如果过滤器被机械杂质堵塞，那么有效的流通面积就会慢慢减小，阻力增大，因此，过滤器前后压差大小，直接反映了过滤器的堵塞情况，过滤器堵塞将导致滤后油压下降和供油量减少，影响轴承润滑和密封，所以机组规定了过滤器前后压差的极限值，达到这个数值时就会发生报警，提醒操作人员对过滤器进行切换和清洗。

231. 过滤器前后压差突然降低是什么原因？如何处理？

答：正常情况下，过滤器前后压差随着过滤器的堵塞逐渐增大，为维持滤后的油压，滤前油压调节系统动作，通过控制回油量逐渐提高滤前油压，由于前后压差增大，有时会损坏过滤网，使其破裂，这样压差会突然降低，这意味着一部分油未经过滤就进入系统，是不允许的，应立即切换滤油器，对损坏的过滤网进行更换。

232. 润滑油系统有什么作用？润滑油为什么要严格过滤？

答：在机组运行中，润滑油主要有三个作用：① 向机组的径向轴承、止推轴承、联轴节及其他传动部分供油，形成一层油膜，大大减小了摩擦阻力，起润滑作用。② 带走因摩擦而产生的热量和高温蒸汽及压缩后升温的气体通过主轴传到轴颈上的热量，以保证轴承及轴颈处温度不超过一定值（如一般不超过60℃），起到冷却作用。③ 向透平的调速系统提供控制油，作为各液压控制阀的传动动力，保证调速保安系统正常工作。

由于机组转速很高，如果油中含有杂质，会堵塞进轴瓦的通道，使轴瓦、轴颈磨损而且杂质本身也会磨损轴瓦。另外，油中的杂质可能会堵塞调速系统的油门及各个油的通道，造成调节失灵，所以对油的清洁度要求很高，除油泵入口装有粗滤器之外，出口还装有精度为 $10\mu m$ 的过滤器。

233. 润滑油压力下降的主要原因有哪些？

答：① 控制阀失灵；② 冷却器泄漏；③ 油箱液位低；④ 泵故障不上量；⑤ 过滤器堵塞。

（五）检维修部分

1. 阀门检修后的验收条件有哪些？

答：① 阀门试验合格后，内部应清理干净，两端加防护盖。② 除塑料和橡胶密封允许涂防锈剂外，闸阀、截止阀、节流阀、碟阀、底阀等阀门应处于全关闭位置；旋塞阀、球阀应处于全开启位置；隔膜阀应处于关闭位置，但不可关得过紧，以防损坏隔膜；止回阀的阀瓣应关闭并予以固定。启闭件和阀座密封面再涂工业用防锈油脂。③ 提交阀门压力试验记录，安全阀调整压力试验记录。④ 阀门安装结束，随装置运行，各项指标达到技术标准或满足生产要求。⑤ 阀门达到完好标准，安全阀铅封合格。

2. 阀门日常维护内容有哪些？

答：① 定期检查阀门的油杯、油嘴、阀杆螺纹和阀杆螺母的润滑。外露阀杆部位应涂润滑脂或加保护套进行保护。② 定时检查阀门的密封和紧固件，发现松动和泄漏及时处理。③ 定期清洗阀门的气动和液动装置。④ 定期检查阀门防腐层和保温保冷层，发现损坏及时处理。⑤ 法兰螺栓螺纹应涂防锈剂进行保护。⑥ 阀门零件，如手轮、手柄等损坏或丢失应尽快配齐。⑦ 长期停用的水阀、汽阀应注意排水。

3. 轴流风机小修内容有哪些？

答：① 消除漏点等缺陷；② 检查机组对中及皮带张紧程度；③ 检查并紧固各地脚螺栓；④ 清扫机组积垢，尤其是叶片上的积垢；⑤ 检查并紧固叶片组的背帽和各紧固螺栓，检查并调整叶片角度；⑥ 检查联轴器状况；⑦ 调校减速箱振动开关或振动、油温在线状态监测报警装置；⑧ 查看减速箱齿轮磨损情况；⑨ 检查各润滑部位的油位油质情况，视情况更换润滑油脂。

4. 轴流风机大修内容有哪些？

答：① 包括小修项目；② 拆卸并检查叶片、轮毂；检查、调整叶顶与风筒的间隙；叶片称重、整个叶轮作静平衡校验；③ 解体检查减速箱；④ 检查修理齿轮轴及传动轴并找正；⑤ 检查轴承及O形橡胶圈等易损件；⑥ 检查空冷器风机传动系统；⑦ 调校半自调、自调风机的操纵系统；⑧ 检查、修补机座和基础，检查或更换地脚螺检，校验机体水平度；⑨ 风机机组防腐处理；⑩ 电机检查、修理、加油。

5. 轴流风机日常检查维护的内容有哪些？

答：（1）严格按操作规程进行扣作。

（2）定时检查下列主要内容，如有异常及时处理，并做好相应的记录：① 振动、声音、测温是否正常；② 油位、油质情况；③ 密封是否漏油；④ 各紧固件有无松动或脱落。

（3）定期添加或更换润滑油脂。

（4）按需要对机组进行防腐处理。

6. 电动机完好标准是什么？

答：(1)运行正常，效能良好：① 出力能持续达到铭牌要求或上级批准的出力，电流在允许范围内；② 温升按不同等级的绝缘材料，在允许范围内；③ 各部振动符合规程要求；④ 滑环、整流子运行中无火花。

(2)内部构件无损，质量符合要求：① 预防性试验合格；② 线圈、铁芯、槽楔无松动；③ 保护装置符合设计要求，整定值准确，动作可靠；④ 用于防爆区域的防爆电机符合防爆规程的要求。

(3)主体整洁，零部件齐全好用：① 周围环境整洁，铭牌清晰，有现场编号；② 电缆不渗油，敷设规范化；③ 空气冷却器效能良好，能满足电机温度的要求；④ 电动机的联锁装置、接地装置及其他附件齐全好用，重要、大型电机现场有紧急停用按钮。

(4)技术资料齐全准确，应具有：① 设备档案，并符合石化企业设备管理制度要求；② 检修和试验记录；③ 高压电动机运行记录。

7. 完好机、泵房(区)标准是什么？

答：(1)设备状况好：① 室内所有设备台台完好，各项运行参数在允许范围以内，主机完整，附件齐全，不见脏、乱、缺、锈、漏；② 室内设备、管线、阀门、电气线路、表盘、表计等安装合理，横平竖直，成行成线。

(2)维护保养好：① 认真执行岗位责任制及设备维护保养制等规章制度；② 设备润滑做到"五定"和"三级过滤"，润滑容器完整清洁；③ 维修工具、安全设施、消防口齿等齐备完整，灵活好用，摆放整齐。

(3)室内规整卫生好：① 室内设备安装规整，铭牌、编号、流向箭头齐全清晰正确；② 室内四壁、顶棚、地面、仪表盘前后清洁整齐，门窗玻璃明亮无缺；③ 沟见底，轴见光，设备见本色，室内物品放置有序。

(4)资料齐全保管好：运行记录、交接班日志、各种规章制度齐全，记录准确，字体规整，无涂改，保管妥善。

8. 完好装置标准是什么？

答：① 装置的设备完好率稳定在98%以上；② 完好岗位达到100%；③ 装置达到无泄漏标准；④ 装置开工率达到长周期运行的考核要求；⑤ 装置生产能力达到设计水平或本企业批准的处理能力，开工周期达到计划指标。

9. 大型机组大修过程中，如检修人员倒班施工，交接时注意事项有哪些？

答：① 本班人员分工情况；② 计划项目完成情况；③ 对连续与未完成的工作项目，所采取的检修工艺方法、技术要求注意事项；④ 工作中发生的问题，问题如何解决或解决程度；⑤ 清点材料，工具；⑥ 技术测量与记录情况；⑦ 调换的备品配件与委托加工的情况；⑧ 拆卸的零件存放情况；⑨ 上级领导与验收负责人对工作的要求意见；⑩ 建议下一班应做的工作与注意事项。

10. 径向轴承的检修有哪些内容？

答：① 检查瓦块的裂纹、脱壳、烧灼及磨损情况，瓦块的间隙超限或发生损坏时应整套更换；② 修刮表面有轻微划伤的瓦块，修复各瓦块厚度差应小于0.01mm；③ 检查修理瓦块定位销与孔，使瓦块能灵活摆动；④ 瓦座的定位销孔可通过重新绞孔保证对中，供油孔须对正；⑤ 检测轴承间隙，调整瓦背压紧力；⑥ 检查瓦块金属温度测量探头及导线的完好情况，已损坏的必须更换整付新瓦块。

11. 止推轴承的检修有哪些内容?

答：① 检查瓦块的裂纹、脱壳、烧灼及磨损情况，瓦块的间隙超限或发生损坏时应整套更换；② 修刮表面有轻微划伤的瓦块，修复各瓦块厚度差应小于 0.01mm；③ 检查修理瓦块定位销与孔，使瓦块能灵活摆动；④ 瓦座的定位销孔可通过重新绞孔保证对中，供油孔须对正；⑤ 检测轴承间隙，调整瓦背压紧力；⑥ 检查瓦块金属温度测量探头及导线的完好情况，已损坏的必须更换整付新瓦块。⑦ 检查止推盘端面有无沟痕和毛刺，如有则更换止推盘；⑧ 通过增厚或减薄调整片的办法调整止推轴承间隙；⑨ 调整阻油环间隙，必要时更换。

12. 检修准备有哪些注意事项?

答：① 根据检修计划，检维修单位要做好相应的人员、技术、施工机具及物资等方面的准备。② 装置停车大修或关键机组大修要编制严密科学的检修方案和技术措施。③ 对从未检修过的设备或检修无技术保障的一般设备检修时也应编写检修方案，并履行审批程序。④ 检修方案等必须经过生产厂机动部门确认，并上报技术质量部。⑤ 检修项目中需要的材料、备品备件及辅料的质量应符合相关国家标准和图纸要求，代材要有审批手续，购进的材料与备品备件安装前应做好外观检查、必要的质量检验及尺寸确认，并有记录或凭证。

13. 制作泵轴的材料有哪些要求?

答：① 必须具有足够的强度、刚度和耐磨性等良好的综合机械性能；② 具有良好的加工工艺性能及热处理方式；③ 腐蚀严重的场合使用还必须具有耐蚀性。

14. 简述在绘制零件图时，视图选择的基本要求。

答：视图选择的基本要求是：① 对零件各部分的形状和相对位置的表达要完整、清晰；② 要便于看图和画图；③ 必须根据零件的形状，加工方法及其在机器或部件上的位置和作用，合理地选择主视图和其他视图。

15. 大型机组安装过程中，对地脚螺栓和垫铁的安装应注意什么?

答：① 地脚螺栓的安放应垂直，螺母拧紧力的扭力距应均匀一致；② 垫铁组应放在正确位置、平稳，接触紧密、贴实；③ 每组垫铁不应超过 4 块；④ 各垫铁组的高度应基本一致，表面应水平。

16. 大型机组安装现场应具备的施工条件是什么?

答：① 土建工程应基本完成，环境整洁、安全防护设施齐全；② 运输和消防道路畅通；③ 施工用水、电、压缩空气等符合使用条件；④ 超重吊装设施符合使用条件；⑤ 备有零部件、工具等贮存设施和必要的消防器材。

17. 滑动轴承油膜是怎样形成的?

答：油膜的形成主要是油有一种黏附性。轴转动时，将油黏附在轴承上，由间隙大到小处产生油楔，使油在间隙小处产生油压，由于转数的逐渐升高，油压也随之增大，形成一层薄薄的油膜，并将轴向上托起。

18. 通常情况下技术论文的结构是怎样的?

答：在通常情况下技术论文的正文结构应该是按提出问题—分析问题—提供对策来布置的。① 概括情况、阐述背景、说明意义、提出问题。② 在分析问题时必须观点明确，既要抓住矛盾的主要方面，又不能忽视次要方面，析因探源，寻求出路。③ 概括前文，肯定中心论点，提出工作对策。提供的对策要有针对性和必要的论证。

19. 技术论文写作的基本步骤有哪些?

答:① 选题,确定论文的主攻方向和阐述或解决的问题。选题时一般要选择自己感兴趣的和人们关心的"焦点"问题;② 搜集材料,要坚持少而精的原则,做到必要、可靠、新颖,同时必须充分;③ 研究资料,确定论点,选出可供论文作依据的材料,支持论点;④ 列出详细的提纲,使想法和观点文字化、明晰化、系统化,从而可以确定论文的主调和重点。提纲拟订好后,可以遵循论文写作的规范和通常格式动笔拟初稿。

20. 设备检修准备工作有哪些内容?

答:① 编制检修施工计划;② 用统筹法制定检修综合进度,班组的施工进度由车间安排;③ 做好技术措施和安全措施;④ 准备好材料、备品备件、工具、起重搬运设施、试验设备、安全用具和安全设施及场地布置规划;⑤ 准备好技术记录,确定应测绘和校核的备品备件图纸;⑥ 各车间组织职工学习、讨论检修项目、进度、措施、质量要求;⑦ 做好劳动力的安排及特种工艺的培训和班组间协作;⑧ 做好重大特殊项目的施工组织设计;⑨ 研究确定检修中的技改项目和先进工艺;⑩ 准备好生活服务工作。

21. 开工方案及停工方案应包括哪些内容?

答:开工方案:① 开工组织机构;② 开工的条件确认;③ 开工前的准备条件;④ 开工的步骤及应注意的问题;⑤ 开工过程中事故预防和处理;⑥ 开工过程中安全分析及防范措施;⑦ 附录,重要的参数和控制点、网络图。

停工方案:① 设备运行情况;② 停工组织机构;③ 停工的条件确认;④ 停工前的准备条件;⑤ 停工的步骤及应注意的问题;⑥ 停工后的隔绝措施;⑦ 停工过程中事故预防和处理;⑧ 停工过程中安全分析及防范措施;⑨ 附录,重要的参数和控制点。

22. 在技术改造过程中施工管理时应注意什么?

答:① 对改造工程施工全过程应进行组织和管理,及时发现并解决施工存在的问题,严格按照技术检修规程及施工图纸进行施工,确保工程质量和施工进度;② 在施工过程中,应加强质量监督并进行实施阶段的设计协调工作,对检查发现的工程质量问题有权责令其停止施工并限期整改。③ 施工过程中,应加强对施工现场安全、人身安全的监督,禁止"三违"现象的出现,对不符合要求的有权责令其停止施工并限期整改。④ 在施工过程中,应加强对施工周围环境的影响的监管,对施工过程中产生的废物要及时妥善处理。

23. 进行竣工验收应符合哪些要求?

答:① 生产性项目和辅助性公用设施已按设计要求建完,能满足生产使用;② 主要工艺设备和配套设施联动负荷试车合格,形成生产能力,能够生产出设计文件所规定的产品;③ 必要的生活设施,已按设计要求建成;④ 生产准备工作能适应投产需要;⑤ 环境保护设施、劳动安全卫生设施、消防设施已按设计要求与主体工程同时建成使用。

参 考 文 献

1. 王福利，田吉新，戴有桓编著．石油化工厂设备检修手册．压缩机组．北京：中国石化出版社，2007
2. 中国石化集团第五建设公司王学义编．工业汽轮机技术．北京：中国石化出版社，2011
3. 曹湘洪．石油化工设备维护检修规程．第一册．通用设备．北京：中国石化出版社，2011
4. 曹湘洪．石油化工设备维护检修规程．第二册．炼油设备．北京：中国石化出版社，2004
5. 曹湘洪．石油化工设备维护检修规程．第三册．化工设备．北京：中国石化出版社，2004
6. 孔庆元，王勇编著．电站汽轮机技术问答．北京：中国石化出版社，2005
7. 张克舫，沈惠坊编著．汽轮机技术问答(第三版)．北京：中国石化出版社，2011
8. 钱广华，屈世栋编著．设备状态监测及故障诊断技术问答．北京：中国石化出版社，2012
9. 章湘武，张达兴编著．转鼓过滤机技术问答．北京：中国石化出版社，2006
10. 王书敏，何可禹编著．离心式压缩机技术问答(第二版)．北京：中国石化出版社，2012
11. 安定纲，孙炯明，朱吉新编著．往复式压缩机技术问答(第二版)．北京：中国石化出版社，2012
12. 王汝美编著．实用机械密封技术问答(第二版)．北京：中国石化出版社，2011
13. 钱青松，程泽民编著．设备润滑技术问答．北京：中国石化出版社，2010
14. 杨国安编著．电动机故障诊断实用技术．北京：中国石化出版社，2012
15. 杨国安编著．旋转机械故障诊断实用技术．北京：中国石化出版社，2012
16. 中国石油化工集团公司职业技能鉴定指导中心编．机泵维修钳工．北京：中国石化出版社，2011
17. 中国石油化工集团公司职业技能鉴定指导中心编．汽轮机本体检修工．北京：中国石化出版社，2008
18. 中国石油化工集团公司职业技能鉴定指导中心编．汽轮机运行值班员．北京：中国石化出版社，2009
19. 王彦平，强小虎，冯利邦，王顺花编著．工程材料及其应用．西安：西安交通大学出版社，2011
20. 项汉银编著．石油化工企业生产装置设备动力事故及故障案例分析．北京：中国石化出版社，2012
21. 天津大学化工学院柴诚敬编著．化工原理．北京：高等教育出版社，2007
22. 薛敦松等编．石油化工厂设备检修手册．泵(第二版)．北京：中国石化出版社，2012
23. 特种设备安全监察现行法规文件汇编(锅炉)．中国锅炉压力容器安全杂志社
24. 特种设备安全监察现行法规文件汇编(电梯、起重机械、客运索道、大型游乐设施、厂(场)内机动车辆)．中国锅炉压力容器安全杂志社
25. API 682——用于离心泵和回转泵的泵 – 轴封系统
26. API 617——石油、化学和气体工业用轴流、离心压缩机及膨胀机 – 压缩机
27. API 618——石油、化学和气体工业设施用往复压缩机
28. API 612——石油、化工和燃气工业装置用 – 特种用途汽轮机
29. API 610——石油、重化学和天然气工业用离心泵

石油化工设备技术问答丛书

书名	定价/元	书名	定价/元
管式加热炉技术问答(第二版)	12	石化工艺管道安装设计实用技术问答(第二版)	30
带压堵漏技术问答	12	石化工艺及系统设计实用技术问答(第二版)	30
塔设备技术问答	8	炼油厂电工技术问答	14
油罐技术问答	9	设备状态监测及故障诊断技术问答	12
球形储罐技术问答	9	实用机械密封技术问答(第二版)	15
转鼓过滤机技术问答	12	泵操作与维修技术问答(第二版)	15
焦化装置焦炭塔技术问答	8	离心式压缩机技术问答(第二版)	15
连续重整反应再生设备技术问答	8	往复式压缩机技术问答(第二版)	10
电站锅炉技术问答	15	汽轮机技术问答(第三版)	18
空冷器技术问答	10	催化烟机主风机技术问答	8
换热器技术问答	12	电站汽轮发电机技术问答	18
金属焊接技术问答	48	电站汽轮机技术问答	18
压力容器技术问答	12	设备润滑技术问答	12
压力容器制造技术问答	8	炼化动设备基础知识与技术问答	39
无损检测技术问答	28	设备腐蚀与防护技术问答	15(估)